爱可生开源社区 ◎ 著

大智小技

数据库生产实战漫笔

Ⅴ

中国市场出版社
China Market Press

·北京·

图书在版编目（CIP）数据

大智小技 V：数据库生产实战漫笔 / 爱可生开源社
区著．—北京：中国市场出版社有限公司，2024.1
ISBN 978-7-5092-2516-5

Ⅰ.①大… Ⅱ.①爱… Ⅲ.① SQL 语言—数据库管理
系统 Ⅳ.① TP311.132.3

中国国家版本馆 CIP 数据核字（2023）第 248772 号

大智小技 V：数据库生产实战漫笔
DAZHIXIAOJI V: SHUJUKU SHENGCHAN SHIZHAN MANBI

作　　者：爱可生开源社区
责任编辑：刘佳禾

出版发行：中国市场出版社
社　　址：北京市西城区月坛北小街 2 号院 3 号楼（100837）
电　　话：（010）68034118/68021338
网　　址：http://www.scpress.cn

印　　刷：河北鑫兆源印刷有限公司
规　　格：185mm×260mm　　　16 开本
印　　张：26.25　　　　　　　字　数：479 千字
版　　次：2024 年 1 月第 1 版　　印　次：2024 年 1 月第 1 次印刷
书　　号：ISBN 978-7-5092-2516-5
定　　价：99.00 元

大智者，宏观把握，
对技术产生的背景以及相应的原理应用了然于胸。
小技者，具体细微，
无论什么问题一定要剖析入骨，捋清脉络。
拥有了大智小技，面对问题轻松自如，
一目了然，一锤定音。

推荐序

　　爱可生在 MySQL 领域积累了丰富的运维经验，不仅在技术上精益求精，而且愿意分享大量的实战经验。"大智小技"系列已经迎来了第 5 期，本期有许多亮点，包括 MySQL 8.0 的最新特性，还有大量对运维人员非常有价值的故障分析和实战技术分享。更有趣的是，还为读者带来了大量的 OceanBase 干货内容。我相信更多的读者能从中获益。衷心祝愿爱可生社区和 OceanBase 社区越办越红火。

——封仲淹　OceanBase 开源负责人

　　一晃 5 年过去了，"大智小技"系列图书沉淀了大量的技术知识与故障案例。同时对技术的坚持与创新始终未变，OceanBase 篇章的增加更是体现了其在技术广度与深度探索的决心。心所向，皆可往，愿始终保持初心，勇往直前，不负时光。

——胡捷　华夏银行

　　爱可生出版的"大智小技"系列图书与时俱进，不断结合当下主流集中式、分布式数据库，清晰阐述了数据库行业和技术情况。同时结合案例分析，深入浅出地讲解 MySQL 原理，是一本很有价值的工具书。

——张珍源　中移智家　数据库负责人

　　《大智小技 V：数据库生产实战漫笔》保持了过往内容翔实的风格。本书一如既往地在章节安排上紧扣最新数据库技术前沿，在案例上力求将问题成因一路分析至源码层面。

本书有如下特点：书中的实验及理论验证环节逻辑清晰，不但有翔实的数据支持，还做到了多版本验证；故障解析章节非常实用，MySQL 故障分析部分对于 DBA 规避和排查 MySQL 相关问题很有价值；OceanBase 部分章节是新增内容，对于信创数据库国产化用户极具价值，目前这部分实战内容在市面上是很稀缺的。

《大智小技 V：数据库生产实战漫笔》内容涉猎广泛，并具有一定深度。各个板块独立成篇，非常合适"技术党们"碎片化阅读。技术之路悠远绵长，相信此书一定能成为数据库爱好者前行路上的基石。

——林春　中国太保数智研究院 首席数据库专家

作为一个入行 10 多年的老 DBA，我对于数据库技术的重要性深有体会，爱可生作为一家卓越的数据库服务厂商，致力于提供高质量的数据库解决方案，并拥有技术过硬的团队，一直是我们公司的宝贵合作伙伴。

《大智小技 V：数据库生产实战漫笔》是"大智小技"系列的第五期，内容的专业性令人赞叹，涵盖了当下数据库领域的热门话题和趋势。从 MySQL 8.0 的新特性到故障分析，从 OceanBase 实践到开源数据库 Redis 和 MongoDB 的原理解析，每一篇文章都充满深度。这些文章不仅记录了行业的最新发展，更展示了爱可生作为数据库专业厂商的深厚技术底蕴和卓越能力，对于我们这些对数据库技术有着浓厚兴趣的读者来说，是一本不可多得的参考资料。

我非常荣幸能够为这本书作序。爱可生一直以来都秉持着对数据库技术的执着追求，并为数据库社区作出了杰出的贡献。希望爱可生继续发展壮大，为数据库领域带来更多创新和突破，不断推动整个行业的进步。

——李梦嘉　科大讯飞数据库团队负责人

我们刚刚喜迎 MySQL 划时代的 8.2 版本，也迎来了"大智小技"首次推出纸质出版物。

最近几年，数据库业界风云变幻，风起云涌，层出不穷的新概念、新产品，还有 AI 以及国产数据库，你方唱罢我登场，好不热闹。但归根结底，还是得要能静心做好产品才行，靠概念炒作只能昙花一现。得是"耐烦"之人，才能做出好产品、做好业务。我想爱可生就有这样的一份"气质"。

从第一本开始，我就为该系列写推荐序。不管是爱可生的产品，还是"大智小技"，我都可以不夸张地说：爱可生出品，必属精品。

所以，我想隆重地推荐本书给大家。

——叶金荣　3306π 社区联合创始人 Oracle MySQL ACE Director

MySQL 跑步进入了 8.X 时代，我们也迎来了"大智小技"的第五期。整体读下来，《大智小技 V：数据库生产实战漫笔》是一本深度解析 MySQL 8.X 的佳作，更是数据库领域专业人士的宝贵财富。作为系列丛书的第 5 期，它延续了前几期的专业深度和实用性，同时引入了更多前沿内容和深入分析。

从 MySQL 8.0 窗口函数的精细探讨到多因素身份认证的深入剖析，本书不仅详尽介绍了 MySQL 最新版本的特性，还提供了实用的技巧和策略，以帮助读者应对日常工作中的各种挑战。对于追求技术深度的专业人士而言，本书的内容既全面又深入，涵盖了从基本概念到高级应用的各个层面。

在技术分享部分，多位作者详细讨论了从灾难恢复方案到 SQL 优化的多种主题，为读者提供了宝贵的实战知识。而故障分析章节则从实际案例出发，深入探讨了常见的数据库问题及其解决方案，无疑将为数据库管理员和开发人员提供极大的帮助。

此外，本书不仅限于 MySQL，还扩展到了 OceanBase 和其他开源数据库及工具。这不仅显示了作者对数据库领域的深厚见解，也帮助读者探索数据库更广阔的天地。

《大智小技 V：数据库生产实战漫笔》无论是作为日常参考，还是技术深造的工具，本书都将是您宝贵的伙伴。

——吴炳锡　Databend 联合创始人　3306π 社区联合创始人

2003—2023 年，爱可生已经 20 岁了。对于一个以数据库产品和服务为依托的企业，这样的发展速度在国内凤毛麟角，眼见爱可生跟随国内数据库行业的变化而变化，拥抱国产数据库进行多源化发展，秉持为客户服务的初心，开源一批让大家用着放心安心的数据库周边产品，如 DBLE、DTLE、SQLE，相信爱可生在国内数据库行业的变革中会持续给我们带来更多的产品和服务。

——刘华阳　AustinDatabases 公众号作者

　　收到爱可生开源社区"大智小技"系列升级为出版物的消息，我感到非常高兴。这本书不仅仅是一本实战手册，更是社区对数据库技术热情与专注的深刻体现。作为一个长期致力于 MySQL 等开源数据库技术分享的爱好者，我深切理解在这个领域里，学习与分享的巨大价值。爱可生开源社区作为 MySQL 和 OceanBase 等数据库技术的领军者，一直积极推广开源技术，对于整个社区的贡献不可小觑。

　　《大智小技 V：数据库生产实战漫笔》深入剖析了 MySQL 8.0 的诸多新特性，如窗口函数、通用表达式和多因素身份认证，为读者提供了实用而深入的知识。本期还包括了 OceanBase 的应用和开发，展示了国产数据库在现今技术格局中的重要性和未来发展潜力。

　　爱可生在开源社区的努力不仅体现在技术文章的分享上，还开发了如 DBLE、DTLE 和 SQLE 等一系列优秀的开源软件产品，进一步传播技术知识。这些工具在国内开源界得到了广泛认可，展示了爱可生的发展潜力。随着国家对数据库自主创新的重视，爱可生在这方面发挥着至关重要的作用。

　　"大智小技"系列集结了爱可生开源社区一线专家的丰富实战经验，不论是数据库新手还是经验丰富的专家，都能从中获得宝贵的知识和灵感。作为一个多年与爱可生开源社区合作并见证其成长的人，我对这本书寄予厚望。它不仅是提升知识和技能的工具，更是开源精神和技术分享的象征。我坚信，《大智小技 V：数据库生产实战漫笔》将成为每位数据库爱好者和专业人士书架上的重要组成部分。

——陈俊聪（芬达）　芬达的数据库学习笔记 公众号作者

　　社区坚持每年出版一本读物，相信很多读者都和我一样每年都在期待中等待。

　　很高兴，《大智小技 V：数据库生产实战漫笔》如约而至，全书理论和实战结合，不仅包含了大量 MySQL 新特性和案例分享，同时还包含了 OceanBase 和

Redis 章节，相信读者在仔细阅读后，从理论到实战都会有全方位的提高。

——高鹏（八怪）　《MySQL 主从原理》图书作者

数据库领域的知识分享是十分有价值的，二十多年前我们学习 Oracle 数据库的时候，就深感运维知识匮乏的不便。后来 ITPUB 等技术论坛的出现才让 DBA 的知识共享有了一个窗口，不过这种共享是碎片化的，存在很多不足。爱可生耕耘当前最流行的开源数据库 MySQL 已经多年了，"大智小技"系列也已经出了数期。以系统化的架构向 MySQL 用户布道一些细小处的技巧，这其实是一种大智慧。

2023 年的"大智小技"又要与大家见面了，令人感到高兴的是，我们在新一期的"大智小技"中不仅可以看到 MySQL 的知识，还可以看到 OceanBase、Redis、MongoDB 等开源数据库的知识，更多的 DBA 可以从中找到自己所需要的营养。

——徐戟（白鳝）　资深 Oracle 数据库优化专家

本年度的"大智小技"依然干货满满、诚意满满。既有 MySQL 8.0 的深入解读，又有涵盖日常运维经验的提炼和实验分析，还有 OceanBase 和开源技术篇的技术内容，值得推荐。

——杨建荣　dbaplus 社群发起人　腾讯云 TVP
《Oracle/MySQL 工作笔记》图书作者

做业务系统研发的时候，MySQL 是我熟悉的陌生人。经常见面微笑着打招呼，但它也会隔三差五地闹个小脾气，把业务系统搞崩溃。老板不管我对 MySQL 了解多少，就要我弄清楚它又怎么了，这让我比业务系统更崩溃。

机缘巧合，现在我天天和 MySQL 厮混在一起，对它了解了很多。但它是六月的天，说变（崩）就变（崩），依然会出乎意料地让我"抓狂"。

如果你也和我一样为 MySQL"抓狂"，那就多看看"大智小技"系列图书吧，这里有很多 MySQL 的老熟人，他们会把各自的经历分享给你，帮助你和 MySQL 相处得更加"顺滑"。

——操盛春　一树一溪 公众号作者

凝聚经典数据库技术的"大智小技"已经陪伴我们走过 5 年时间，同时也迎来第五期，坚持分享技术文章实属不易，而输出各种技术饕餮盛宴更是难得。本期除了记录更多的 MySQL 8.0 新特性，同时也跟进了分布式数据库：记录 OceanBase 的技术原理和分析案例。同时满足读者对集中式和分布式数据库技术的需求。

——杨奇龙　yangyidba 公众号作者

不知不觉间，"大智小技"已经出到了第五期，爱可生社区的这本书从一个个技术细节出发，介绍了 MySQL 在使用与日常运维过程中的很多关键知识点，对这些知识点的讲解既有实际操作指导又有底层原理分析，书中很多章节的内容都直击日常工作痛点，对广大 MySQL DBA 十分受用，相信阅读本书你一定能从中收获满满。

——徐图　汉口银行 DBA 专家

在与爱可生的长期合作中，我深感其专业与技术的卓越以及对行业的深入理解。爱可生以其专业的服务持续助力我们的业务发展，提供高效且安全的数据库服务。"大智小技"系列图书，将带领读者深入理解 MySQL 以及开源数据库的相关知识，我非常荣幸为这本书写推荐序。

在我阅读这本书的过程中，深深地感受到了作者的专业性和对数据库技术的热情。书中详细介绍了 MySQL 的特性和使用技巧、开源数据库的灵活性和自由度。这些内容不仅涵盖了数据库技术的最新发展趋势，也提供了在实际应用中所需要的知识和技能。

回想起我们在使用爱可生 DBaaS 平台过程中的种种经历，我深感其高效、安全且灵活。这种服务模式的出现，确实为我们的业务带来了巨大的便利。而现在，"大智小技"第五期为我们提供了更为深入地理解和学习这些先进技术的机会。

对比往期技术文章，我深感现在的数据库技术发展更为迅速，开源数据库的崛起，为我们提供了更多的选择和可能性。而这本书，无疑是帮助我们理解和掌握这些技术的最佳工具。

最后，我想说，《大智小技V：数据库生产实战漫笔》是一本值得每一个关注数据库技术发展的人阅读的书。我相信，通过阅读这本书，你将获得对数据库技术的全新认识和理解。我也祝愿爱可生在未来的发展中，能够继续为我们的业务提供更为出色的技术支持和服务。

——谢聪　上汽大众汽车　首席数据库技术专家

"大智小技"从第一期开始跟随数据库技术发展不断升级迭代，已经更新到第五期，作为一名忠实读者，特别推荐本书。《大智小技V：数据库生产实战漫笔》不但保持了之前一贯从案例解构的写作风格，通过真实案例深入浅出地分析故障现场，解析实现原理，从实践出发解决问题。此书还特别加入了分布式数据库OceanBase运维与实战的相关内容，也能运用到实际工作中，使得运维工作游刃有余。相信无论是DBA人员还是研发都会从这里获得新的收获。我会一直关注社区，希望社区有更多更丰富的知识分享，祝爱可生开源社区越办越好！

——毛震鹏　翼支付　技术部运维负责人

在这个数据至关重要的时代，我作为一名架构师和开源数据库的热情支持者，非常荣幸推荐这本涉及MySQL、OceanBase及开源数据库使用技巧的图书。本书不仅深入剖析了数据库技术的核心要素，还提供了实用的操作指南，帮助读者在实际工作中有效运用这些强大的工具。无论您是初学者还是资深开发者，这本书都将成为您技术旅程中的宝贵伴侣。让我们一起拥抱开源，探索数据的无限可能。

——王健　中国电信　全渠道运营中心技术总监

我和我的团队成员都是"大智小技"的忠实粉丝，有幸今年能在第一时间读到"大智小技"第五期，非常感谢爱可生开源社区。本书的五个篇章内容一如既往的干货满满，特别是故障分析篇章，每个案例都通过抽丝剥茧的方式展现，确保能让读者更好地阅读和理解其中的技术原理。另外，本书也紧跟信创"潮流"，加入了近期关注度比较高的国产数据库 OceanBase 篇章。

无论你是 MySQL 的新手，还是想进一步提高自己的专家，都能在这些图书中找到你需要的答案，也希望此系列图书能一直延续下去并越做越好。

——黄冬青　招商金科 数据库负责人

《大智小技 V：数据库生产实战漫笔》为读者提供全面、系统、实用的数据库学习指南。本书涵盖了开源数据库及时下最火热的国产分布式数据库 OceanBase，通过大量的实例和案例，帮助读者理解如何解决数据库中常见的问题和挑战。

我们非常希望将本书推荐给所有对数据库感兴趣的读者，本书不仅是一本技术图书，更是一本数据库技术的百科全书。你想通过实例和案例，解决数据库中的问题和挑战吗？如果你的答案是肯定的，那么你一定不能错过这本书。

——咪咕音乐运维专家团队

五年时光如白驹过隙，"大智小技"又再续新篇，作为一名多年相伴的老友，在此表示祝贺！

在此期间，我们欣喜地看到 MySQL 技术路线在不断演进，新功能、新特性不断引入，应用场景不断拓展，向着更丰富功能、更强性能推进。爱可生公司作为国内 MySQL 技术的布道者，不忘初心，持续无私分享，传播 MySQL 技术，并提供整套 MySQL 开源解决方案，实属难得。"大智小技 V：数据库生产实战漫笔"内容翔实，方法实用，是每一个 DBA 案头的工具书，能迅速提升从业者的技术水平，提高工作效率，值得推荐。

信创的大潮下，国产数据库迅速崛起，"大智小技 V：数据库生产实战漫笔"单独将 OceanBase 作为一章，爱可生也发布了基于 OceanBase 开源内核的产品，从中我们看到了爱可生公司紧贴市场需求，与时俱进的努力！期待爱可生公司在信创数据库市场持续发力，提供更好的金融数据库产品及周边，共铸国产数据库辉煌！

——张鹏　东华软件金融 大数据 DBA 专家

笔者一直是爱可生社区的忠实读者，实际工作中遇到的一些问题均能在社区文章中找到共鸣，深受启发。

通读了此书，书中内容结构清晰地分成了三大类（MySQL方向、OceanBase方向、开源数据库及工具篇）。除了讲解MySQL的8.0新特性、通用问题技术分享、常见故障排查分析，还为OceanBase独立成章，重点描述了OceanBase相关的理论知识点和常见问题，如资源机租户管理、分层转储、误删除处理、安全审计、性能下降的排查思路等。此外，本书还重点讲解了一直很火、关注度很高的开源库Redis和MongoDB，以及对应的两个常用备份恢复工具和抓包分析神器tshark。本书从上述三个方面一一铺展开来，所选文章来源于实际案例和一线人员的切身实战和思考，形式丰富多样，可谓"有图有真相"。

本书适合数据库从业者和技术爱好者持有，推荐大家拿到此书后，研读书中案例，既要深入进去也要跳脱出来理解，由点入线再入面，学习其思路、锤炼"吾"思维。此次推荐此书，愿拿到此书的各位读者找到共鸣。

——杨磊　中信建投证券 数据架构师

"大智小技"系列图书的内容源于开源社区，最初可能是一段问答、一个案例，经过各位技术大咖的精炼，又如涓涓细流汇聚成册，名为"小技"，实为"大智"。

本书结合实际案例讲解技术原理，深入浅出，生动形象，日常放在身边随手翻阅，每每都能有新的收获，是一本值得推荐的实用型的数据库技术图书。

——上海证券 曹斌

时光流转，《大智小技V：数据库生产实战漫笔》即将问世，作为"大智小技"系列的读者，我深感荣幸。爱可生社区不断与时俱进、深耕技术，每一篇文章都凝聚了数据库从业者的实践总结和真知灼见。感谢你们的辛苦付出和无私分享。祝愿爱可生蒸蒸日上，"大智小技"系列不断延续下去。期待更多的精彩。

我强烈推荐您阅读这书，相信它一定会为您带来很多启示和帮助。

——邹启键　中电通商数字 DBA专家

"大智小技"已陪伴四年，内容也逐渐从基础知识科普转向实战经验的分享，本人工作中时常翻阅该系列图书，找到知识点从而解决问题，有"豁然开朗"之感。希望爱可生继续在开源社区中深耕，丰富"大智小技"内容，带来更多的惊喜。

——魏子昂　兴业数金　数据库管理平台负责人

MySQL 是目前最流行的关系型数据库之一，本人从事 MySQL DBA 这么多年，书架上从早期的"书荒"到现在的"琳琅满目"，爱可生"大智小技"系列，始终是我最喜欢的。

收到每一期"大智小技"的时候都爱不释手，每一期都收录了社区很多高价值的内容，让我受益匪浅，也让我感受到了爱可生作为一家以 MySQL 技术立足的科技公司所展现出的可贵的坚持与执着。

时光荏苒，"大智小技"系列已经到了第五期，希望更多的小伙伴能读到此书，能从中受益，也希望爱可生越来越好、国内的 MySQL 生态越来越好。

——王佳琦　紫金保险　DBA 专家

《大智小技 V：数据库生产实战漫笔》是一本非常优秀的数据库图书，言简意赅、善于抓住重点内容，总结了很多实用的案例；为 DBA 提供了很好的学习和参考资料。相信读过此书的 DBA 们定会受益匪浅，并且快速积累数据库管理经验。感谢爱可生在推动开源数据库发展所作出的贡献，愿此书越来越好，发挥更多、更大的价值。

——李卓　易宝支付　数据库架构师

"大智小技"第五期的问世实在令人振奋。这本书为我带来了超乎想象的收获。在这里，我发现了一直困扰我的问题的解决方法，不论是针对 MySQL 8.0 新特性的探索，还是对 MySQL 生产实践和故障分析的深入讨论，每一页都充满了丰富的经验和见解。

最让我着迷的是书中关于故障分析的章节。每篇文章都涵盖了数据库管理的复杂领域，帮助我们更好地应对挑战。这不仅仅是一本书，更像是多位经验丰富的专家们的总结和心血，无论是对初学者还是专业人士，都有着巨大的指导意义。

每一页都是对数据库技术和运维经验的珍贵总结。阅读这本书如同一次深度旅程，让我对数据库管理有了全新的认识和视角。它涵盖范围广、讲解专业深入，将成为我日常工作和学习中不可或缺的指南。

——陈嘉发　银联数据 数据库管理工程师

本人一直是爱可生社区的忠实爱好者，社区的优秀技术文章对本人的 MySQL 运维工作带来了非常大的帮助，市面上也很少有像"大智小技"系列这样实操性如此强的图书，所以非常建议各位数据库从业者一起阅览，相信无论是新加入的运维同学，还是资深 DBA 都会有所收获。

对于即将出版的《大智小技 V：数据库生产实战漫笔》，首先要给爱可生对于 MySQL 社区这份不忘初心的坚持点个赞，从 2019 年到 2023 年，爱可生坚持每年发布一期，这份毅力难能可贵，同时也希望爱可生社区越办越好，为数据库从业者提供更多优质的文章！

——许天云　移动云 DBA 专家

《大智小技 V：数据库生产实战漫笔》的真正魅力在于它源自开源社区，集结了许多技术大咖的精华，形成了一本实用技术的指南，聚集了社区中许多高价值的内容。以实际案例为基础，深入浅出地解释了 MySQL 技术原理，让复杂的概念变得易于理解。无论是数据库初学者还是经验丰富的专业人士，这本书都是一份不可或缺的指南。它通过清晰的解说、实用的示例和简明扼要的语言，为读者提供了宝贵的学习资源。

我从中获得了丰富的知识和经验，也感受到了爱可生作为一家以 MySQL 技术为核心的科技公司的坚持和执着。

随着时间的流逝，"大智小技"系列已经迎来了第五期。我希望更多的同行能够阅读这本书，从中受益，我也期待着爱可生的不断发展，以及国内 MySQL 生态的日益完善。

——尚伟烈　通联支付数据中心助理总经理

从 MySQL 5.7 到 MySQL 8.0，"大智小技"系列图书在技术的道路上不断分享经验和探索新的技术，既有案例分析，也不乏原理解释，融理论与实践于一身。它不仅可以作为日常技术学习的图书，还可以作为案头的工具书，经常翻阅，你所遇到的问题在"大智小技"系列图书里总会找到一些启发。

——高照　华宝证券

致谢

2023 年 10 月 24 日是爱可生开源社区成立六周年的日子。六年来，社区先后开源了多款数据运维工具，如 SQLE、DBLE、DTLE 等，为数据库从业者提供了企业级的开源解决方案，并受到社区用户的广泛好评。

在周年纪念日当天，SQL 质量审核平台 SQLE 发布了 3.0 版本。SQLE 全面改进，包括 SQL 审核功能的优化、SQL 采集来源的扩展以及系统功能的优化等，大大提升了用户体验。在社区接到大量的用户诉求后，于 2023 年底，向社区用户开放 SQLE 企业体验版，为用户提供更多有价值的功能和服务。其他开源项目（DBLE、DTLE）在今年也发布了版本更新，始终为用户提供稳定可靠的技术支持。

众所周知，爱可生开源社区是一个数据库通用技术和实战经验分享平台。社区共累计发布数据库技术内容 1000 多篇，技术专栏 5 个，组织参与线上线下活动近百场，先后与 30 多家社区、媒体、出版社、开源基金会等组织成为合作伙伴，为数据库开源贡献自己的一份力量！

在此，爱可生开源社区衷心感谢过去六年来关注社区的广大用户，向社区投稿的作者们、在各类活动中一起合作的伙伴们，以及让本书顺利发行的中国市场出版社。

未来，社区将继续为大家提供高质量的技术内容、企业级数据库工具及服务、丰富的社区活动，也期待越来越多的技术爱好者加入我们这个有"深度"的数据库开源社区，与社区共同见证数据库开源生态的蓬勃发展。

爱可生开源社区

2023 年 12 月 11 日

1

爱可生团队

开源产品团队

DBA 技术团队

商业产品团队

合作伙伴（按首字母排序）

3306π 社区

CSDN 社区

Datawhale 社区

dbaplus 社群

洞见│Thoughtworks

高效运维社区

IMG 社区

InfoQ 社区

ITPUB 社区

金融电子化期刊

开放原子开源基金会

开源社

墨天轮

OceanBase 社区

OSCHINA 中文开源技术交流社区

Python 中国社区

渠成开源社区

SegmentFault 思否开发者社区

上海白玉兰开源开放研究院

上海开源信息技术协会

示说

腾讯云开发者社区

稀土掘金社区

Zabbix 社区

中移（杭州）信息技术有限公司

Zilliz Milvus 社区

年度社区作者

徐　良 / 中移智家

李锡超 / 江苏苏宁银行

任　坤 / 金山软件

付　祥 / 金山软件

马文斌 / 蓝月亮

莫　善 / 转转

刘　晨 / 中信建投证券

许天云 / 移动云

杨奇龙 / 阿里云

杨家鑫 / 多点 Dmall

张瑞远 / 新炬网络

陈俊聪 / 中移信息

孙绪宗 / 新浪微博

张洛丹 / 携程

林靖华 / 万家数科

林　浩 / 某国有银行

张　昇 / 河北东软

韩　硕 / 永辉集团

杨　基 / 自由职业

李德超 / 大湾区某高校

04 OceanBase 篇

05 开源数据库及工具篇

01 MySQL 篇
——8.0 新特性

完稿前，MySQL 刚刚发布了 8.0.34 版本。MySQL 8.0 是一个非常活跃的版本，至今已经持续发布七年。每个版本都会推出一些新功能并对之前的版本问题进行修复。但这一切即将结束，MySQL 8.0.34 仅为错误修复版本，MySQL 团队公布了最新的版本策略。未来将会有创新版（Innovation）和长期支持版（LTS，Long-Term Support）两个版本同时存在。

近几年，社区一直保持对 MySQL 8.0 的关注，产出了很多新特性解读文章，包括窗口函数、新密码策略、直方图、SQL 语法优化等，并且对目前为止 MySQL 8.0 的主要特性进行了阶段性总结，让我们再来回顾一下吧。

1 MySQL 8.0 窗口函数框架用法

作者：杨涛涛

窗口函数其实就是一个分组窗口内部处理每条记录的函数，这个窗口也就是之前聚合操作的窗口。不同的是，聚合函数是把窗口关闭，给一个汇总的结果；而窗口函数是把窗口打开，给分组内每行记录求取对应的聚合函数值或者其他表达式的结果。

本文重点看窗口函数内的 frame 子句：frame 子句用来把窗口内的记录按照指定的条件打印出来，跟在 PARTITION 和 ORDER BY 子句后面。frame 子句的语法如下：

```
frame_clause:
frame_units frame_extent
frame_units:
{ROWS | RANGE}

frame_extent:
{frame_start | frame_between}
frame_between:
BETWEEN frame_start AND frame_end
frame_start, frame_end: {
CURRENT ROW
| UNBOUNDED PRECEDING
| UNBOUNDED FOLLOWING
| expr PRECEDING
| expr FOLLOWING
}
```

这里分为两块：frame_units（框架单元）和 frame_extent（框架内容）。

- frame_units（框架单元）有两个，一个是 ROWS，一个是 RANGE。
- ROWS 后面跟的内容为指定的行号，而 RANGE 不同，RANGE 指的是行内容。

框架内容看起来有挺多分类，其实用一句话来表达就是：为了定义分组内对应行记录的边界值来求取对应的计算结果。

基于表 t1 举例说明如下：

```
mysql: ytt_80 > desc t1;
+-------+------+------+-----+---------+-------+
| Field | Type | Null | Key | Default | Extra |
+-------+------+------+-----+---------+-------+
| id    | int  | YES  |     | NULL    |       |
| r1    | int  | YES  |     | NULL    |       |
| r2    | int  | YES  |     | NULL    |       |
+-------+------+------+-----+---------+-------+
3 rows in set (0.00 sec)
mysql: ytt_80 > select * from t1;
+------+------+------+
| id   | r1   | r2   |
+------+------+------+
|    2 |    1 |    1 |
|    2 |    2 |   20 |
|    2 |    3 |   30 |
|    2 |    4 |   40 |
|    3 |    3 |    3 |
|    3 |    2 |    2 |
|    3 |   10 |   20 |
|    3 |   30 |   20 |
|    1 |    1 |    1 |
|    1 |    2 |    3 |
|    1 |    3 |    4 |
|    1 |   10 |   10 |
|    1 |   15 |   20 |
|    2 |   15 |    2 |
|    3 |   15 |    5 |
|    1 |    9 |  100 |
+------+------+------+
16 rows in set (0.00 sec)
```

1.1 CURRENT ROW

CURRENT ROW 表示获取当前行记录，也就是边界是当前行，等值关系。

```
mysql: ytt_80 > select id,r1,sum(r1) over(partition by id order by r1 asc
range current row ) as wf_result from t1 where id = 1;
```

```
+------+------+-----------+
| id   | r1   | wf_result |
+------+------+-----------+
|    1 |    1 |         1 |
|    1 |    2 |         2 |
|    1 |    3 |         3 |
|    1 |    9 |         9 |
|    1 |   10 |        10 |
|    1 |   15 |        15 |
+------+------+-----------+
6 rows in set (0.00 sec)
```

这里我们求 ID 为 1 的分组记录，基于聚合函数 SUM 来对分组内的行记录按照一定的条件求和。其中 OVER 子句用来定义分区以及相关条件，这里表示只获取分组内排序字段的当前行记录，也就是字段 r1 对应的记录。这是最简单的场景。

1.2 UNBOUNDED PRECEDING

UNBOUNDED PRECEDING 表示边界永远为第一行。

```
mysql: ytt_80 > select id,r1,sum(r1) over(partition by id order by r1 asc rows
unbounded preceding ) as wf_result from t1 where id = 1;
+------+------+-----------+
| id   | r1   | wf_result |
+------+------+-----------+
|    1 |    1 |         1 |
|    1 |    2 |         3 |
|    1 |    3 |         6 |
|    1 |    9 |        15 |
|    1 |   10 |        25 |
|    1 |   15 |        40 |
+------+------+-----------+
6 rows in set (0.00 sec)
```

以上 UNBOUNDED PRECEDING 用来获取表 t1，按照字段 ID 来分组，并且对字段 r1 求和。由于都是以第一行，也就是 r1=1 为基础求和，即求取上一行和当前行相加的结果，基于第一行记录。这个例子中 r1 字段的第一行记录为 1，后面的所有求和都是基于第一行进行累加的结果。

1.3 UNBOUNDED FOLLOWING

UNBOUNDED FOLLOWING 表示边界永远为最后一行。

```
mysql: ytt_80 > select id,r1,sum(r1) over(partition by id order by r1 asc rows
between unbounded preceding and  unbounded following ) as wf_result from t1 where
id = 1;
    +------+------+-----------+
    | id   | r1   | wf_result |
    +------+------+-----------+
    |    1 |    1 |        40 |
    |    1 |    2 |        40 |
    |    1 |    3 |        40 |
    |    1 |    9 |        40 |
    |    1 |   10 |        40 |
    |    1 |   15 |        40 |
    +------+------+-----------+
6 rows in set (0.00 sec)
```

以上用了 ROWS BETWEEN 把边界局限在第一行和最后一行，这样每行的求和结果和不带边界一样，也就是下面的查询：

```
mysql: ytt_80 > select id,r1,sum(r1) over() as wf_result from t1 where id = 1;
    +------+------+-----------+
    | id   | r1   | wf_result |
    +------+------+-----------+
    |    1 |    1 |        40 |
    |    1 |    2 |        40 |
    |    1 |    3 |        40 |
    |    1 |   10 |        40 |
    |    1 |   15 |        40 |
    |    1 |    9 |        40 |
    +------+------+-----------+
6 rows in set (0.00 sec)
```

1.4 EXPR PRECEDING / FOLLOWING

EXPR PRECEDING / FOLLOWING 表示带表达式的边界。

```
mysql: ytt_80 > select id,r1,sum(r1) over(partition by id order by r1 asc rows
1 preceding) as wf_result from t1 where id = 1;
```

```
+------+------+-----------+
| id   | r1   | wf_result |
+------+------+-----------+
|    1 |    1 |         1 |
|    1 |    2 |         3 |
|    1 |    3 |         5 |
|    1 |    9 |        12 |
|    1 |   10 |        19 |
|    1 |   15 |        25 |
+------+------+-----------+
6 rows in set (0.00 sec)
```

带表达式的边界只是把无边界换成具体的行号。上面的查询表达的意思是基于分组内每行记录和它上一条记录求和，不累加。可以看到 wf_result 的具体值，25 对应的是 10 和 15 求和，19 对应的是 9 和 10 求和。

以此类推，求每行和它上面两行的和：

```
mysql: ytt_80 > select id,r1,sum(r1) over(partition by id order by r1 asc rows
2 preceding) as wf_result from t1 where id = 1;
+------+------+-----------+
| id   | r1   | wf_result |
+------+------+-----------+
|    1 |    1 |         1 |
|    1 |    2 |         3 |
|    1 |    3 |         6 |
|    1 |    9 |        14 |
|    1 |   10 |        22 |
|    1 |   15 |        34 |
+------+------+-----------+
6 rows in set (0.00 sec)
```

再来求每行的前两行和后面四行相加的结果：

```
mysql: ytt_80 > select id,r1,sum(r1) over(partition by id order by r1 asc rows
between 2 preceding and 4 following)
as wf_result from t1 where id = 1;
+------+------+-----------+
| id   | r1   | wf_result |
+------+------+-----------+
|    1 |    1 |        25 |
|    1 |    2 |        40 |
```

```
|    1 |    3 |         40 |
|    1 |    9 |         39 |
|    1 |   10 |         37 |
|    1 |   15 |         34 |
+------+------+-----------+
6 rows in set (0.00 sec)
```

其实 ROWS 很简单，接下来看下 RANGE，RANGE 稍微难一些。

1.5 RANGE PRECEDING / FOLLOWING

RANGE PRECEDING / FOLLOWING 表示求当前行值范围内的分组记录。它没有 ROWS 好理解，ROWS 对应的是行号，RANGE 对应的行值。看下面例子：

```
mysql: ytt_80 > select id,r1,sum(r1) over(partition by id order by r1 asc
range 1 preceding) as wf_result from t1 where id = 1;
+------+------+-----------+
| id   | r1   | wf_result |
+------+------+-----------+
|    1 |    1 |         1 |
|    1 |    2 |         3 |
|    1 |    3 |         5 |
|    1 |    9 |         9 |
|    1 |   10 |        19 |
|    1 |   15 |        15 |
+------+------+-----------+
6 rows in set (0.00 sec)
```

这个例子包含的关键词 RANGE 1 PRECEDING 是个表达式条件，表示对于分组内每一行来讲，以字段 r1 当前行值减去 1 的结果为边界来求和。具体点就是：第一行 r1 的值为 1，那 1-1=0，由于表 t1 里没有找到 r1=0 的结果，所以此时 wf_result=1，也就是等于当前行值；对于第五行，由于 r1 对应的值为 10，10-1=9，表 t1 里 r1=9 是存在的，此时求和结果为 9+10=19。

再次带上范围来看另外一个例子：

```
mysql: ytt_80 > select id,r1,sum(r1) over(partition by id order by r1 asc
range between 1 preceding and 1 following) as wf_result from t1 where id = 1;
+------+------+-----------+
| id   | r1   | wf_result |
```

```
+------+------+-----------+
|    1 |    1 |         3 |
|    1 |    2 |         6 |
|    1 |    3 |         5 |
|    1 |    9 |        19 |
|    1 |   10 |        19 |
|    1 |   15 |        15 |
+------+------+-----------+
6 rows in set (0.00 sec)
```

这个例子中 OVER 子句指定一个边界范围，也就是对每行值 −1 和 +1 后对应的记录来求和。比如第一行：r1=1，1−1=0，1+1=2，表 t1 没有 r1=0 的记录，但是有 r1=2 的记录，所以第一行的窗口求和结果为 3；再来看看 r1=10 的这行，10−1=9，10+1=11，表 t1 里有 r1=9 的记录，没有 r1=11 的记录，所以这里的求和结果为 9+10=19。

本文举例说明了 MySQL 8.0 窗口函数 frame 子句的用法，虽然使用场景较少，不过可以学习一下以备不时之需。

2 MySQL 8.0 四个窗口函数的用法

作者：杨涛涛

本文将讲解 frist_value、last_value、nth_value、ntile 这四个窗口函数。

使用这四个窗口函数时，特别是使用前两个时，得先熟悉 MySQL 窗口函数的框架用法。这里提到的窗口函数框架，其实就是定义一个分组窗口的边界。边界可以是具体的行号，也可以是具体的行内容，以这个边界为起点或者终点，来展现分组内的过滤数据。

接下来我们来看看这四个窗口函数如何使用。

2.1 first_value 函数

first_value 函数用来返回一个分组窗口里的第一行记录，即排名第一的那行记录。我们用表 t1 来示范，这张表里只有 12 行记录，其中每 6 行记录按照字段 r1 来分组。

```
localhost:ytt_new>select id,r1,r2 from t1;
+----+------+------+
| id | r1   | r2   |
+----+------+------+
|  1 |   10 |   20 |
|  2 |   10 |   30 |
|  3 |   10 |   40 |
|  4 |   10 |   50 |
|  5 |   10 |    2 |
|  6 |   10 |    3 |
|  7 |   11 |  100 |
|  8 |   11 |  101 |
|  9 |   11 |    1 |
| 10 |   11 |    3 |
| 11 |   11 |   10 |
| 12 |   11 |   20 |
+----+------+------+
12 rows in set (0.00 sec)
```

想拿到每个分组里的第一名（升序），可以用 row_number 函数，我们来回顾一下：

```
localhost:ytt_new>select r1,r2 from (select r1,r2,row_number() over(partition
by r1 order by r2) as rn from t1) T where T.rn = 1;
+------+------+
| r1   | r2   |
+------+------+
|   10 |    2 |
|   11 |    1 |
+------+------+
2 rows in set (0.00 sec)
```

此时如果用 first_value 函数来实现，写法会更加简单：

```
localhost:ytt_new>select distinct r1,first_value(r2) over(partition by r1 order
by r2) as first_r2 from t1;
+------+----------+
| r1   | first_r2 |
+------+----------+
|   10 |        2 |
|   11 |        1 |
+------+----------+
2 rows in set (0.00 sec)
```

9

2.2 last_value 函数

last_value 函数和 first_value 函数相反，用来返回分组窗口里的最后一行记录，即倒数第一行的记录。想取出对应分组内最后一行 r2 的值，如果用 last_value 函数，就非常好实现，可结果和预期不一致：返回与字段 r2 本身等值的记录。

```
localhost:ytt_new>select distinct r1,last_value(r2) over(partition by r1 order
by r2) 'last_r2' from t1;
+------+---------+
| r1   | last_r2 |
+------+---------+
|   10 |       2 |
|   10 |       3 |
|   10 |      20 |
|   10 |      30 |
|   10 |      40 |
|   10 |      50 |
|   11 |       1 |
|   11 |       3 |
|   11 |      10 |
|   11 |      20 |
|   11 |     100 |
|   11 |     101 |
+------+---------+
12 rows in set (0.01 sec)
```

究其原因，last_value 函数的默认框架是"rows between unbounded preceding and current row"。这里默认框架意思是：限制窗口函数的取值边界为当前行和上限无穷大，所以对应的值就是当前行本身。

那正确的框架应该是什么样呢？正确的框架应该是让边界锁定整个分组的上下边缘，即整个分组的上限与下限之间。所以正确的写法如下：

```
localhost:ytt_new>select distinct r1,last_value(r2) over(partition by r1 order
by r2 RANGE BETWEEN UNBOUNDED PRECEDING AND UNBOUNDED FOLLOWING) as 'last_r2' from
t1;
+------+---------+
| r1   | last_r2 |
```

```
+------+---------+
|  10 |      50 |
|  11 |     101 |
+------+---------+
2 rows in set (0.00 sec)
```

2.3 nth_value 函数

nth_value 函数用来返回分组内指定行的记录。比如用 nth_value 函数来求分组内排名第一的记录：

```
localhost:ytt_new>select * from (select distinct r1,nth_value(r2,1)
over(partition by r1 order by r2) 'first_r2' from  t1) T where T.first_r2 is not null;
+------+----------+
| r1   | first_r2 |
+------+----------+
|  10 |        2 |
|  11 |        1 |
+------+----------+
2 rows in set (0.00 sec)
```

这个函数的功能基本和 row_number 函数一致。不同的是，row_number 函数用来展示排名，而 nth_value 函数用来输入排名。

2.4 ntile 函数

ntile 函数用来在分组内继续二次分组。比如想取出分组内排名前 50% 的记录，可以这样写：

```
localhost:ytt_new>select id,r1,r2 from (select id,r1,r2, ntile(2)
over(partition by r1 order by r2) 'ntile' from t1) T where T.ntile=1;
+----+------+------+
| id | r1   | r2   |
+----+------+------+
|  5 |   10 |    2 |
|  6 |   10 |    3 |
|  1 |   10 |   20 |
|  9 |   11 |    1 |
| 10 |   11 |    3 |
| 11 |   11 |   10 |
+----+------+------+
```

```
6 rows in set (0.00 sec)
```

这四个窗口函数，特别需要注意 last_value。不过在大多数场景下，记住几个常用的窗口函数即可，比如 row_number、rank 等。

③ MySQL 8.0 通用表达式 WITH 的深入用法

作者：杨涛涛

MySQL 8.0 发布已经好几年了，WITH 语句（通用表达式）的简单用途以及使用场景，类似如下语句：

```
with tmp(a) as (select 1 union all select 2) select * from tmp;
```

WITH 表达式除了和 SELECT 一起用，还可以有下面的组合：INSERT WITH、WITH UPDATE、WITH DELETE、WITH WITH、WITH RECURISIVE（可以模拟数字、日期等序列），WITH 可以定义多张表。

我们来一个一个地看。

3.1 用 WITH 表达式来造数据

用 WITH 表达式来造数据，过程非常简单，比如下面的例子：给表 y1 添加 100 条记录，日期字段要随机。

```
localhost:ytt>create table y1 (id serial primary key, r1 int,log_date date);
Query OK, 0 rows affected (0.09 sec)

localhost:ytt>INSERT y1 (r1,log_date)
    -> WITH recursive tmp (a, b) AS
    -> (SELECT
    ->   1,
    ->   '2021-04-20'
    -> UNION
    -> ALL
    -> SELECT
    ->   ROUND(RAND() * 10),
```

```
    ->   b - INTERVAL ROUND(RAND() * 1000) DAY
    -> FROM
    ->   tmp
    -> LIMIT 100) TABLE tmp;
Query OK, 100 rows affected (0.03 sec)
Records: 100  Duplicates: 0  Warnings: 0


localhost:ytt>table y1 limit 10;
+----+------+------------+
| id | r1   | log_date   |
+----+------+------------+
| 1  |    1 | 2021-04-20 |
| 2  |    8 | 2020-04-02 |
| 3  |    5 | 2019-05-26 |
| 4  |    1 | 2018-01-21 |
| 5  |    2 | 2016-09-08 |
| 6  |    9 | 2016-06-14 |
| 7  |    7 | 2016-02-06 |
| 8  |    6 | 2014-03-18 |
| 9  |    6 | 2011-08-25 |
| 10 |    9 | 2010-02-02 |
+----+------+------------+
10 rows in set (0.00 sec)
```

3.2 用 WITH 表达式来更新表数据

WITH 表达式可以与 UPDATE 语句一起，来执行要更新的表记录：

```
localhost:ytt>WITH recursive tmp (a, b, c) AS
    -> (SELECT
    ->   1,
    ->   1,
    ->   '2021-04-20'
    -> UNION ALL
    -> SELECT
    ->   a + 2,
    ->   100,
    ->   DATE_SUB(
    ->     CURRENT_DATE(),
    ->     INTERVAL ROUND(RAND() * 1000, 0) DAY
    ->   )
```

```
    -> FROM
    ->   tmp
    -> WHERE a < 100)
    -> UPDATE
    ->   tmp AS a,
    ->   y1 AS b
    -> SET
    ->   b.r1 = a.b
    -> WHERE a.a = b.id;
Query OK, 49 rows affected (0.02 sec)
Rows matched: 50  Changed: 49  Warnings: 0

localhost:ytt>table y1 limit 10;
+----+------+------------+
| id | r1   | log_date   |
+----+------+------------+
| 1  |    1 | 2021-04-20 |
| 2  |    8 | 2019-12-26 |
| 3  |  100 | 2018-06-12 |
| 4  |    8 | 2017-07-11 |
| 5  |  100 | 2016-08-10 |
| 6  |    9 | 2015-09-14 |
| 7  |  100 | 2014-12-19 |
| 8  |    2 | 2014-08-13 |
| 9  |  100 | 2014-08-05 |
| 10 |    8 | 2011-11-12 |
+----+------+------------+
10 rows in set (0.00 sec)
```

3.3 用 WITH 表达式来删除表数据

比如删除 ID 为奇数的行，可以用 WITH DELETE 的形式删除语句：

```
localhost:ytt>WITH recursive tmp (a) AS
    -> (SELECT
    ->   1
    -> UNION
    -> ALL
    -> SELECT
    ->   a + 2
    -> FROM
    ->   tmp
```

```
    -> WHERE a < 100)
    -> DELETE FROM y1 WHERE id IN (TABLE tmp);
Query OK, 50 rows affected (0.02 sec)


localhost:ytt>table y1 limit 10;
+----+------+------------+
| id | r1   | log_date   |
+----+------+------------+
| 2  |    6 | 2019-05-16 |
| 4  |    8 | 2015-12-07 |
| 6  |    2 | 2014-05-14 |
| 8  |    7 | 2010-05-07 |
| 10 |    3 | 2007-03-27 |
| 12 |    6 | 2006-12-14 |
| 14 |    3 | 2004-04-22 |
| 16 |    7 | 2001-09-16 |
| 18 |    7 | 2001-01-04 |
| 20 |    7 | 2000-02-12 |
+----+------+------------+
10 rows in set (0.00 sec)
```

与 DELETE 一起使用，要注意一点：WITH 表达式本身数据为只读，所以多表 DELETE 中不能包含 WITH 表达式。比如把上面的语句改成多表删除形式，系统会直接报出 WITH 表达式不可更新的错误。

```
localhost:ytt>WITH recursive tmp (a) AS
    -> (SELECT
    ->    1
    -> UNION
    -> ALL
    -> SELECT
    ->    a + 2
    -> FROM
    ->    tmp
    -> WHERE a < 100)
    -> delete a,b from y1 a join tmp b where a.id = b.a;
ERROR 1288 (HY000): The target table b of the DELETE is not updatable
```

3.4 WITH 和 WITH 一起用

WITH 和 WITH 一起用的前提条件是：WITH 表达式不能在同一个层级，一个层级只允许一个 WITH 表达式。

```
localhost:ytt>SELECT * FROM
    -> (
    ->    WITH tmp1 (a, b, c) AS
    ->    (
    ->     VALUES
    ->      ROW (1, 2, 3),
    ->      ROW (3, 4, 5),
    ->      ROW (6, 7, 8)
    ->    ) SELECT  * FROM
    ->     (
    ->       WITH tmp2 (d, e, f) AS (
    ->        VALUES
    ->          ROW (100, 200, 300),
    ->          ROW (400, 500, 600)
    ->        ) TABLE tmp2
    ->      ) X
    ->        JOIN tmp1 Y
    -> ) Z ORDER BY a;
+-----+-----+-----+---+---+---+
| d   | e   | f   | a | b | c |
+-----+-----+-----+---+---+---+
| 400 | 500 | 600 | 1 | 2 | 3 |
| 100 | 200 | 300 | 1 | 2 | 3 |
| 400 | 500 | 600 | 3 | 4 | 5 |
| 100 | 200 | 300 | 3 | 4 | 5 |
| 400 | 500 | 600 | 6 | 7 | 8 |
| 100 | 200 | 300 | 6 | 7 | 8 |
+-----+-----+-----+---+---+---+
6 rows in set (0.01 sec)
```

3.5 WITH 多个表达式来 JOIN

用上面的例子，改写多个 WITH 为一个 WITH。

```
localhost:ytt>WITH
    -> tmp1 (a, b, c) AS
    -> (
    -> VALUES
    -> ROW (1, 2, 3),
```

```
    -> ROW (3, 4, 5),
    -> ROW (6, 7, 8)
    -> ),
    -> tmp2 (d, e, f) AS (
    ->     VALUES
    ->       ROW (100, 200, 300),
    ->       ROW (400, 500, 600)
    -> )
    -> SELECT * FROM  tmp2,tmp1 ORDER BY a;
+-----+-----+-----+---+---+---+
| d   | e   | f   | a | b | c |
+-----+-----+-----+---+---+---+
| 400 | 500 | 600 | 1 | 2 | 3 |
| 100 | 200 | 300 | 1 | 2 | 3 |
| 400 | 500 | 600 | 3 | 4 | 5 |
| 100 | 200 | 300 | 3 | 4 | 5 |
| 400 | 500 | 600 | 6 | 7 | 8 |
| 100 | 200 | 300 | 6 | 7 | 8 |
+-----+-----+-----+---+---+---+
6 rows in set (0.00 sec)
```

3.6 WITH 生成日期序列

用 WITH 表达式生成日期序列，类似于 PostgreSQL 的 generate_series 表函数，比如，从 2020-01-01 开始，生成一个月的日期序列：

```
localhost:ytt>WITH recursive seq_date (log_date) AS
    ->     (SELECT
    ->      '2020-01-01'
    ->    UNION
    ->    ALL
    ->    SELECT
    ->      log_date + INTERVAL 1 DAY
    ->    FROM
    ->      seq_date
    ->    WHERE log_date + INTERVAL 1 DAY < '2020-02-01')
    ->    SELECT
    ->      log_date
    ->    FROM
    ->      seq_date;
+------------+
```

```
| log_date   |
+------------+
| 2020-01-01 |
| 2020-01-02 |
| 2020-01-03 |
| 2020-01-04 |
| 2020-01-05 |
| 2020-01-06 |
| 2020-01-07 |
| 2020-01-08 |
| 2020-01-09 |
| 2020-01-10 |
| 2020-01-11 |
| 2020-01-12 |
| 2020-01-13 |
| 2020-01-14 |
| 2020-01-15 |
| 2020-01-16 |
| 2020-01-17 |
| 2020-01-18 |
| 2020-01-19 |
| 2020-01-20 |
| 2020-01-21 |
| 2020-01-22 |
| 2020-01-23 |
| 2020-01-24 |
| 2020-01-25 |
| 2020-01-26 |
| 2020-01-27 |
| 2020-01-28 |
| 2020-01-29 |
| 2020-01-30 |
| 2020-01-31 |
+------------+
31 rows in set (0.00 sec)
```

3.7 WITH 表达式做派生表

使用上述日期列表。

```
localhost:ytt>SELECT
    ->        *
    ->        FROM
    ->        (
    ->          WITH recursive seq_date (log_date) AS
    ->          (SELECT
    ->            '2020-01-01'
    ->          UNION
    ->          ALL
    ->          SELECT
    ->            log_date + INTERVAL 1 DAY
    ->          FROM
    ->            seq_date
    ->          WHERE log_date+ interval 1 day  < '2020-02-01')
    -> select *
    ->        FROM
    ->          seq_date
    ->        ) X
    ->        LIMIT 10;
+------------+
| log_date   |
+------------+
| 2020-01-01 |
| 2020-01-02 |
| 2020-01-03 |
| 2020-01-04 |
| 2020-01-05 |
| 2020-01-06 |
| 2020-01-07 |
| 2020-01-08 |
| 2020-01-09 |
| 2020-01-10 |
+------------+
10 rows in set (0.00 sec)
```

WITH 表达式使用非常灵活，不同的场景可以有不同的写法，的确可以简化日常 SQL 的编写。

4 MySQL 8.0 多因素身份认证

作者：金长龙

MySQL 8.0.27 增加了多因素身份认证（MFA）功能，可以为一个用户指定多重的身份校验。为此还引入了新的系统变量 authentication_policy，用于管理多因素身份认证功能。

我们知道在 MySQL 8.0.27 之前，CREATE USER 可以指定一种认证插件，在未明确指定的情况下会取系统变量 default_authentication_plugin 的值。default_authentication_plugin 的有效值有 3 个，分别是 mysql_native_password、sha256_password、caching_sha2_password，这 3 个认证插件是内置的、不需要注册步骤的插件。

4.1 系统变量 authentication_policy

在 MySQL 8.0.27 中由 authentication_policy 来管理用户的身份认证，先启用 MySQL。同时查看 authentication_policy 和 default_authentication_plugin 的值。

```
root@ubuntu:~# docker run --name mysql -1 -e MYSQL_ROOT_PASSWORD=123 -d --ip
172.17.0.2 mysql:8.0.27
root@ubuntu:~# docker run -it --rm mysql:8.0.27 mysql -h172.17.0.2 -uroot
-p123
......

mysql> show global variables like 'authentication_policy';
+-----------------------+-------+
| Variable_name         | Value |
+-----------------------+-------+
| authentication_policy | *,,   |
+-----------------------+-------+
1 row in set (0.02 sec)

mysql> show global variables like 'default_authentication_plugin';
+-------------------------------+-----------------------+
| Variable_name                 | Value                 |
```

```
+-----------------------------+-----------------------+
| default_authentication_plugin | caching_sha2_password |
+-----------------------------+-----------------------+
1 row in set (0.00 sec)
```

我们看到 authentication_policy 的默认值是 "*,,"。

第一个元素值是星号 "*"，表示可以是任意插件，默认值取 default_authentication_plugin 的值。如果该元素值不是星号 "*"，则必须设置为 mysql_native_password、sha256_password、caching_sha2_password 中的一个。

第二、第三个元素值为空，这两个位置不能设置成内部存储的插件。如果元素值为空，代表插件是可选的。

新建一个用户，不指定插件名称时，自动使用默认插件 caching_sha2_password。

```
mysql> create user 'wei1'@'localhost' identified by '123';
Query OK, 0 rows affected (0.01 sec)

mysql> select user,host,plugin from mysql.user where user='wei1';
+------+-----------+-----------------------+
| user | host      | plugin                |
+------+-----------+-----------------------+
| wei1 | localhost | caching_sha2_password |
+------+-----------+-----------------------+
1 row in set (0.00 sec)
```

指定插件名称时，会使用到对应的插件。

```
mysql> create user 'wei2'@'localhost' identified with mysql_native_password by
'123';
Query OK, 0 rows affected (0.01 sec)

mysql> select user,host,plugin from mysql.user where user='wei2';
+------+-----------+-----------------------+
| user | host      | plugin                |
+------+-----------+-----------------------+
| wei2 | localhost | mysql_native_password |
+------+-----------+-----------------------+
1 row in set (0.01 sec)
```

尝试变更一下 authentication_policy 第一个元素的值，设置为 sha256_password。

```
mysql> set global authentication_policy='sha256_password,,';
Query OK, 0 rows affected (0.00 sec)


mysql> show global variables like 'authentication_policy';
+-----------------------+-------------------+
| Variable_name         | Value             |
+-----------------------+-------------------+
| authentication_policy | sha256_password,, |
+-----------------------+-------------------+
1 row in set (0.00 sec)
```

再次创建一个用户，不指定插件的名称。

```
mysql> create user 'wei3'@'localhost' identified by '123';
Query OK, 0 rows affected (0.01 sec)


mysql> select user,host,plugin from mysql.user where user='wei3';
+------+-----------+-----------------+
| user | host      | plugin          |
+------+-----------+-----------------+
| wei3 | localhost | sha256_password |
+------+-----------+-----------------+
1 row in set (0.00 sec)
```

可以看到默认使用的插件是 sha256_password，说明当 authentication_policy 第一个元素指定插件名称时，default_authentication_plugin 被弃用了。

4.2 多重身份验证的用户

首先恢复 authentication_policy 至默认值。

```
mysql> set global authentication_policy='*,,';
Query OK, 0 rows affected (0.01 sec)


mysql> show global variables like 'authentication_policy';
+-----------------------+-------+
| Variable_name         | Value |
+-----------------------+-------+
| authentication_policy | *,,   |
+-----------------------+-------+
1 row in set (0.01 sec)
```

然后创建一个双重认证的用户。如下所示，创建失败，因为不可以同时用 2 种内部存储插件。

```
mysql> create user 'wei3'@'localhost' identified by '123' and identified with
mysql_native_password by '123';
ERROR 4052 (HY000): Invalid plugin "mysql_native_password" specified as 2
factor during "CREATE USER".
```

那我们来装一个可插拔插件 Socket Peer-Credential。

```
mysql> INSTALL PLUGIN auth_socket SONAME 'auth_socket.so';
Query OK, 0 rows affected (0.00 sec)

mysql> SELECT PLUGIN_NAME, PLUGIN_STATUS FROM INFORMATION_SCHEMA.PLUGINS WHERE
PLUGIN_NAME LIKE '%socket%';
+-------------+---------------+
| PLUGIN_NAME | PLUGIN_STATUS |
+-------------+---------------+
| auth_socket | ACTIVE        |
+-------------+---------------+
1 row in set (0.00 sec)
```

再创建一个双重认证的用户。

```
mysql> create user 'wei4'@'localhost' identified by '123' and identified with
auth_socket as 'root';
Query OK, 0 rows affected (0.05 sec)

mysql> select user,host,plugin,User_attributes from mysql.user where
user='wei4';
+------+-----------+----------------------+---------------------------------
-------------------------------------------------------------------------
------------------------+
| user | host      | plugin               | User_attributes
|
+------+-----------+----------------------+---------------------------------
-------------------------------------------------------------------------
------------------------+
| wei4 | localhost | caching_sha2_password | {"multi_factor_authentication":
[{"plugin": "auth_socket", "passwordless": 0, "authentication_string": "root",
"requires_registration": 0}]} |
+------+-----------+----------------------+---------------------------------
-------------------------------------------------------------------------
```

```
------------------------+
    1 row in set (0.00 sec)
```

创建成功，之后用户 'wei4'@'localhost' 必须提供正确的密码，且同时本地主机的登录用户为 root 时，才会验证通过。

来试一下，以主机 root 用户身份，提供正确的密码 "123"，登录成功。

```
root@ubuntu:~# docker exec -it mysql-1 bash
root@1d118873f98e:/# mysql -uwei4 --password1=123 --password2
mysql: [Warning] Using a password on the command line interface can be
insecure.
Enter password:
Welcome to the MySQL monitor.  Commands end with ; or \g.
Your MySQL connection id is 12
Server version: 8.0.27 MySQL Community Server - GPL

Copyright (c) 2000, 2021, Oracle and/or its affiliates.

Oracle is a registered trademark of Oracle Corporation and/or its
affiliates. Other names may be trademarks of their respective
owners.

Type 'help;' or '\h' for help. Type '\c' to clear the current input statement.

mysql>
```

修改一下，将 'wei4'@'localhost' 要求的主机登录用户修改为 'wei4'。

```
mysql> alter user 'wei4'@'localhost' modify 2 factor identified with auth_
socket as 'wei4';
Query OK, 0 rows affected (0.16 sec)

mysql> select user,host,plugin,User_attributes from mysql.user where
user='wei4';
+-------+-----------+-----------------------+--------------------------------
-------------------------------------------------------------------------------
------------------------+
| user | host      | plugin                | User_attributes
|
+-------+-----------+-----------------------+--------------------------------
-------------------------------------------------------------------------------
------------------------+
```

```
 | wei4 | localhost | caching_sha2_password | {"multi_factor_authentication":
[{"plugin": "auth_socket", "passwordless": 0, "authentication_string": "wei4",
"requires_registration": 0}]} |
 +------+-----------+-----------------------+---------------------------------
------------------------------------------------------------------------------
------------------------+
 1 row in set (0.00 sec)
```

再次以主机 root 用户身份，提供正确的密码"123"，登录失败。

```
root@ubuntu:~# docker exec -it mysql-1 bash
root@1d118873f98e:/# mysql -uwei4 --password1=123 --password2
mysql: [Warning] Using a password on the command line interface can be
insecure.
Enter password:
ERROR 1698 (28000): Access denied for user 'wei4'@'localhost'
root@1d118873f98e:/#
```

因此可以认定双重身份认证机制是生效的。MySQL 8.0.27 最多可以对一个用户设置三重身份认证，这里不再做展示说明。

4.3 总结

已有的密码口令身份验证很适合网站或者应用程序的访问，但是在特定的情况下，如网络在线金融交易方面可能还是不够安全。多因素身份认证（MFA）功能的引入，可以在一定程度上提升数据库系统的安全性。

5 MySQL 8.0 对 GTID 的限制解除

作者：杨涛涛

在 MySQL 5.6 以及 MySQL 5.7 上使用 GTID，一直以来都有几个硬性限制，特别是针对开发人员编写 SQL 的两条限制，官方文档对这两条限制详细描述如下：

```
CREATE TABLE … SELECT statements. CREATE TABLE ... SELECT statements are not
allowed when using GTID-based replication. When binlog_format is set to STATEMENT,
```

```
a CREATE TABLE ... SELECT statement is recorded in the binary log as one
transaction with one GTID, but if ROW format is used, the statement is recorded as
two transactions with two GTIDs. If a source used STATEMENT format and a replica
used ROW format, the replica would be unable to handle the transaction correctly,
therefore the CREATE TABLE ... SELECT statement is disallowed with GTIDs to prevent
this scenario.
    Temporary tables. CREATE TEMPORARY TABLE and DROP TEMPORARY TABLE statements
are not supported inside transactions, procedures, functions, and triggers when
using GTIDs (that is, when the enforce_gtid_consistency system variable is set to
ON). It is possible to use these statements with GTIDs enabled, but only outside
of any transaction, and only with autocommit=1.
```

以上大概意思是对于这两条 SQL 语句，如果想在 GTID 模式下使用，为了不破坏事务一致性，是被严格限制而不允许使用的。为了满足需求，一般我们会通过一些途径来绕过这些限制。这个硬性限制随着 MySQL 8.0 一些新特性的发布，连带着被间接取消掉，比如 MySQL 8.0 的 DDL 原子性。

我们先来看在 MySQL 5.7 版本卜这一行为对事务的影响，以及如何通过变通的方法绕过这些限制。

5.1 CREATE TABLE…SELECT…语句

CREATE TABLE…SELECT…语句本身是懒人写法，语义上分别属于两个隐式事务（一条 DDL 语句，一条 DML 语句）。但在 GTID 开启后，单个语句只能给它分配一个 GTID 事务号，如果强制使用，会直接报语句违反 GTID 一致性。比如下面的例子，直接执行这条语句就会报错。

```
mysql:ytt:5.7.34-log> create table trans1(id int primary key, log_date date);
Query OK, 0 rows affected (0.03 sec)

<mysql:ytt:5.7.34-log> insert trans1 values (1,'2022-01-02');
Query OK, 1 row affected (0.00 sec)

<mysql:ytt:5.7.34-log> create table trans2 as select * from trans1;
ERROR 1786 (HY000): Statement violates GTID consistency: CREATE TABLE ...
SELECT.
```

既然理解了需求，就想办法变通一下。针对这条语句，拆分为两条语句即可。

需要注意的是拆分后第一条 DDL 语句的后续工作，是延迟建立索引，还是根本不需要索引？如果是延迟建立索引，那很简单，使用 MySQL 的 CREATE TABLE…LIKE…
语句就行。虽然 CREATE TABLE…LIKE…语句是直接克隆原表，索引也是立即创建，不
过最终目标是一致的。示例如下：

```
<mysql:ytt:5.7.34-log> reset master;
Query OK, 0 rows affected (0.02 sec)

mysql:ytt:5.7.34-log> create table trans2 like trans1;
Query OK, 0 rows affected (0.02 sec)

<mysql:ytt:5.7.34-log> insert trans2 select * from trans1;
Query OK, 1 row affected (0.02 sec)
Records: 1  Duplicates: 0  Warnings: 0
```

对应的 Binlog 数据如下，拆分为两个 GTID 事务号：00020135-1111-1111-1111-
111111111111:1-2。

```
<mysql:ytt:5.7.34-log> show binlog events in 'mysql-bin.000001'\G
*************************** 1. row ***************************
    ...
*************************** 3. row ***************************
  Log_name: mysql-bin.000001
       Pos: 154
Event_type: Gtid
 Server_id: 100
End_log_pos: 219
      Info: SET @@SESSION.GTID_NEXT= '00020135-1111-1111-1111-111111111111:1'
*************************** 4. row ***************************
  Log_name: mysql-bin.000001
       Pos: 219
Event_type: Query
 Server_id: 100
End_log_pos: 316
      Info: use `ytt`; create table trans2 like trans1
*************************** 5. row ***************************
  Log_name: mysql-bin.000001
       Pos: 316
Event_type: Gtid
 Server_id: 100
End_log_pos: 381
```

```
         Info: SET @@SESSION.GTID_NEXT= '00020135-1111-1111-1111-111111111111:2'
*************************** 6. row ***************************
  Log_name: mysql-bin.000001
       Pos: 381
Event_type: Query
 Server_id: 100
End_log_pos: 452
      Info: BEGIN
*************************** 7. row ***************************
  Log_name: mysql-bin.000001
       Pos: 452
Event_type: Table_map
 Server_id: 100
End_log_pos: 501
      Info: table_id: 112 (ytt.trans2)
*************************** 8. row ***************************
  Log_name: mysql-bin.000001
       Pos: 501
Event_type: Write_rows
 Server_id: 100
End_log_pos: 552
      Info: table_id: 112 flags: STMT_END_F
*************************** 9. row ***************************
  Log_name: mysql-bin.000001
       Pos: 552
Event_type: Xid
 Server_id: 100
End_log_pos: 583
      Info: COMMIT /* xid=54 */
9 rows in set (0.00 sec)
```

如果是后一种，只需要复制表结构和数据，不要索引，也可以用 CREATE TABLE …
LIKE …语句创建好表结构，之后手工删除表索引。如果表比较多，可以写一个简单脚本
对索引批量删除。

5.2 显式临时表的创建与删除语句

这样的 DDL 语句在 GTID 模式下也是禁止放在事务块里执行的，包括显式的
begin、commit 或者存储过程、存储函数、触发器等大事务块。直接在事务块里执行会报错：

```
<mysql:ytt:5.7.34-log> begin;
```

```
Query OK, 0 rows affected (0.00 sec)

<mysql:ytt:5.7.34-log> create temporary table tmp(id int);
ERROR 1787 (HY000): Statement violates GTID consistency: CREATE TEMPORARY
TABLE and DROP TEMPORARY TABLE can only be executed outside transactional context.
These statements are also not allowed in a function or trigger because functions
and triggers are also considered to be multi-statement transactions.
```

如何解决呢？官方也给出建议：把此类 DDL 语句放在事务块外面或者直接使用基于磁盘表的 DDL 语句来替代它。如下示例：在事务块外创建临时表，事务块内部引用临时表数据就行。

```
<mysql:ytt:5.7.34-log> create temporary table tmp(id int,log_date date);
Query OK, 0 rows affected (0.00 sec)

<mysql:ytt:5.7.34-log> begin;
Query OK, 0 rows affected (0.01 sec)

<mysql:ytt:5.7.34-log> insert tmp values (100,'2022-10-21');
Query OK, 1 row affected (0.01 sec)

<mysql:ytt:5.7.34-log> insert trans1 select * from tmp;
Query OK, 1 row affected (0.00 sec)
Records: 1  Duplicates: 0  Warnings: 0

<mysql:ytt:5.7.34-log> commit;
Query OK, 0 rows affected (0.00 sec)

<mysql:ytt:5.7.34-log> select * from trans1;
+-----+------------+
| id  | log_date   |
+-----+------------+
|   1 | 2022-01-02 |
| 100 | 2022-10-21 |
+-----+------------+
2 rows in set (0.00 sec)
```

因为 MySQL 8.0 支持原生 DDL 原子性，所以连带就解除了这两个 GTID 的限制。

5.3 CREATE TABLE…LIKE…语句

CREATE TABLE…LIKE…语句在 MySQL 8.0 版本里只会生成一个 GTID 事务号，见下面 Binlog 内容：0228ca56-db2f-11ec-83d3-080027951c4a:1。

```
mysql:ytt:8.0.29>create table trans2 as select * from trans1;
Query OK, 1 row affected (0.08 sec)
Records: 1  Duplicates: 0  Warnings: 0

<mysql:ytt:8.0.29>show binlog events in 'binlog.000001'\G
*************************** 1. row ***************************
...
*************************** 3. row ***************************
   Log_name: binlog.000001
        Pos: 157
 Event_type: Gtid
  Server_id: 1
End_log_pos: 236
       Info: SET @@SESSION.GTID_NEXT= '0228ca56-db2f-11ec-83d3-080027951c4a:1'
*************************** 4. row ***************************
   Log_name: binlog.000001
        Pos: 236
 Event_type: Query
  Server_id: 1
End_log_pos: 310
       Info: BEGIN
*************************** 5. row ***************************
   Log_name: binlog.000001
        Pos: 310
 Event_type: Query
  Server_id: 1
End_log_pos: 476
       Info: use `ytt`; CREATE TABLE `trans2` (
 `id` int NOT NULL,
 `log_date` date DEFAULT NULL
) START TRANSACTION
*************************** 6. row ***************************
   Log_name: binlog.000001
        Pos: 476
 Event_type: Table_map
```

```
   Server_id: 1
End_log_pos: 528
       Info: table_id: 349 (ytt.trans2)
*************************** 7. row ***************************
   Log_name: binlog.000001
        Pos: 528
 Event_type: Write_rows
  Server_id: 1
End_log_pos: 571
       Info: table_id: 349 flags: STMT_END_F
*************************** 8. row ***************************
   Log_name: binlog.000001
        Pos: 571
 Event_type: Xid
  Server_id: 1
End_log_pos: 602
       Info: COMMIT /* xid=8833 */
8 rows in set (0.00 sec)
```

5.4 事务块里有显式临时表的 DDL 语句

事务块里有显式临时表的 DDL 语句，可以正常执行。

```
<mysql:ytt:8.0.29>reset master;
Query OK, 0 rows affected (0.02 sec)


<mysql:ytt:8.0.29>begin;
Query OK, 0 rows affected (0.01 sec)


<mysql:ytt:8.0.29>create temporary table tmp(a int,b date);
Query OK, 0 rows affected (0.00 sec)


<mysql:ytt:8.0.29>insert into tmp values (10,'2022-12-31');
Query OK, 1 row affected (0.00 sec)


<mysql:ytt:8.0.29>insert trans1 select * from tmp;
Query OK, 1 row affected (0.00 sec)
Records: 1  Duplicates: 0  Warnings: 0


<mysql:ytt:8.0.29>commit;
Query OK, 0 rows affected (0.01 sec)
```

```
<mysql:ytt:8.0.29>table trans1;
+----+------------+
| id | log_date   |
+----+------------+
|  1 | 2022-07-07 |
| 10 | 2022-12-31 |
+----+------------+
2 rows in set (0.00 sec)
```

这样生成的 GTID 事务号里（0228ca56-db2f-11ec-83d3-080027951c4a:1）只包含对磁盘表 trans1 的写入记录。

```
mysql:ytt:8.0.29>show binlog events in 'binlog.000001'\G
*************************** 1. row ***************************
...
*************************** 3. row ***************************
   Log_name: binlog.000001
        Pos: 157
  Event_type: Gtid
   Server_id: 1
End_log_pos: 236
       Info: SET @@SESSION.GTID_NEXT= '0228ca56-db2f-11ec-83d3-080027951c4a:1'
*************************** 4. row ***************************
   Log_name: binlog.000001
        Pos: 236
  Event_type: Query
   Server_id: 1
End_log_pos: 310
       Info: BEGIN
*************************** 5. row ***************************
   Log_name: binlog.000001
        Pos: 310
  Event_type: Table_map
   Server_id: 1
End_log_pos: 362
       Info: table_id: 405 (ytt.trans1)
*************************** 6. row ***************************
   Log_name: binlog.000001
        Pos: 362
  Event_type: Write_rows
   Server_id: 1
```

```
End_log_pos: 405
        Info: table_id: 405 flags: STMT_END_F
*************************** 7. row ***************************
    Log_name: binlog.000001
         Pos: 405
  Event_type: Xid
   Server_id: 1
End_log_pos: 436
        Info: COMMIT /* xid=9374 */
7 rows in set (0.00 sec)
```

MySQL 8.0 已经发布好几年了，如果需要改善这部分功能，建议升级新版本。

6 MySQL 8.0 的交集和差集介绍

作者：杨涛涛

MySQL 8.0.31 支持标准 SQL 的交集和差集操作。

- 交集：返回两个结果集的相交部分，即左侧和右侧同时存在的记录。
- 差集：返回两个结果集中一侧存在同时另一侧不存在的记录。

之前在做其他数据库往 MySQL 迁移的时候，经常遇到这样的操作。由于 MySQL 一直以来不支持这两类操作，一般得想办法避开或者是通过其他方法来实现。

比如在 MySQL 5.7.X 中，想要实现如下两个需求：

- 求表 t1 和表 t2 的交集，并且结果要去重。
- 求表 t1 和表 t2 的差集，并且结果也要去重。

首先简单创建表 t1、表 t2，并且插入几条样例数据：

```
<mysql:5.7.34:(ytt)> create table t1(c1 int);
Query OK, 0 rows affected (0.02 sec)

<mysql:5.7.34:(ytt)> create table t2 like t1;
Query OK, 0 rows affected (0.02 sec)

<mysql:5.7.34:(ytt)> insert t1 values (10),(20),(20),(30),(40),(40),(50);
```

```
Query OK, 7 rows affected (0.00 sec)
Records: 7  Duplicates: 0  Warnings: 0


<mysql:5.7.34:(ytt)> insert t2 values (10),(30),(30),(50),(50),(70),(90);
Query OK, 7 rows affected (0.02 sec)
Records: 7  Duplicates: 0  Warnings: 0
<mysql:5.7.34:(ytt)> select * from t1;
+------+
| c1   |
+------+
|   10 |
|   20 |
|   20 |
|   30 |
|   40 |
|   40 |
|   50 |
+------+
7 rows in set (0.00 sec)

<mysql:5.7.34:(ytt)> select * from t2;
+------+
| c1   |
+------+
|   10 |
|   30 |
|   30 |
|   50 |
|   50 |
|   70 |
|   90 |
+------+
7 rows in set (0.00 sec)
```

我们来实现上述两个需求：

（1）求去重后的交集：两表内联、去重。

```
<mysql:5.7.34:(ytt)> select distinct t1.c1 from t1 join t2 using(c1);
+------+
| c1   |
+------+
|   10 |
```

```
| 30 |
| 50 |
+------+
3 rows in set (0.00 sec)
```

（2）求去重后的差集：两表左外联，去重，并且保留右表关联键为 NULL 的记录。

```
<mysql:5.7.34:(ytt)> select distinct t1.c1 from t1 left join t2 using(c1)
where t2.c1 is null;
+------+
| c1   |
+------+
|  20  |
|  40  |
+------+
2 rows in set (0.00 sec)
```

在最新版本 MySQL 8.0.31 中，直接用 INTERSECT 和 EXCEPT 两个新操作符即可，写起来非常简单。

创建好同样的表结构和数据，用 INTERSECT 来求交集：

```
<mysql:8.0.31:(ytt)>table t1 intersect table t2;
+------+
| c1   |
+------+
|  10  |
|  30  |
|  50  |
+------+
3 rows in set (0.00 sec)
```

用 EXCEPT 来求差集：

```
<mysql:8.0.31:(ytt)>table t1 except table t2;
+------+
| c1   |
+------+
|  20  |
|  40  |
+------+
2 rows in set (0.00 sec)
```

INTERSECT 和 EXCEPT 操作符默认去重。若需要保留原始结果，则可以带上 ALL

关键词。以下求两表差集的结果会保留所有符合条件的记录。

```
<mysql:8.0.31:(ytt)>table t1 except all table t2;
+------+
| c1   |
+------+
|   20 |
|   20 |
|   40 |
|   40 |
+------+
4 rows in set (0.00 sec)
```

7 MySQL 8.0 对 LIMIT 的优化

作者：杨奇龙

7.1 前言

提到 LIMIT 优化，大多数 MySQL 数据库管理员（DBA）都不会陌生，能想到各种应对策略，比如延迟关联、书签式查询等。

7.2 MySQL 8.0 对 LIMIT 的改进

对于 LIMIT N 带有 GROUP BY、ORDER BY 的 SQL 语句（GROUP BY 和 ORDER BY 的字段有索引可以使用），MySQL 优化器会尽可能选择利用现有索引的有序性，减少排序——这看起来是 SQL 执行计划的最优解，实际效果其实是南辕北辙，很多 DBA 遇到的相关案例中，SQL 执行计划时选择 ORDER BY ID 的索引进而导致全表扫描，而不是利用 WHERE 条件中的索引查找过滤数据。

MySQL 8.0.21 版本之前，并没有什么参数来控制这种行为，但是 MySQL 8.0.21 版本之后提供了一个优化器参数 prefer_ordering_index，通过设置 optimizer_switch 来开启或者关闭该特性。比如：

```
SET  optimizer_switch = "prefer_ordering_index=off";
SET  optimizer_switch = "prefer_ordering_index=on";
```

7.3 实践出真知

测试环境：社区版 MySQL 8.0.30。

构造测试数据。

```
CREATE TABLE t (
id1 BIGINT  NOT NULL  PRIMARY KEY auto_increment,
id2 BIGINT NOT NULL,
c1 VARCHAR(50) NOT NULL,
c2 varchar(50) not null,
INDEX i (id2, c1));

insert into t(id2,c1,c2) values(1,'a','xfvs'),(2,'bbbb','xfvs'),(3,'cdddd','xf
vs'),(4,'dfdf','xfvs'),(12,'bbbb','xfvs'),(23,'cdddd','xfvs'),(14,'dfdf','xfvs'),
(11,'bbbb','xfvs'),(13,'cdddd','xfvs'),(44,'dfdf','xfvs'),(31,'bbbb','xfvs'),(
33,'cdddd','xfvs'),(34,'dfdf','xfvs');
```

7.3.1 默认开启参数

```
mysql (test) > SELECT @@optimizer_switch LIKE '%prefer_ordering_index=on%';
+-----------------------------------------------------+
| @@optimizer_switch LIKE '%prefer_ordering_index=on%' |
+-----------------------------------------------------+
|                                                   1 |
+-----------------------------------------------------+
1 row in set (0.00 sec)
```

查询非索引字段，id2 上有索引，ORDER BY 主键 id1，EXPLAIN 查看执行计划 type: index，说明使用索引扫描，使用 Using Where 过滤结果集。这个是优化器自以为的最优选择，但是实际上遇到数据集合比较大的表，该执行计划就不是最优解，反而会导致慢查。

```
mysql (test) > explain select c2 from t where id2>8 ORDER BY id1 ASC LIMIT
2\G
*************************** 1. row ***************************
          id: 1
  select_type: SIMPLE
       table: t
```

```
     partitions: NULL
           type: index
  possible_keys: i
            key: PRIMARY
        key_len: 8
            ref: NULL
           rows: 2
       filtered: 69.23
          Extra: Using where
1 row in set, 1 warning (0.00 sec)
```

7.3.2 关闭参数

```
mysql (test) > SET optimizer_switch = "prefer_ordering_index=off";
mysql (test) > explain select c2 from t where id2>8 ORDER BY id1 ASC LIMIT 2\G
*************************** 1. row ***************************
             id: 1
    select_type: SIMPLE
          table: t
     partitions: NULL
           type: range
  possible_keys: i
            key: i
        key_len: 8
            ref: NULL
           rows: 9
       filtered: 100.00
          Extra: Using index condition; Using filesort
1 row in set, 1 warning (0.00 sec)
```

经过调整之后，查看执行计划时发现优化器选择 id2 索引字段找到记录做过滤，并且使用了 ICP 特性，减少物理 IO 请求，而不是选择使用主键 id1 遍历索引然后回表查询。

显然，通过人为介入参数调整优化器的行为能带来更好的优化效果。

7.4 总结

从不同版本的 MySQL 发展轨迹来看，MySQL 的优化器越来越智能（比如大家期待已久的直方图特性），能更多地减少人为干预，提升执行计划的准确性。

8 MySQL 8.0 新密码策略（一）

作者：杨涛涛

我们非常熟悉这样的模式：用户想更改密码，需要提供原来的密码或者追加手机验证码才可以，这种模式在 MySQL 数据库里一直不存在。MySQL 8.0 之前的版本，普通用户可以直接更改密码，不需要旧密码验证，也不需要知会管理员，比如在 MySQL 5.7 版本下，用户 ytt_admin 需要更改密码，直接敲 ALTER USER 命令即可：

```
    root@ytt-ubuntu:~# mysql -uytt_admin -proot1234 -P5734 -h ytt-ubuntu -e "alter
user ytt_admin identified by 'root'"
    mysql: [Warning] Using a password on the command line interface can be
insecure.
```

这样的密码更改行为其实不是很安全，假设有下面的场景出现：

用户 ytt_admin 登录到 MySQL 服务后，做了些日常操作，完成后忘记退出；此时刚好有一个别有用心的用户 ytt_fake 进入 ytt_admin 的登录环境，直接敲命令 ALTER USER 即可更改用户 ytt_admin 的密码，并且退出了当前登录环境，用户 ytt_admin 本人再次登录 MySQL，就会提示密码错误，不允许登录。

为了防止这类不安全事件的发生，MySQL 8.0 发布了一系列密码验证策略。这里介绍第一项：当前密码验证策略。当前密码验证策略有以下两种设置方法。

8.1 单个用户策略

单个用户策略指从管理员侧来设置单个用户的当前密码验证策略。

创建用户或者更改用户设置时使用子句：password require current（表示强制此用户满足当前密码验证策略）。

```
    mysql:(none)>create user ytt_admin identified by 'root123' password require
current;
    Query OK, 0 rows affected (0.11 sec)
```

之后以用户 ytt_admin 登录 MySQL 并且更改密码，提示需要提供旧密码才行。

```
root@ytt-ubuntu:/home/ytt# mysql -h ytt-ubuntu -uytt_admin -proot123
mysql: [Warning] Using a password on the command line interface can be
insecure.
Welcome to the MySQL monitor.  Commands end with ; or \g.
Your MySQL connection id is 33
Server version: 8.0.27 MySQL Community Server - GPL

mysql:(none)>alter user ytt_admin identified by 'root';
ERROR 3892 (HY000): Current password needs to be specified in the REPLACE
clause in order to change it.
```

接下来，ALTER USER 跟上 REPLACE 子句来让用户 ytt_admin 输入旧密码，方可成功更改为新密码。

```
mysql:(none)>alter user ytt_admin identified by 'root' replace 'root123';
Query OK, 0 rows affected (0.00 sec)
```

如果有的场景下需要保持 MySQL 旧版本的密码更改行为，管理员侧可以用子句 password require current optional 关闭新特性。

```
-- (optional 关键词可用 default 替代，参考全局密码验证参数设置)
mysql:(none)>alter user ytt_admin password require current optional;
Query OK, 0 rows affected (0.04 sec)
```

再次验证用户 ytt_admin 更改密码的行为，又变更为 MySQL 旧版本的安全行为。

```
mysql:(none)>alter user ytt_admin identified by 'root';
Query OK, 0 rows affected (0.01 sec)
```

8.2 所有用户策略

所有用户策略指设置全局参数，来强制所有用户使用当前密码验证策略。

MySQL 8.0 新版本内置的参数 password_require_current 定义一个全局密码策略，默认关闭。开启这个选项时，要求用户更改密码时必须提供旧密码。

开启全局参数：

```
mysql:(none)>set persist password_require_current=on;
Query OK, 0 rows affected (0.00 sec)
-- 创建另外一个新用户 ytt_usage:
mysql:(none)>create user ytt_usage identified by 'root123';
Query OK, 0 rows affected (0.00 sec)
```

```
-- 以用户 ytt_usage 登录 MySQL 更改密码: 直接拒绝更改, 需要提供旧密码。
root@ytt-ubuntu:~# mysql -uytt_usage -proot123 -h ytt-ubuntu
mysql: [Warning] Using a password on the command line interface can be
insecure.
Welcome to the MySQL monitor.  Commands end with ; or \g.
Your MySQL connection id is 37
Server version: 8.0.27 MySQL Community Server - GPL

...

mysql:(none)>alter user ytt_usage identified by 'root';
ERROR 3892 (HY000): Current password needs to be specified in the REPLACE
clause in order to change it.
mysql:(none)>
```

使用 REPLACE 子句提供旧密码,再次成功更改为新密码:

```
mysql:(none)>alter user ytt_usage identified by 'root' replace 'root123';
Query OK, 0 rows affected (0.02 sec)
```

这里有一个需要注意的点: 虽然全局参数开启,但是 ALTER USER 命令优先级更高,可以直接覆盖全局参数设置。下面是全局参数开启的环境下,用 ALTER USER 命令来关闭用户 ytt_usage 的当前密码验证策略。

```
mysql:(none)>alter user ytt_usage password require current optional;
Query OK, 0 rows affected (0.11 sec)
-- 接下来用户 ytt_usage 又恢复为 MySQL 旧版本的安全行为:
mysql:(none)>alter user ytt_usage identified by 'rootnew';
Query OK, 0 rows affected (0.11 sec)
```

还有另外一个子句: password require current default,具体行为由全局参数 password_require_current 的设置决定。全局参数关闭,这个子句恢复 MySQL 旧版本的安全行为;全局参数开启,这个子句使用 MySQL 新版本的安全行为。

```
mysql:(none)>alter user ytt_usage password require current default;
Query OK, 0 rows affected (0.09 sec)
```

8.3 总结

从本文介绍的当前密码验证策略,可看出 MySQL 朝着更加安全的方向努力。

9 MySQL 8.0 新密码策略（二）

作者：杨涛涛

假设管理员分别创建了一个开发用户与运维用户，并且要求这两个用户必须满足如下需求：

（1）开发用户要求定期更改密码，并且新密码不能与近期更改过的密码重复，即不能复用历史密码，限定历史密码个数为3。

（2）运维用户同样要求定期更改密码，并且新密码不能与某段时间内更改过的密码重复，即同样不能复用历史密码，限定时间段为一个星期。

以上两种改密码需求，在数据库侧暂时无法实现，只能拿个"小本子"记住历史密码保留个数、历史密码保留天数，在用户每次更改密码前，先检测"小本子"上有没有和新密码重复的历史密码。

针对以上两种改密码需求，MySQL 8.0 直接从数据库端实现，管理员可以扔掉"小本子"了。

下面分两部分讲解在 MySQL 8.0 版本里对以上改密码需求的具体实现。

9.1 在配置文件里写上全局参数

- 参数 password_history：表示最近使用的密码保留次数。
- 参数 password_reuse_interval：表示最近使用的密码保留天数。

先来实现开发用户的需求：保留历史密码个数为3。

管理员用户登录，设置全局参数：

```
mysql:(none)>set persist password_history=3;
Query OK, 0 rows affected (0.00 sec)
```

退出重连，创建用户 ytt_dev：

```
root@ytt-ubuntu:/home/ytt# mysql -S /opt/mysql/mysqld.sock
Welcome to the MySQL monitor.  Commands end with ; or \g.
Your MySQL connection id is 33
```

```
Server version: 8.0.27 MySQL Community Server - GPL
...
mysql:(none)>create user ytt_dev identified by 'root123';
Query OK, 0 rows affected (0.15 sec)
```

退出连接，用户 ytt_dev 重新连接数据库，并且更改两次密码：

```
root@ytt-ubuntu:/home/ytt# mysql -uytt_dev -hytt-ubuntu -proot123
mysql: [Warning] Using a password on the command line interface can be
insecure.
Welcome to the MySQL monitor.  Commands end with ; or \g.
Your MySQL connection id is 34
Server version: 8.0.27 MySQL Community Server - GPL
...
mysql:(none)>
mysql:(none)>alter user ytt_dev identified by 'root456';
Query OK, 0 rows affected (0.03 sec)

mysql:(none)>alter user ytt_dev identified by 'root789';
Query OK, 0 rows affected (0.17 sec)
```

加上原始密码，共设置了 3 次密码，再次更改密码为原始密码，此时不允许更改，错误提示和密码历史策略冲突：

```
mysql:(none)>alter user ytt_dev identified by 'root123';
ERROR 3638 (HY000): Cannot use these credentials for 'ytt_dev@%' because they
contradict the password history policy
```

接下来，选择一个与历史密码不冲突的新密码进行修改，此时密码修改成功：

```
mysql:(none)>alter user ytt_dev identified by 'rootnew';
Query OK, 0 rows affected (0.04 sec)
```

再来实现运维用户的需求：保留密码天数为 7 天。

同样，管理员用户登录 MySQL，并且设置全局参数：

```
mysql:(none)>set persist password_reuse_interval = 7;
Query OK, 0 rows affected (0.00 sec)

mysql:(none)>set persist password_history=default;
Query OK, 0 rows affected (0.00 sec)
```

退出重连，创建运维用户 ytt_dba：

```
mysql:(none)>create user ytt_dba identified by 'root123';
Query OK, 0 rows affected (0.01 sec)

mysql:(none)>\q
Bye
```

以用户 ytt_dba 登录数据库，并且更改 5 次密码：

```
root@ytt-ubuntu:/home/ytt# mysql -uytt_dba -hytt-ubuntu -proot123
mysql: [Warning] Using a password on the command line interface can be
insecure.
Welcome to the MySQL monitor.  Commands end with ; or \g.
Your MySQL connection id is 39
Server version: 8.0.27 MySQL Community Server - GPL
...
mysql:(none)>alter user ytt_dba identified by 'root456';
Query OK, 0 rows affected (0.15 sec)

mysql:(none)>alter user ytt_dba identified by 'root789';
Query OK, 0 rows affected (0.08 sec)

mysql:(none)>alter user ytt_dba identified by 'root000';
Query OK, 0 rows affected (0.02 sec)

mysql:(none)>alter user ytt_dba identified by 'root888';
Query OK, 0 rows affected (0.02 sec)

mysql:(none)>alter user ytt_dba identified by 'root999';
Query OK, 0 rows affected (0.12 sec)
```

接下来验证历史密码验证策略，由于我们设置了密码历史保留天数，任何在设定时间内的历史密码，均不能作为新密码使用：MySQL 拒绝用户更改密码，错误提示与密码历史策略冲突：

```
mysql:(none)>alter user ytt_dba identified by 'root123';
ERROR 3638 (HY000): Cannot use these credentials for 'ytt_dba@%' because they
contradict the password history policy
mysql:(none)>alter user ytt_dba identified by 'root456';
ERROR 3638 (HY000): Cannot use these credentials for 'ytt_dba@%' because they
contradict the password history policy
mysql:(none)>
```

选择一个非最近更改过的新密码，改密成功：

```
mysql:(none)>alter user ytt_dba identified by 'rootnew';
Query OK, 0 rows affected (0.10 sec)
```

如果有一个用户同时需要具备开发用户和运维用户的密码限制条件，可以把两个全局参数一起修改：历史密码保留天数为 7，同时历史密码保留个数为 3。

```
mysql:(none)>set persist password_reuse_interval = 7;
Query OK, 0 rows affected (0.00 sec)

mysql:(none)>set persist password_history=3;
Query OK, 0 rows affected (0.00 sec)
```

9.2 对单个用户定义密码验证策略

管理员在创建用户或者更改用户属性时可以对单个用户定义密码验证策略。

把全局参数重置为默认，即关闭密码验证策略：

```
mysql:(none)>set persist password_reuse_interval = default;
Query OK, 0 rows affected (0.00 sec)

mysql:(none)>set persist password_history=default;
Query OK, 0 rows affected (0.00 sec)
```

管理员退出连接重新进入，创建两个用户，即 ytt_dev1 和 ytt_dba1：

```
mysql:(none)>create user ytt_dev1 identified by 'root123';
Query OK, 0 rows affected (0.04 sec)

mysql:(none)>create user ytt_dba1 identified by 'root123';
Query OK, 0 rows affected (0.02 sec)
```

更改两个用户的历史密码验证策略：

```
mysql:(none)>alter user ytt_dev1 password history 3;
Query OK, 0 rows affected (0.01 sec)

mysql:(none)>alter user ytt_dba1 password reuse interval 7 day;
Query OK, 0 rows affected (0.02 sec)
```

检索 mysql.user 表，看看是否更改成功：

```
mysql:(none)>select user,password_reuse_history,password_reuse_time from
mysql.user where password_reuse_history is not null or password_reuse_time is not
null;
+----------+------------------------+---------------------+
| user     | password_reuse_history | password_reuse_time |
+----------+------------------------+---------------------+
| ytt_dba1 |                 NULL   |                  7  |
| ytt_dev1 |                    3   |               NULL  |
+----------+------------------------+---------------------+
2 rows in set (0.00 sec)
```

具体验证方法类似全局参数设置部分，此处省略。

9.3 总结

MySQL 8.0 推出的历史密码验证策略是对用户密码安全机制的另外一个全新的改进，可以省去此类需求非数据侧的烦琐实现。

🔟 MySQL 8.0 新密码策略（三）

作者：杨涛涛

本文介绍双密码策略和内置随机密码生成。

10.1 双密码策略

首先来解释下什么是双密码策略。双密码策略就是在日常运维中，需要定期更改指定用户密码，同时又需要旧密码暂时保留一定时长的一种策略。其作用是延迟应用与数据库之间的用户新旧密码对接时间，进而平滑应用的操作感知。可以在如下场景中使用：在 MySQL 数据库里我们部署最多也是最成熟的架构———一主多从。比如说此架构做了读写分离，主库负责处理前端的写流量，从库负责处理前端的读流量，为了安全起见，需要定期对应用连接数据库的用户更改密码。有了双密码机制，对用户密码的更改在应用端可以有一定的缓冲延迟，避免业务中断风险以及开发人员的抱怨。应用端依然可以使用旧密码来完成对数据库的检索，等待合适时机再使用管理员发来的新密码检索数据库。

双密码机制包含主密码与备密码，当备密码不再使用时，告知管理员丢弃备密码，此时用户的主密码即唯一密码。

具体用法如下。

管理员先创建一个新用户 ytt，密码是 root_old，再更改他的密码为 root_new。此时 root_new 即为主密码，而 root_old 即为备密码。

```
mysql:(none)>create user ytt identified by 'root_old';
Query OK, 0 rows affected, 2 warnings (0.24 sec)

mysql:(none)>alter user ytt identified by 'root_new' retain current password;
Query OK, 0 rows affected (0.17 sec)
```

接下来用户 ytt 分别使用备密码与主密码连接 MySQL，并且执行一条简单的 SQL 语句。

备密码连接数据库：

```
root@ytt-ubuntu:/home/ytt# mysql -h ytt-ubuntu -P 3306 -uytt -proot_old -e "select 'hello world'"
mysql: [Warning] Using a password on the command line interface can be insecure.
+-------------+
| hello world |
+-------------+
| hello world |
+-------------+
```

主密码连接数据库：

```
root@ytt-ubuntu:/home/ytt# mysql -h ytt-ubuntu -P 3306 -uytt -proot_new -e "select 'hello world'"
mysql: [Warning] Using a password on the command line interface can be insecure.
+-------------+
| hello world |
+-------------+
| hello world |
+-------------+
```

可以发现在管理员没有丢弃旧密码前，两个密码都能正常使用。

相关业务更改完成后，即可告知管理员丢弃备密码：

```
root@ytt-ubuntu:/home/ytt# mysql -S /opt/mysql/mysqld.sock
Welcome to the MySQL monitor.  Commands end with ; or \g.
Your MySQL connection id is 27
Server version: 8.0.27 MySQL Community Server - GPL
...
mysql:(none)>alter user ytt discard old password;
Query OK, 0 rows affected (0.02 sec)

mysql:(none)>\q
Bye
```

双密码策略有以下需要注意的事项：

（1）如果用户本身已经有双密码策略，再次更改新密码时没有带 retain current password 子句，那之前的主密码被替换成新改的密码，但是备密码不会被替换。比如更改新密码为 root_new_new，此时备密码依然是 root_old，并非之前的主密码 root_new。下面例子中输入密码 root_old 依然可以连接数据库，而输入密码 root_new 则被数据库拒绝连接：

```
mysql:(none)>alter user ytt identified by 'root_new_new';
Query OK, 0 rows affected (0.16 sec)

root@ytt-ubuntu:/home/ytt# mysql -h ytt-ubuntu -u ytt -proot_old -e "select
'hello world'"
mysql: [Warning] Using a password on the command line interface can be
insecure.
+-------------+
| hello world |
+-------------+
| hello world |
+-------------+
root@ytt-ubuntu:/home/ytt# mysql -h ytt-ubuntu -u ytt -proot_new -e "select
'hello world'"
mysql: [Warning] Using a password on the command line interface can be
insecure.
ERROR 1045 (28000): Access denied for user 'ytt'@'ytt-ubuntu' (using password:
YES)
```

（2）还有一点需要注意的细节，如果不带 retain current password 子句，并且更改新密码为空串，那么主备密码则会统一更改为空串。下面例子中数据库就拒绝了之前的备密码连接：

```
mysql:(none)>alter user ytt identified by '';
Query OK, 0 rows affected (0.80 sec)

root@ytt-ubuntu:/home/ytt# mysql -h ytt-ubuntu -u ytt -proot_old -e "select
'hello world'"
mysql: [Warning] Using a password on the command line interface can be
insecure.
ERROR 1045 (28000): Access denied for user 'ytt'@'ytt-ubuntu' (using password:
YES)
root@ytt-ubuntu:/home/ytt# mysql -h ytt-ubuntu -u ytt  -e "select 'hello
world'"
+-------------+
| hello world |
+-------------+
| hello world |
+-------------+
```

（3）新密码为空，不允许使用备用密码。

```
mysql:(none)>alter user ytt identified by '' retain current password;
ERROR 3895 (HY000): Current password can not be retained for user 'ytt'@'%'
because new password is empty.
```

（4）使用双密码策略时，不能更改用户的认证插件。

```
mysql:(none)>alter user ytt identified with sha256_password by 'root_new'
retain current password;
ERROR 3894 (HY000): Current password can not be retained for user 'ytt'@'%'
because authentication plugin is being changed.
```

10.2 随机密码生成

以往旧版本有生成随机密码的需求，在 MySQL 端无法直接设定，除非封装用户密码设定逻辑，并且在代码里实现随机密码生成。比如用存储过程、脚本等。

MySQL 8.0 可以直接设置用户随机密码。

```
mysql:(none)>create user ytt_new identified by random password;
+---------+------+--------------------+-------------+
| user    | host | generated password | auth_factor |
+---------+------+--------------------+-------------+
```

```
| ytt_new | %    | >h<m3[bnigz%*f/SnLfp |            1 |
+---------+------+----------------------+--------------+
1 row in set (0.02 sec)
```

也可以用 set password 子句来设置随机密码。

```
mysql:(none)>set password for ytt_new to random;
+---------+------+----------------------+--------------+
| user    | host | generated password   | auth_factor  |
+---------+------+----------------------+--------------+
| ytt_new | %    | 5wzZ+0[27cd_CW/]<ua, |            1 |
+---------+------+----------------------+--------------+
1 row in set (0.04 sec)
```

另外，随机密码的长度由参数 generated_random_password_length 调整，默认为 20。

10.3 总结

双密码策略能让应用和 DBA 沟通起来更加协调，随机密码生成能让数据库系统更加安全。

11 MySQL 8.0 新密码策略（四）

作者：杨涛涛

我们时常会遇到的场景：用银行卡在 ATM 机取款、在 App 上转账、网购付款等环节，因密码连续输错一定的次数，银行卡即被锁定而无法使用，除非拿着有效证件去银行柜台人工解锁才可正常使用。

随着 MySQL 数据库被越来越多的金融场景使用，类似连续输错银行卡密码而导致的锁卡功能随之出现。MySQL 从 8.0.19 版本开始，就推出了类似策略，即 Failed-Login Tracking and Temporary Account Locking(译为失败登录追踪和临时密码锁定)，后面我们简称为 FLTTAL。

与之前几个密码策略不同，FLTTAL 没有全局参数匹配，只能在创建用户或者是更改用户属性时被匹配。有两个选项：

- FAILED_LOGIN_ATTEMPTS N：代表密码失败重试次数。
- PASSWORD_LOCK_TIME N | UNBOUNDED：代表密码连续 "FAILED_LOGIN_ATTEMPTS" 次验证失败后被锁定的天数。

FLTTAL 有以下几个需要注意的点：

（1）failed_login_attempts 和 password_lock_time 必须同时不为 0，FLTTAL 才能生效。

（2）创建新用户不指定 failed_login_attempts 和 password_lock_time，则默认关闭 FLTTAL。

（3）已使用 FLTTAL 的用户，管理员对其 ALTER USER 后不改变原有密码验证策略。

（4）一旦账户被锁定，即使输入正确密码也无法登录。

（5）还有最重要的一点：由于 FLTTAL 对密码验证正确与否的连续性，任意一次成功登录，FLTTAL 计数器重置。例如 failed_login_attempts 设置为 3，前两次密码连续输错，第三次输入正确的密码，FLTTAL 计数器重置。

那接下来我们来看下如何具体使用这个密码验证策略。

11.1 对于普通用户的使用方法

管理员创建用户 'test1'@'localhost'，并且设置 FLTTAL 策略：失败重试次数为 3，密码锁定时间为 3 天。

```
mysql:(none)>create user test1@'localhost' identified by 'test' failed_login_attempts 3 password_lock_time 3;
Query OK, 0 rows affected (0.14 sec)
```

密码连续输错 3 次，'test1'@'localhost' 账号被锁定：

```
root@ytt-ubuntu:/home/ytt# mysql -utest1  -p -S /opt/mysql/mysqld.sock
Enter password:
ERROR 1045 (28000): Access denied for user 'test1'@'localhost' (using password: NO)
root@ytt-ubuntu:/home/ytt# mysql -utest1  -p -S /opt/mysql/mysqld.sock
Enter password:
ERROR 1045 (28000): Access denied for user 'test1'@'localhost' (using password: NO)
root@ytt-ubuntu:/home/ytt# mysql -utest1  -p -S /opt/mysql/mysqld.sock
```

```
Enter password:
ERROR 3955 (HY000): Access denied for user 'test1'@'localhost'. Account is
blocked for 3 day(s) (3 day(s) remaining) due to 3 consecutive failed logins.
```

管理员解锁账户方能正常使用（或者选择忘记密码，让管理员解锁账号并且重置新密码）。

```
mysql:(none)>alter user test1@'localhost' account unlock;
Query OK, 0 rows affected (0.00 sec)
```

用正确密码再次登录：登录成功。

```
root@ytt-ubuntu:/home/ytt# mysql -utest1  -p -S /opt/mysql/mysqld.sock -e
"select 'hello world\!'"
Enter password:
+-------------+
| hello world! |
+-------------+
| hello world! |
+-------------+
```

11.2 对于代理用户的使用方法

对于代理用户来讲，FLTTAL 只影响代理用户本身，并不影响隐藏的真实用户。

之前创建的代理用户：

```
mysql:(none)>show grants for ytt_fake;
+------------------------------------------------+
| Grants for ytt_fake@%                          |
+------------------------------------------------+
| GRANT USAGE ON *.* TO `ytt_fake`@`%`           |
| GRANT PROXY ON `ytt_real`@`%` TO `ytt_fake`@`%` |
+------------------------------------------------+
2 rows in set (0.00 sec)
```

把真实用户插件改为 mysql_native_password，让其可以正常登录：

```
mysql:(none)>alter user ytt_real identified with mysql_native_password;
Query OK, 0 rows affected (0.10 sec)
```

给代理用户 ytt_fake 设定 FLTTAL 策略：失败重试次数为 2，密码锁定时间为 7 天。

```
mysql:(none)>alter user ytt_fake failed_login_attempts 2 password_lock_time 7;
```

```
Query OK, 0 rows affected (0.14 sec)
```

代理用户连续输错两次密码，账号被锁住：

```
root@ytt-ubuntu:/home/ytt# mysql -u ytt_fake -p -hytt-ubuntu
Enter password:
ERROR 1045 (28000): Access denied for user 'ytt_fake'@'ytt-ubuntu' (using
password: YES)
root@ytt-ubuntu:/home/ytt# mysql -u ytt_fake -p -hytt-ubuntu
Enter password:
ERROR 3955 (HY000): Access denied for user 'ytt_fake'@'ytt-ubuntu'. Account is
blocked for 7 day(s) (7 day(s) remaining) due to 2 consecutive failed logins.
```

使用真实用户登录，不受代理用户影响：真实用户可以正常登录。

```
root@ytt-ubuntu:/home/ytt# mysql -u ytt_real -p -hytt-ubuntu -e "select 'hello
world\!'";
Enter password:
+--------------+
| hello world! |
+--------------+
| hello world! |
+--------------+
```

用户账号被锁定并且禁止登录后，除了管理员通过手动解锁重置计数器，还有以下几种方法重置计数器：

（1）MySQL 服务重启。

（2）执行 FLUSH PRIVILEGES，对用户权限数据刷盘。

（3）成功登录一次账户。

（4）锁定时间过期。例如锁定时间为 7 天，7 天内管理员没做任何处理，FLTTAL 计数器重置。

（5）管理员重新更改 failed_login_attempts 或者 password_lock_time 选项，FLTTAL 计数器重置。

11.3 总结

这里讲解了 MySQL 8.0 的失败登录追踪和临时密码锁定策略，结合之前介绍过的其他密码验证策略一起使用，可以弥补 MySQL 数据库在这一领域的不足。

12 MySQL 8.0 在线调整 REDO

作者：杨涛涛

MySQL 8.0.30 带来一个与 REDO 日志文件有关的新功能点：在线调整 REDO 日志文件的大小，极大地减少了运维的工作量。

通常一台 MySQL 实例部署完后，REDO 日志文件大小一般不会保持默认值，DBA 会根据数据的写入量以及频率来调整其为合适的值。与业务匹配的 REDO 日志文件大小能让数据库获得最佳的性能。

如何让 REDO 日志文件的大小匹配现有业务不在本文讨论范围。

下面讲解 MySQL 8.0.30 之前以及之后的版本是如何更改 REDO 日志文件大小的。同时对比 REDO 日志文件的更改过程，体验最新版本的易用性。

12.1 8.0.30 版本之前

针对这些版本，修改 REDO 日志文件大小的步骤比较烦琐。假设需要将其大小更改为 2G，步骤如下：

（1）REDO 日志文件的更改涉及以下两个传统参数，其最终大小是这两个参数的值相乘。

- innodb_log_files_in_group：REDO 日志磁盘上的文件个数，默认为 2。
- innodb_log_file_size：REDO 日志磁盘上单个文件的大小，默认为 48M。

当前的日志大小为单个 48M，两个组为 96M。

```
root@ytt-large:~/sandboxes/msb_5_7_34/data# ls -sihl ib_logfile*
3277012  48M -rw-r----- 1 root root  48M 7月  29 16:18 ib_logfile0
3277013  48M -rw-r----- 1 root root  48M 7月  29 16:18 ib_logfile1
```

（2）"关闭"快速停实例参数 innodb_fast_shutdown=0 以确保 InnoDB 刷新所有脏页到磁盘（需要了解此参数的其他值请参见官方手册）。

```
<mysql:(none):5.7.34-log>set global innodb_fast_shutdown=0;
Query OK, 0 rows affected (0.00 sec)
```

（3）等步骤（2）执行完后，停掉 MySQL 实例。

（4）删掉数据目录下旧日志文件。

```
root@ytt-large:~/sandboxes/msb_5_7_34/data# rm -rf ib_logfile*
```

（5）在配置文件 my.cnf 里修改参数 innodb_log_file_size，由于有两个组，设置这个参数为 1G 即可。

```
[mysqld]
innodb_log_file_size=1G
```

（6）启动 MySQL 实例（如果没有报错，代表更改成功）。

（7）查看新的日志文件大小。

```
root@ytt-large:~/sandboxes/msb_5_7_34/data# ls -sihl ib_logfile*
3277898 1.1G -rw-r----- 1 root root 1.0G 7月   29 16:31 ib_logfile0
3277923 1.1G -rw-r----- 1 root root 1.0G 7月   29 16:31 ib_logfile1
```

12.2 8.0.30 版本之后

MySQL 8.0.30 版本发布后，使用新参数 innodb_redo_log_capacity 来代替之前的两个参数（目前设置这两个参数依然有效）。使用新参数调整大小非常简单，直接设置为要调整的值就行。比如调整其大小为 2G（调整之前，默认为 100M）。

```
<mysql:(none):8.0.30>select @@innodb_redo_log_capacity;
+--------------------------+
| @@innodb_redo_log_capacity |
+--------------------------+
|               104857600 |
+--------------------------+
1 row in set (0.00 sec)
```

调整其大小为 2G。

```
<mysql:(none):8.0.30>set persist innodb_redo_log_capacity=2*1024*1024*1024;
Query OK, 0 rows affected (0.20 sec)
```

新增对应的状态变量 innodb_redo_log_capacity_resized，方便在 MySQL 侧监控当前 REDO 日志文件大小。

```
<mysql:(none):8.0.30>show status like 'innodb_redo_log_capacity_resized';
+----------------------------------+------------+
```

```
| Variable_name                  | Value      |
+--------------------------------+------------+
| Innodb_redo_log_capacity_resized | 2147483648 |
+--------------------------------+------------+
1 row in set (0.00 sec)
```

同时磁盘文件的存储形式不再是类似 ib_logfileN 这样的文件，而是替代为 #ib_redoN 这种新文件形式。这些新的文件默认存储在数据目录下的子目录 #innodb_redo 里。

这样的文件一共有 32 个，按照参数 innodb_redo_log_capacity 来平均分配。

```
root@ytt-large:/var/lib/mysql/#innodb_redo# ls |wc -l
32
```

有两类文件：一类是不带 _tmp 后缀的，代表正在使用的日志文件；一类是带 _tmp 后缀的，代表多余的日志文件，等正在使用的文件写满后，再接着使用它。如下所示，正在使用的日志文件有 15 个，未使用的有 17 个。

```
root@ytt-large:/var/lib/mysql/#innodb_redo# ls | grep -v '_tmp' |wc -l
15
root@ytt-large:/var/lib/mysql/#innodb_redo# ls | grep '_tmp' |wc -l
17
```

同时在 performance_schema 库里新增表 innodb_redo_log_files，获取当前使用的 REDO 日志文件 LSN 区间、实际写入大小、是否已满等统计数据。例如当前 15 个 REDO 日志文件的统计数据如下，一目了然。

```
<mysql:performance_schema:8.0.30>select * from innodb_redo_log_files;
+---------+---------------------------+------------+------------+-----------
--+---------+----------------+
| FILE_ID | FILE_NAME                 | START_LSN  | END_LSN    | SIZE_IN_
BYTES | IS_FULL | CONSUMER_LEVEL |
+---------+---------------------------+------------+------------+-----------
--+---------+----------------+
|       7 | ./#innodb_redo/#ib_redo7  | 552208896  | 619315712  |
67108864 |       1 |              0 |
     ...
|      21 | ./#innodb_redo/#ib_redo21 | 1491704320 | 1558811136 |
67108864 |       0 |              0 |
+---------+---------------------------+------------+------------+-----------
--+---------+----------------+
15 rows in set (0.00 sec)
```

12.3 总结

MySQL 8.0带来越来越多的功能点来简化开发和运维的工作,如果可能请尽快升级吧。

13 MySQL 8.0 REDO 归档目录权限问题

作者: 杨涛涛

MySQL 的 REDO 日志归档功能在 8.0.17 版本后发布,目的是解决使用 MySQL 热备工具比如 mysqlbackup、Xtrabackup 等备份 REDO 日志的速度慢于业务生成 REDO 日志的速度而导致的备份数据不一致的问题(未及时备份的 REDO 日志被提前覆盖写入)。

MySQL 的 REDO 日志归档功能开启非常简单,只需对参数 innodb_redo_log_archive_dirs 简单设置即可。

```
set persist innodb_redo_log_archive_dirs='redo_archive1:/redo_mysql/3306'
```

其中 redo_archive1 是一个标签,可以随便起名字;/redo_mysql/3306 用来指定 REDO 日志归档存放的位置。

13.1 问题 1

REDO 日志归档的目录权限、属主等一定要设置正确,要不然可能会有以下几种错误输出(MySQL 客户端提示错误,热备工具可能提示警告):

```
错误1: ERROR 3844 (HY000): Redo log archive directory '/redo_mysql/3306' does
not exist or is not a directory
```

前期需要创建的目录与相关权限设定如下:

```
# 归档目录得提前建!
[root@ytt-pc ~]# mkdir -p /redo_mysql/3306

# 设置归档目录访问权限, 只允许属主完全访问
[root@ytt-pc ~]# chmod -R 700 /redo_mysql/3306/
```

接下来使用 MySQL 管理员用户或者具有 system_variables_admin 权限的用户来在线设置此变量：

```
# 设置变量
<mysql:8.0.32:(none)>set persist innodb_redo_log_archive_dirs='redo_archive1:/
redo_mysql/3306';
Query OK, 0 rows affected (0.01 sec)

# 查看变量
<mysql:8.0.32:(none)>show variables like 'innodb_redo_log_archive_dirs';
+------------------------------+--------------------------------+
| Variable_name                | Value                          |
+------------------------------+--------------------------------+
| innodb_redo_log_archive_dirs | redo_archive1:/redo_mysql/3306 |
+------------------------------+--------------------------------+
1 row in set (0.00 sec)
```

使用 mysqlbackup 来发起一个备份：

```
[root@ytt-pc /]# mysqlbackup --defaults-file=/etc/my.cnf --defaults-group-
suffix=@3306 --login-path=backup_pass2 --backup-dir=/tmp/full --show-progress
backup

# 备份完成后，有一个警告：
mysqlbackup completed OK! with 1 warnings

# 往前翻此警告：这里是详细内容！
230329 13:43:48 MAIN    WARNING: MySQL query 'DO innodb_redo_log_archive_
start('redo_archive1','168006862813315958');': 3844, Redo log archive directory '/
redo_mysql/3306/168006862813315958' does not exist or is not a directory
```

错误 1 是由于访问归档目录的属主不具备写权限，修复错误 1：确认运行 MySQL 实例的 OS 用户为 ytt。

```
[root@ytt-pc 3306]# ps aux | grep mysqld
ytt        4625  1.0  4.5 1800264 373112 ?        Ssl  12:47   0:00 /usr/sbin/
mysqld --defaults-group-suffix=@3306

# 给 /redo_mysql/3306 设置属于 OS 用户 ytt 的权限：错误 1 被修复。

[root@ytt-pc /]# chown -R ytt.ytt /redo_mysql
```

此时使用 mysqlbackup 重新发起一个热备，会产生一个新的错误代码，我们把它命名为错误 2。

错误 2 其实是一个警告，根据错误代码内容，提示为无权限操作此目录（OS errno: 13-Permission denied）。

```
   230329 13:48:10 MAIN   WARNING: MySQL query 'DO innodb_redo_log_archive_
start('redo_archive1','168006889906187002');': 3847, Cannot create redo log
archive file '/redo_mysql/3306/16800688906187002/archive.01132dcf-cde1-11ed-971f-
0800272d8a05.000001.log' (OS errno: 13 - Permission denied)
```

问题产生的原因是调用 mysqlbackup 的 OS 用户不具备归档日志目录的写权限，必须使用对应的 OS 用户来调用 mysqlbackup。

以下是解决方法和主动验证步骤。

```
# 解决方法：需要切换到此目录 OS 属主用户

[root@ytt-pc tmp]# su ytt
[ytt@ytt-pc tmp]$ mysqlbackup --defaults-file=/etc/my.cnf --defaults-group-
suffix=@3306 --login-path=backup_pass2 --backup-dir=/tmp/full  backup

# 备份完成，无报错
mysqlbackup completed OK!

# 摘取其中归档日志的信息如下
230329 14:46:00 MAIN    INFO: Creating monitor for redo archive.
230329 14:46:00 MAIN    INFO: Started redo log archiving.

# 对应的 MySQL 日志内容为：mysqlbackup 备份过程中调用系统函数 innodb_redo_log_archive_
start 来激活 REDO 日志归档，调用系统函数 innodb_redo_log_archive_stop 来关闭 REDO 日志归档。这
里 do 是 MySQL 一个特有的语法，只执行不输出，有点类似其他数据库的 perform 语句
   2023-03-29T06:46:00.553205Z          47 Query       SELECT @@GLOBAL.innodb_redo_
log_archive_dirs
   2023-03-29T06:46:00.553389Z          47 Query       DO innodb_redo_log_archive_
start('redo_archive1','168007723605224011')
   ..

   2023-03-29T06:46:03.895591Z          47 Query       DO innodb_redo_log_archive_
stop()
```

13.2 问题 2

用于 REDO 日志归档的 MySQL 用户必须有 innodb_redo_log_archive 权限。

```
<mysql:8.0.32:(none)>show grants for backup_user2\G
...
*************************** 2. row ***************************
Grants for backup_user2@%: GRANT BACKUP_ADMIN,ENCRYPTION_KEY_ADMIN,INNODB_
REDO_LOG_ARCHIVE,SYSTEM_VARIABLES_ADMIN ON *.* TO `backup_user2`@`%`
...
5 rows in set (0.00 sec)
```

13.3 问题 3

REDO 日志归档功能除了使用热备工具来调用，也可以直接在 MySQL 客户端来调用。

```
[ytt@ytt-pc ~]$ mysql --login-path=backup_pass2
Welcome to the MySQL monitor.  Commands end with ; or \g.
Your MySQL connection id is 41
Server version: 8.0.32 MySQL Community Server - GPL
...
Type 'help;' or '\h' for help. Type '\c' to clear the current input statement.

<mysql:8.0.32:(none)>DO innodb_redo_log_archive_start('redo_
archive1','20230329');
Query OK, 0 rows affected (0.02 sec)
```

对应的归档日志：

```
[ytt@ytt-pc 20230329]$ pwd
/redo_mysql/3306/20230329
[ytt@ytt-pc 20230329]$ du -sh archive.01132dcf-cde1-11ed-971f-
0800272d8a05.000001.log
 4.0K    archive.01132dcf-cde1-11ed-971f-0800272d8a05.000001.log
```

期间造点数据，可以看到归档日志的大小变化：由 4k 增长到 128M。

```
[ytt@ytt-pc 20230329]$ du -sh archive.01132dcf-cde1-11ed-971f-
0800272d8a05.000001.log
 128M    archive.01132dcf-cde1-11ed-971f-0800272d8a05.000001.log
```

13.4 问题 4

激活 REDO 日志归档的会话要保持打开，关闭会话则 REDO 日志不再归档。

13.5 问题 5

REDO 日志归档的目录不能属于 MySQL 实例已经确认的目录，比如 datadir、innodb_directories 等。

14 MySQL 8.0.31 导入直方图存量数据

作者：杨涛涛

MySQL 8.0 已经发布了好几年，对于直方图这个老概念想必大家已经熟知，这里就不重复介绍了。本文介绍一个 MySQL 8.0.31 带来的新特性：导入直方图存量数据。

导入直方图存量数据的新语法为：

```
analyze table 表名 update histogram on 列名1(, 列名N) using data '存量数据';
```

MySQL 直方图的更新需要耗费大量时间，一般由具体列的数据分布状态而定。比如下面对表 t1（数据量为 1000 万条）的 c1 列建立直方图，用时 5 秒多。

```
<mysql:8.0.31:ytt>analyze table t1 update histogram on c1 with 1000 buckets;
+--------+-----------+----------+-------------------------------------------+
| Table  | Op        | Msg_type | Msg_text                                  |
+--------+-----------+----------+-------------------------------------------+
| ytt.t1 | histogram | status   | Histogram statistics created for column 'c1'. |
+--------+-----------+----------+-------------------------------------------+
1 row in set (5.34 sec)
```

给列建立好直方图后，MySQL 把直方图元数据保存在表 information_schema.column_statistics 中，这张表的 histogram 列值即为直方图的详细元数据。

```
<mysql:8.0.31:ytt>select * from information_schema.column_statistics\G
*************************** 1. row ***************************
```

```
    SCHEMA_NAME: ytt
     TABLE_NAME: t1
    COLUMN_NAME: c1
      HISTOGRAM: {"buckets": [[1, 0.09946735110669537], [2, 0.20023182646133467],
[3, 0.29982888999928244], [4, 0.40027598388254126], [5, 0.4996605398244742],
[6, 0.5989015841474857], [7, 0.6994176740078379], [8, 0.7998868466081581],
[9, 0.8999503229011425], [10, 1.0]], "data-type": "int", "null-values": 0.0,
"collation-id": 8, "last-updated": "2022-12-19 07:37:53.960993", "sampling-rate":
0.0370089475200097, "histogram-type": "singleton", "number-of-buckets-specified":
1000}

    1 row in set (0.00 sec)
```

一般来讲，有以下两种场景会再次更新直方图数据：

（1）如果后期对表 t1 进行过于频繁的 DML 操作，数据会较之前有许多新的变更。特别是对于列 c1，原先的数值范围为 1~10，大量更新后，数据范围变为 1~20；或者说大量更新后，列 c1 的数值范围还是 1~10，不过每个数值的分布范围发生变化。对于这种情况，就得按需手动进行直方图的更新，再次执行对应的 SQL 语句。

（2）表列 c1 值没变化，但是 DBA 不小心删除了列 c1 上的直方图数据，恰好此时数据库并发又很大，不敢随意再次添加列 c1 的直方图数据。

以上这两种情况，刚好适合 MySQL 8.0.31 最新版本带来的导入直方图存量数据功能。

为了减少数据库端的计算压力，需要提前在外部预先计算好直方图数据，并且定义好格式。比如新的直方图数据存放在文件 histogram_new.txt 里。

```
    [root@ytt-pc tmp]# cat histogram_new.txt
    {"buckets": [[1, 0.04993815708101423], [2, 0.09973691413972445], [3,
0.14968014031245883], [4, 0.20004410109796528], [5, 0.24956405811206747], [6,
0.29906627733051492], [7, 0.34892585946450116], [8, 0.3988995001875564], [9,
0.44909871549215813], [10, 0.49972373450125207], [11, 0.5504704117116295],
[12, 0.5998915214371889], [13, 0.65004258037044493], [14, 0.7008450175897483],
[15, 0.7506589819236189], [16, 0.8002727171345438], [17, 0.85033253241684416],
[18, 0.9005951113679451], [19, 0.9498666828877602], [20, 1.0]], "data-type":
"int", "null-values": 0.0, "collation-id": 8, "last-updated": "2022-12-
19 07:57:02.133738", "sampling-rate": 0.0370089475200097, "histogram-type":
"singleton", "number-of-buckets-specified": 1000}
```

提前计算好直方图数据后，就可以使用最新版本的存量数据导入功能：执行时间只有 0.03 秒，比在线添加直方图快 100 多倍。

```
[root@ytt-pc tmp]# mysql -uroot -p -D ytt -vv -e "analyze table t1 update
histogram on c1 using data '`cat histogram_new.txt`'";
    Enter password:

    analyze table t1 update histogram on c1 using data '{"buckets": [[1,
0.049938157081014230], [2, 0.09973691413972445], [3, 0.149680140312458883], [4,
0.20004410109796528], [5, 0.24956405811206747], [6, 0.2990662733051492], [7,
0.34892585946450116], [8, 0.3988995001875564], [9, 0.44909871549215813], [10,
0.49972373450125207], [11, 0.5504704117116295], [12, 0.5998915214371889],
[13, 0.6500425803704493], [14, 0.7008450175897483], [15, 0.7506589819236189],
[16, 0.8002727171345438], [17, 0.8503325324168416], [18, 0.9005951113679451],
[19, 0.9498666828877602], [20, 1.0]], "data-type": "int", "null-values": 0.0,
"collation-id": 8, "last-updated": "2022-12-19 07:57:02.133738", "sampling-rate":
0.0370089475200097, "histogram-type": "singleton", "number-of-buckets-specified":
1000}'
    --------------


    +--------+-----------+----------+------------------------------------------+
    | Table  | Op        | Msg_type | Msg_text                                 |
    +--------+-----------+----------+------------------------------------------+
    | ytt.t1 | histogram | status   | Histogram statistics created for column
'c1'. |
    +--------+-----------+----------+------------------------------------------+
    1 row in set (0.03 sec)

    Bye
```

15 针对用户定制不同格式执行计划

作者：杨涛涛

在某个项目现场时，客户曾提出一个这样的需求：在 MySQL 数据库里查看语句的执行计划，能否针对不同的用户使用同样的语句定制输出不同的格式？比如用户张三不想执行 EXPLAIN FORMAT='tree'，只想简单执行 EXPLAIN 就可以输出 tree 格式的执行计划；同样用户李四也不想执行 EXPLAIN FORMAT='json'，只想简单执行 EXPLAIN 就可以输出 JSON 格式的执行计划。

当时 MySQL 没有提供这样的功能，而且笔者也觉得这样的功能非必需，于是给出了 3 个可选方法：

（1）自己写个脚本对 MySQL 客户端进行封装。

（2）建议直接用 Shell 脚本来调用 MySQL 客户端，并且定制类似 Shell 的别名。

（3）别偷懒，需要执行对应的格式。

最后经过一系列探讨，客户选择了第三种方法。

不过幸运的是，最新版本 MySQL 8.0.32 最近发布，提供了这样的功能。用一个变量来针对不同的用户可以定制输出不同格式的执行计划，变量名为：explain_format 。通过设置不同的值，来使 EXPLAIN 语句输出不同格式的执行计划。我们来体验下这个功能。

设置默认格式为 tree。

```
mysql:8.0.32-cluster:ytt>set @@explain_format=tree;
Query OK, 0 rows affected (0.00 sec)

<mysql:8.0.32-cluster:ytt>explain table t1\G
*************************** 1. row ***************************
EXPLAIN: -> Table scan on t1  (cost=1.20 rows=2)

1 row in set (0.00 sec)
```

设置默认格式为 traditional，也就是传统模式。

```
mysql:8.0.32-cluster:ytt>set @@explain_format=traditional;
Query OK, 0 rows affected (0.00 sec)

<mysql:8.0.32-cluster:ytt>explain table t1\G
*************************** 1. row ***************************
           id: 1
  select_type: SIMPLE
        table: t1
   partitions: NULL
         type: ALL
possible_keys: NULL
          key: NULL
      key_len: NULL
```

```
         ref: NULL
        rows: 2
    filtered: 100.00
       Extra: NULL
1 row in set, 1 warning (0.00 sec)
```

有了这个功能，就仿佛奥特曼看到了光。那接下来，我们来实现本文开头的需求：语句相同，用户不同，执行计划的输出格式不同。

新建两个用户，一个是 zhangsan，另外一个是 lisi。zhangsan 的执行计划格式为 EXPLAIN FORMAT='tree'，lisi 的执行计划格式为 EXPLAIN FORMAT='json'。

分别创建这两个用户：

```
mysql:8.0.32-cluster:ytt>create user zhangsan;
Query OK, 0 rows affected (0.00 sec)

<mysql:8.0.32-cluster:ytt>create user lisi;
Query OK, 0 rows affected (0.01 sec)

<mysql:8.0.32-cluster:ytt>grant select on ytt.* to zhangsan;
Query OK, 0 rows affected (0.01 sec)

<mysql:8.0.32-cluster:ytt>grant select on ytt.* to lisi;
Query OK, 0 rows affected (0.01 sec)
```

用户 zhangsan 连接 MySQL 后，自动设置执行计划格式：

```
root@ytt-super:/home/ytt# mysql -uzhangsan --init-command='set @@explain_
format=tree' -D ytt
...
<mysql:8.0.32-cluster:ytt>explain table t1\G
*************************** 1. row ***************************
EXPLAIN: -> Table scan on t1  (cost=1.20 rows=2)

1 row in set (0.00 sec)
```

同样的方法，用户 lisi 则这样连接 MySQL：

```
root@ytt-super:/home/ytt# mysql -ulisi --init-command='set @@explain_
format=json' -D ytt
```

结果太长，此处省略。

16 可能是目前最全的 MySQL 8.0 新特性解读

作者：马文斌

16.1 功能增强

16.1.1 所有系统表更换为 InnoDB 引擎

系统表全部换成事务型的 InnoDB 表，默认的 MySQL 实例将不包含任何 MyISAM 表，除非手动创建 MyISAM 表。

16.1.2 DDL 原子化

InnoDB 表的 DDL 支持事务完整性，要么成功，要么回滚，将 DDL 操作回滚日志写入 data dictionary 数据字典表 mysql.innodb_ddl_log 中用于回滚操作，该表是隐藏的表，通过 SHOW TABLES 无法看到。通过设置参数，可将 DDL 操作日志打印输出到 MySQL 错误日志中。

```
mysql> set global log_error_verbosity=3;
mysql> set global innodb_print_ddl_logs=1;
```

16.1.3 DDL 秒加列

DDL 秒加列只有 MySQL 8.0.12 以上的版本才支持。

```
mysql> show create table sbtest1;
  CREATE TABLE `sbtest1` (
  `id` int NOT NULL AUTO_INCREMENT,
  `k` int NOT NULL DEFAULT '0',
  `c` char(120) NOT NULL DEFAULT '',
  `pad` char(60) NOT NULL DEFAULT '',
  `d` int NOT NULL DEFAULT '0',
  PRIMARY KEY (`id`),
  KEY `k_1` (`k`)
  ) ENGINE=InnoDB AUTO_INCREMENT=1000001 DEFAULT CHARSET=utf8mb4
COLLATE=utf8mb4_0900_ai_ci
  1 row in set (0.00 sec)
```

```
mysql> alter table sbtest1 drop column d ;
Query OK, 0 rows affected (0.05 sec)
Records: 0  Duplicates: 0  Warnings: 0

mysql> insert into sbtest1(k,c,pad) select k,c,pad from sbtest1;
Query OK, 1000000 rows affected (19.61 sec)
Records: 1000000  Duplicates: 0  Warnings: 0

mysql> insert into sbtest1(k,c,pad) select k,c,pad from sbtest1;
Query OK, 2000000 rows affected (38.25 sec)
Records: 2000000  Duplicates: 0  Warnings: 0

mysql> insert into sbtest1(k,c,pad) select k,c,pad from sbtest1;
Query OK, 4000000 rows affected (1 min 14.51 sec)
Records: 4000000  Duplicates: 0  Warnings: 0

mysql> select count(*) from sbtest1;
+----------+
| count(*) |
+----------+
| 8000000  |
+----------+
1 row in set (0.31 sec)

mysql> alter table sbtest1 add column d int not null default 0;
Query OK, 0 rows affected (1.22 sec)
Records: 0  Duplicates: 0  Warnings: 0

mysql> alter table sbtest1 add column e int not null default 0;
Query OK, 0 rows affected (0.03 sec)
Records: 0  Duplicates: 0  Warnings: 0
```

16.1.4 公用表表达式 CTE

CTE（common table expression，公用表表达式）可以认为是派生表（derived table）的替代。在一定程度上，CTE 简化了复杂的 JOIN 查询和子查询，另外 CTE 可以很方便地实现递归查询，提高了 SQL 的可读性和执行性能。CTE 是 ANSI SQL 99 标准的一部分，在 MySQL 8.0.1 版本被引入。

CTE 有如下优势：

（1）查询语句的可读性更好。

（2）在一个查询中，可以被引用多次。

（3）能够链接多个 CTE。

（4）能够创建递归查询。

（5）能够提高 SQL 执行性能。

（6）能够有效地替代视图。

16.1.5 默认字符集修改

在 8.0 版本之前，默认字符集为 latin1，utf8 指向的是 utf8mb3，8.0 版本默认字符集为 utf8mb4，utf8 默认指向的也是 utf8mb4。

16.1.6 Clone 插件

MySQL 8.0 Clone 插件提供从一个实例克隆出另外一个实例的功能，克隆功能提供了更有效的方式来快速创建 MySQL 实例，搭建主从复制和组复制。

16.1.7 资源组

MySQL 8.0 新增了一个资源组功能，用于调控线程优先级以及绑定 CPU 核。MySQL 用户需要有 RESOURCE_GROUP_ADMIN 权限才能创建、修改、删除资源组。在 Linux 环境下，MySQL 进程需要有 CAP_SYS_NICE 权限才能使用资源组的完整功能。

16.1.8 角色管理

角色可以认为是一些权限的集合，为用户赋予统一的角色，权限的修改直接通过角色来进行，无须为每个用户单独授权。

```
-- 创建角色
mysql>create role role_test;
QueryOK, 0rows affected (0.03sec)

-- 给角色授予权限
mysql>grant select on db.*to 'role_test';
QueryOK, 0rows affected (0.10sec)

-- 创建用户
mysql>create user 'read_user'@'%'identified by '123456';
QueryOK, 0rows affected (0.09sec)


-- 给用户赋予角色
```

```
mysql>grant 'role_test'to 'read_user'@'%';
QueryOK, 0rows affected (0.02sec)


-- 给角色 role_test 增加 insert 权限
mysql>grant insert on db.*to 'role_test';
QueryOK, 0rows affected (0.08sec)


-- 给角色 role_test 删除 insert 权限
mysql>revoke insert on db.*from 'role_test';
QueryOK, 0rows affected (0.10sec)


-- 查看默认角色信息
mysql>select * from mysql.default_roles;


-- 查看角色与用户关系
mysql>select * from mysql.role_edges;


-- 删除角色
mysql>drop role role_test;
```

16.1.9 多值索引

从 MySQL 8.0.17 开始，InnoDB 支持创建多值索引，这是在存储值数组的 JSON 列上定义的二级索引，单个数据记录可以有多个索引记录。这样的索引使用关键部分定义，例如 CAST（data → '$.zipcode' AS UNSIGNED ARRAY）。MySQL 优化器自动使用多值索引来进行合适的查询，可以在 EXPLAIN 的输出中查看。

16.1.10 函数索引

MySQL 8.0.13 以及更高版本支持函数索引，也就是将表达式的值作为索引的内容，而不是列值或列值前缀。将函数作为索引键可以用于索引那些没有在表中直接存储的内容。

其实 MySQL 5.7 中推出了虚拟列的功能，而 MySQL 8.0 的函数索引也是依据虚拟列来实现的。

（1）只有那些能够用于计算列的函数才能够用于创建函数索引。

（2）函数索引中不允许使用子查询、参数、变量、存储函数以及自定义函数。

（3）SPATIAL 索引和 FULLTEXT 索引不支持函数索引。

16.1.11 不可见索引

在 MySQL 5.7 版本及之前，只能通过显式的方式删除索引。此时，如果发现删除索引后出现错误，又只能通过显式创建索引的方式将删除的索引创建回来。如果数据表中的数据量非常大，或者数据表本身比较大，这种操作就会消耗系统过多的资源，操作成本非常高。

从 MySQL 8.X 版本开始支持隐藏索引（invisible index），只需要将待删除的索引设置为隐藏索引，使查询优化器不再使用这个索引（即使使用 force index 强制使用索引，优化器也不会使用该索引），确认将索引设置为隐藏索引后系统不受任何响应，就可以彻底删除索引。这种通过先将索引设置为隐藏索引，再删除索引的方式就是软删除。

```
mysql> show create table t1\G
*************************** 1. row ***************************
       Table: t1
Create Table: CREATE TABLE `t1` (
  `c1` int DEFAULT NULL,
  `c2` int DEFAULT NULL,
  `create_time` timestamp NOT NULL DEFAULT CURRENT_TIMESTAMP,
  KEY `idx_c1` (`c1`) /*!80000 INVISIBLE */
) ENGINE=InnoDB DEFAULT CHARSET=utf8mb4 COLLATE=utf8mb4_0900_ai_ci
1 row in set (0.00 sec)


-- 不可见的情况下是不会走索引的, key=null
mysql> explain select * from t1 where c1=3;
+----+-------------+-------+------------+------+---------------+------+-------
--+------+------+----------+-------------+
| id | select_type | table | partitions | type | possible_keys | key  | key_
len | ref  | rows | filtered | Extra       |
+----+-------------+-------+------------+------+---------------+------+-------
--+------+------+----------+-------------+
|  1 | SIMPLE      | t1    | NULL       | ALL  | NULL          | NULL | NULL
| NULL |    5 |    20.00 | Using where |
+----+-------------+-------+------------+------+---------------+------+-------
--+------+------+----------+-------------+
1 row in set, 1 warning (0.00 sec)


-- 设置为索引可见
mysql> alter table t1 alter index idx_c1 visible;
Query OK, 0 rows affected (0.01 sec)
```

```
Records: 0  Duplicates: 0  Warnings: 0

mysql> show create table t1\G
*************************** 1. row ***************************
       Table: t1
Create Table: CREATE TABLE `t1` (
  `c1` int DEFAULT NULL,
  `c2` int DEFAULT NULL,
  `create_time` timestamp NOT NULL DEFAULT CURRENT_TIMESTAMP,
  KEY `idx_c1` (`c1`)
) ENGINE=InnoDB DEFAULT CHARSET=utf8mb4 COLLATE=utf8mb4_0900_ai_ci
1 row in set (0.00 sec)


-- 可以走索引, key=idx_c1
mysql> explain select * from t1 where c1=3;
+----+-------------+-------+------------+------+---------------+--------+-----
----+-------+------+----------+-------+
| id | select_type | table | partitions | type | possible_keys | key    | key_
len | ref   | rows | filtered | Extra |
+----+-------------+-------+------------+------+---------------+--------+-----
----+-------+------+----------+-------+
|  1 | SIMPLE      | t1    | NULL       | ref  | idx_c1        | idx_c1 | 5
| const |    1 |   100.00 | NULL  |
+----+-------------+-------+------------+------+---------------+--------+-----
----+-------+------+----------+-------+
1 row in set, 1 warning (0.00 sec)
```

16.1.12 新增降序索引

MySQL 在语法上很早就已经支持降序索引, 但实际上创建的仍然是升序索引。从 8.0 版本开始, 实际创建的为降序索引。

16.1.13 SET_VAR 语法

在 SQL 语法中增加 SET_VAR 语法, 动态调整部分参数, 有利于提升语句性能。

```
select /*+ SET_VAR(sort_buffer_size = 16M) */ id from test order id ;
insert /*+ SET_VAR(foreign_key_checks=OFF) */ into test(name) values(1);
```

16.1.14 参数修改持久化

MySQL 8.0 版本支持在线修改全局参数并持久化, 通过加上 PERSIST 关键字, 可以将修改的参数持久化到新的配置文件 mysqld-auto.cnf 中, 重启 MySQL 时, 可以从该配置文件获取到最新的配置参数。例如执行:

```
set PERSIST expire_logs_days=10 ;
```

系统会在数据目录下生成一个包含 JSON 格式的 mysqld-auto.cnf 的文件，当 my.cnf 和 mysqld-auto.cnf 同时存在时，后者具有更高优先级。

16.1.15 InnoDB SELECT…FOR UPDATE 跳过锁等待

SELECT…FOR UPDATE、SELECT…FOR SHARE（8.0 版本新增语法）添加 NOWAIT、SKIP LOCKED 语法、跳过锁等待，或者跳过锁定。

在 5.7 及之前的版本中，SELECT…FOR UPDATE 如果获取不到锁，会一直等待，直到 innodb_lock_wait_timeout 超时。

在 8.0 版本中，通过添加 NOWAIT、SKIP LOCKED 语法，能够立即返回。如果查询的行已经加锁，那么 NOWAIT 会立即报错返回，而 SKIP LOCKED 也会立即返回，只是返回的结果中不包含被锁定的行。

16.1.16 GROUP BY 不再隐式排序

目的是兼容 SQL 的标准语法，方便迁移。

在 MySQL 5.7 版本中：

```
mysql> select count(*),age from t5 group by age;
+----------+------+
| count(*) | age  |
+----------+------+
|        1 |   25 |
|        1 |   29 |
|        1 |   32 |
|        1 |   33 |
|        1 |   35 |
+----------+------+
5 rows in set (0.00 sec)
```

在 MySQL 8.0 版本中：

```
mysql> select count(*),age from t5 group by age;
+----------+------+
| count(*) | age  |
+----------+------+
|        1 |   25 |
|        1 |   32 |
|        1 |   35 |
```

```
|         1 |   29 |
|         1 |   33 |
+----------+------+
5 rows in set (0.00 sec)
```

可以看到，MySQL 5.7 在 GROUP BY 中对分组字段进行了隐式排序，而 MySQL 8.0 取消了隐式排序。如果要添加排序的话，需要显示增加，比如：

```
select count(*),age from t5 group by age order by age;
```

16.1.17 自增变量持久化

在 8.0 之前的版本，自增值保存在内存中，如果自增主键 AUTO_INCREMENT 的值大于 max(primary key)+1，在 MySQL 重启后，会重置 AUTO_INCREMENT=max(primary key)+1。这种现象在某些情况下会导致业务主键冲突或者其他难以发现的问题。自增主键重启重置的问题很早就被发现了，一直到 8.0 版本才被解决。8.0 版本将会对 AUTO_INCREMENT 值进行持久化，MySQL 重启后，该值将不会改变。

8.0 版本开始，每当当前最大的自增计数器发生变化，值会被写入 Redo Log 中，并在每个检查点保存到 private system table 中。对 AUTO_INCREMENT 值进行持久化，MySQL 重启后，该值将不会改变。

（1）MySQL Server 重启后不再取消 AUTO_INCREMENT=N 表选项的效果。如果将自增计数器初始化为特定值，或者将自动递增计数器值更改为更大的值，新的值将被持久化，即使服务器重启。

（2）在回滚操作之后立即重启服务器将不再导致重新使用分配给回滚事务的自动递增值。

（3）如果将 AUTO_INCREMEN 列值修改为大于当前最大自增值（例如，在更新操作中）的值，则新值将被持久化，随后的插入操作将从新的、更大的值开始分配自动增量值。

```
-- 确认下自己的版本
select VERSION()
/*
VERSION() |
----------+
5.7.26-log|
*/
```

```sql
-- 创建表
create table testincr(
    id int auto_increment primary key,
    name varchar(50)
)

-- 插入数据
insert into testincr(name) values
    ('刘备'),
    ('关羽'),
    ('张飞');

-- 查看当前的自增量
select t.`AUTO_INCREMENT` from information_schema.TABLES t where TABLE_NAME
='testincr'
/*
AUTO_INCREMENT|
--------------+
             4|
*/
-- 更改列值
update testincr set id=4 where id=3

-- 查看现在的表值
/*
id|name|
--+----+
 1|刘备  |
 2|关羽  |
 4|张飞  |
*/
-- 插入新值问题出现
insert into testincr(name) values('赵云');
/*
SQL 错误 [1062] [23000]: Duplicate entry '4' for key 'PRIMARY'
*/


-- 如果我们再次插入，它就是正常的，因为 id 到 5 了
mysql> insert into testincr(name) values('赵云');
Query OK, 1 row affected (0.01 sec)
```

16.1.18 Binlog 日志事务压缩

MySQL 8.0.20 版本增加了 Binlog 日志事务压缩功能，将事务信息使用 zstd 算法进行压缩，然后再写入 Binlog 日志文件。这种被压缩后的事务信息，在 Binlog 中对应为一个新的 EVENT 类型，叫作 Transaction_payload_event。

16.1.19 分区表改进

MySQL 8.0 对于分区表功能进行了较大的修改，在 8.0 版本之前，分区表在 Server 层实现，支持多种存储引擎；从 8.0 版本开始，分区表功能移到引擎层实现，目前 MySQL 8.0 版本只有 InnoDB 存储引擎支持分区表。

16.1.20 自动参数设置

将 innodb_dedicated_server 开启的时候，它可以自动地调整下面这四个参数的值：

（1）innodb_buffer_pool_size：总内存大小。

（2）innodb_log_file_size redo：文件大小。

（3）innodb_log_files_in_group redo：文件数量。

（4）innodb_flush_method：数据刷新方法。

只需将 innodb_dedicated_server=ON 设置好，上面四个参数会自动调整，解决非专业人员安装数据库后默认初始化数据库参数默认值偏低的问题，让 MySQL 自适应地调整上面四个参数。前提是服务器是专门用来给 MySQL 数据库服务的，如果还有其他软件或者资源或者多实例MySQL使用，不建议开启该参数,本文以MySQL 8.0.19版本为例。

MySQL 官方给出了相关参数调整规则如下：

（1）innodb_buffer_pool_size 自动调整规则（见表 1）。

表 1

专用服务器内存	buffer_pool_size
＜ 1G	128MB （默认值）
1～4G	系统内存 ×0.5
＞ 4G	系统内存 ×0.75

（2）innodb_log_file_size 自动调整规则（见表 2）。

表2

buffer_pool_size	log_file_size
＜ 8G	512MB
8 ～ 128G	1024MB
＞ 128G	2048MB

（3）innodb_log_files_in_group 自动调整规则（见表3）（innodb_log_files_in_group 值就是 log file 的数量）。

表3

buffer_pool_size	log file
＜ 8G	ROUND(buffer pool size)
8 ～ 128G	ROUND(buffer pool size×0.75)
＞ 128G	64G

说明：如果 ROUND(buffer pool size) < 2GB，那么 innodb_log_files_in_group 会强制设置为 2。

（4）innodb_flush_method 自动调整规则。

该参数调整规则直接引用官方文档的解释：The flush method is set to O_DIRECT_NO_FSYNC when innodb_dedicated_server is enabled. If the O_DIRECT_NO_FSYNC setting is not available, the default innodb_flush_method setting is used.

翻译过来就是：如果系统允许，设置为 O_DIRECT_NO_FSYNC；如果系统不允许，则设置为 InnoDB 默认的 Flush method。

自适应参数的好处有：

（1）自动调整，简单方便，让DBA更省心。

（2）自带优化光环：没有该参数前，innodb_buffer_pool_size 和 log_file_size 默认安装初始化后只有 128M 和 48M，这对于一个生产环境来说是远远不够的，通常 DBA 都会根据服务器的硬件配置来手动调整优化，该参数出现后基本上可以解决入门人员安装 MySQL 后的性能问题。

（3）云厂商、虚拟化等动态资源扩容或者缩容后，不必再操心 MySQL 参数配置问题。

自适应参数的限制有：

（1）专门给 MySQL 独立使用的服务器。

（2）单机多实例的情况不适用。

（3）服务器上还跑着其他软件或应用的情况不适用。

16.1.21 窗口函数

从 MySQL 8.0 开始，新增了一个叫窗口函数的概念。

什么叫窗口？它可以理解为记录集合，窗口函数也就是在满足某种条件的记录集合上执行的特殊函数。每条记录都要在此窗口内执行函数，有的函数即使录不同，窗口大小也是固定的，这种属于静态窗口；有的函数则相反，不同的记录对应着不同的窗口，这种动态变化的窗口叫滑动窗口。

它可以用来实现若干新的查询方式。窗口函数与 SUM、COUNT 这种聚合函数类似，但它不会将多行查询结果合并为一行，而是将结果放回多行当中，即窗口函数不需要 GROUP BY。

16.1.22 索引损坏标记

当遇到索引树损坏时，InnoDB 会在 REDO 日志中写入一个损坏标志，这会使损坏标志安全崩溃。InnoDB 还将内存损坏标志数据写入每个检查点的私有系统表中。

在恢复的过程中，InnoDB 会从这两个位置读取损坏标志，并合并结果，然后将内存中的表和索引对象标记为损坏。

16.1.23 InnoDB memcached 插件

InnoDB memcached 插件支持批量 Get 操作（在一个 memcached 查询中获取多个键、值对）和范围查询。减少客户端和服务器之间的通信流量，在单个 memcached 查询中获取多个键、值对的功能可以提高读取性能。

16.1.24 Online DDL

从 MySQL 8.0.12 开始（仅仅指 InnoDB 引擎），以下 ALTER TABLE 操作支持 ALGORITHM=INSTANT：

（1）添加列，此功能也称为"即时添加列"，限制使用。

（2）添加或删除虚拟列。

（3）添加或删除列默认值。

（4）修改 ENUM 或 SET 列的定义。

（5）更改索引类型。

（6）重命名表。

Online DDL 有以下优点：支持 ALGORITHM=INSTANT 的操作，只修改数据字典中的元数据。表上没有元数据锁，表数据不受影响，操作是即时的，并不会造成业务抖动。这在一些服务级别要求比较高（7×24h）的系统中，是非常方便的。该特性是由腾讯游戏 DBA 团队贡献的。

如果未明确指定，则支持它的操作默认使用 ALGORITHM=INSTANT。如果指定了 ALGORITHM=INSTANT 但不受支持，则操作会立即失败并出现错误。需要注意的是，在 MySQL 8.0.29 之前，列只能作为表的最后一列添加。不支持将列添加到其他列中的任何其他位置。从 MySQL 8.0.29 开始，可以将即时添加的列添加到表中的任何位置。

16.1.25 EXPLAIN ANALYZE

EXPLAIN 是我们常用的查询分析工具，可以对查询语句的执行方式进行评估，给出很多有用的线索。但它仅仅是评估，不是实际的执行情况，比如结果中的 ROWS，可能和实际结果相差甚大。

EXPLAIN ANALYZE 是 MySQL 8.0 提供的新工具，可贵之处在于可以给出实际执行情况。EXPLAIN ANALYZE 是一个查询性能分析工具，可以详细地显示出查询语句执行过程中都在哪儿花费了多少时间。EXPLAIN ANALYZE 会做出查询计划，并且会实际执行，以测量出查询计划中各个关键点的实际指标，例如耗时、条数，最后详细地打印出来。

这项新功能建立在常规的 EXPLAIN 基础之上，可以看作是 MySQL 8.0 之前版本添加的 EXPLAIN FORMAT=TREE 的扩展。EXPLAIN 除了输出查询计划和估计成本，EXPLAIN ANALYZE 还会输出执行计划中各个迭代器的实际成本。

16.1.26 ReplicaSet

InnoDB ReplicaSet 由一个主节点和多个从节点构成。可以使用 MySQL Shell 的 ReplicaSet 对象和 AdminAPI 操作管理复制集，例如检查 InnoDB 复制集的状态，并在发生故障时手动将故障转移到新的主服务器。

ReplicaSet 所有的节点必须基于 GTID，并且数据复制采用异步的方式。使用复制集还可以接管既有的主从复制，但是需要注意，一旦被接管，只能通过 AdminAPI 对其进行管理。

16.1.27 备份锁

在 MySQL 8.0 中，引入了一个轻量级的备份锁，这个锁可以保证备份的一致性，而且阻塞的操作相对比较少，是一个非常重要的新特性。

在 MySQL 8.0 中，为了解决备份 FTWRL 的问题，引入了轻量级的备份锁；可以通过 LOCK INSTANCE FOR BACKUP 和 UNLOCK INSTANCE 获取和释放备份锁，执行该语句需要 BACKUP_ADMIN 权限。

BACKUP LOCK 不会阻塞读写操作。不过，BACKUP LOCK 会阻塞大部分 DDL 操作，包括创建 / 删除表、加 / 减字段、增 / 删索引、Optimize/Analyze/Repair Table 等。

总体来说，备份锁还是非常实用的，毕竟其不会影响业务的正常读写。至于备份锁和 DDL 操作的冲突，有很多方法可以避免，比如错开备份和变更的时间、通过 pt-online-schema-change/gh-ost 避免长时间阻塞等。随着备份锁的引入，Oracle 官方备份工具 MEB 8.0 和 Percona 开源备份工具 XtraBackup 8.0 也更新了对 BACKUP LOCK 的支持。

16.2 性能提升

16.2.1 基于竞争感知的事务调度

MySQL 在 8.0.3 版本引入了新的事务调度算法，基于竞争感知的事务调度（Contention-Aware Transaction Scheduling，简称 CATS）。在 CATS 算法之前，MySQL 使用 FIFO 算法，先到的事务先获得锁，如果发生锁等待，则按照 FIFO 算法进行排队。CATS 相比 FIFO 更加复杂，也更加聪明，在高负载、高争用的场景下，性能提升显著。

16.2.2 基于 WriteSet 的并行复制

MySQL 关于并行复制到目前为止经历过三个比较关键的时间节点："库间并发""组提交""写集合"。真可谓是江山代有人才出。

MySQL 8.0 版本引入了一个新的机制 WriteSet，来追踪事务之间的依赖性，这个特性被用于优化从库应用 Binlog 的速度，在主库并发较低的场景下，能够显著提高从库回放 Binlog 的速度。基于 WriteSet 的并行复制方案，彻底解决了 MySQL 复制延迟问题。只需要设置以下 2 个参数即可。

```
binlog_transaction_dependency_tracking  = WRITESET
transaction_write_set_extraction        = XXHASH64
```

16.2.3 JSON 特性增强

MySQL 8.0 大幅改进了对 JSON 的支持，添加了基于路径查询参数从 JSON 字段中抽取数据的 JSON_EXTRACT 函数，以及用于将数据分别组合到 JSON 数组和对象中的 JSON_ARRAYAGG 和 JSON_OBJECTAGG 聚合函数。

在主从复制中，新增参数 binlog_row_value_options，控制 JSON 数据的传输方式，允许对于 JSON 类型部分修改，在 Binlog 中只记录修改的部分，减少 JSON 大数据在只有少量修改的情况下对资源的占用。

16.2.4 空间数据类型增强

MySQL 8.0 大幅改进了空间数据类型和函数，支持更多的空间分析函数和空间类型对象，空间分析功能和性能得到大幅提升。

16.2.5 DoubleWrite 改进

在 MySQL 8.0.20 版本之前，DoubleWrite（两次写）存储区位于系统表空间。从 8.0.20 版本开始，DoubleWrite 有了自己独立的表空间文件，这种变更能够降低 DoubleWrite 的写入延迟，增加吞吐量，为设置 DoubleWrite 文件的存放位置提供了更高的灵活性。

16.2.6 Hash Join

MySQL 8.0.18 版本引入 Hash Join（哈希连接）功能，对于没有走索引的等值 Join 连接可以使用 Hash Join 进行优化。8.0.20 版本对 Hash Join 进行了加强，即使 Join 连接没有使用等值条件也可以使用 Hash Join 进行优化，原来使用 BNL 算法的 Join 连接将全部由 Hash Join 代替。

简单来说，NestLoop Join 就是双重循环，遍历外表（驱动表），先遍历外表的每一行记录，然后遍历内表，判断 Join 条件是否符合，进而确定是否将记录吐出给上一个执行节点。从算法角度来说，这是一个 $O(M \cdot N)$ 的复杂度。

Hash Join 是针对 Equal Join 场景的优化。其基本思想是，将外表数据加载到内存，并建立 Hash 表，这样只需要遍历一遍内表，就可以完成 Join 操作，输出匹配的记录。如果数据能全部加载到内存当然好，逻辑也简单，一般称这种 Join 为 CHJ（Classic Hash Join），之前 MariaDB 就已经实现了这种 Hash Join 算法。如果数据不能全部加载到内存，就需要分批加载进内存，然后分批 Join，下面具体介绍这几种 Join 算法的实现。

16.2.7 Anti Join

MySQL 8.0.17 版本引入了一个 Anti Join（反连接）的优化，这个优化能够将

Where 条 件 中 的 Not In(Subquery)、Not Exists(Subquery)、In(Subquery) Is Not True、Exists(Subquery) Is Not True，在内部转化成一个 Anti Join，以便移除里面的子查询 Subquery，这个优化在某些场景下，能够将性能提升 20% 左右。

Anti Join 适用的场景案例通常如下：

（1）找出在集合 A 且不在集合 B 中的数据。

（2）找出在当前季度里没有购买商品的客户。

（3）找出今年没有通过考试的学生。

（4）找出过去 3 年，某个医生的病人中没有进行医学检查的部分。

16.2.8 Redo 优化

MySQL 8.0 一个新特性就是 Redo Log 提交的无锁化。在 8.0 版本以前，各个用户线程都是通过互斥量竞争，串行地写 Log Buffer，因此能保证 LSN 的顺序无间隔增长。

MySQL 8.0 通过 Redo Log 无锁化，解决了用户线程写 Redo Log 时竞争锁带来的性能影响。同时将 Redo Log 写文件、Redo Log 刷盘从用户线程中剥离出来，抽成单独的线程，用户线程只负责将 Redo Log 写入 Log Buffer，不再关心 Redo Log 的落盘细节，只需等待 log_writer 线程或 log_flusher 线程的通知。

16.2.9 直方图

优化器会利用 column_statistics 的数据，判断字段的值的分布，得到更准确的执行计划。

可以通过以下代码收集或者删除直方图信息。

```
ANALYZE TABLE table_name [UPDATE HISTOGRAM on colume_name with N BUCKETS |DROP HISTOGRAM ON clo_name]
```

直方图统计了表中某些字段的数据分布情况，为优化选择高效的执行计划提供参考，直方图与索引有着本质的区别，维护一个索引是有代价的。每一次的 INSERT、UPDATE、DELETE 都需要更新索引，会对性能有一定的影响。而直方图一次创建永不更新，除非明确去更新它，因此不会影响 INSERT、UPDATE、DELETE 的性能。

16.2.10 关闭查询缓存

从 MySQL 8.0 开始，不再使用查询缓存（Query Cache）。

随着技术的进步，经过时间的考验，MySQL 的工程团队发现启用缓存的好处并不多。

首先，查询缓存的效果取决于缓存的命中率，只有命中缓存的查询效果才能有所改善，因此无法预测其性能。

其次，查询缓存的另一个大问题是它受到单个互斥锁的保护。在具有多个内核的服务器上，大量查询会导致大量的互斥锁争用。

MySQL 8.0 取消查询缓存的另外一个原因是，研究表明，缓存越靠近客户端，获得的好处越大。MySQL 8.0 新增加了一些其他对性能干预的工具来支持。另外，还有像 ProxySQL 这样的第三方工具，也可以充当中间缓存。

16.3 安全性增强

16.3.1 死锁检测

可以使用一个新的动态变量 innodb_deadlock_detect 来禁用死锁检测。在高并发系统上，当多个线程等待同一个锁时，死锁检测会导致速度变慢。有时，禁用死锁检测并在发生死锁时依靠 innodb_lock_wait_timeout 设置进行事务回滚可能更有效。

16.3.2 默认密码认证插件

MySQL 8.0.4 版本修改了默认的身份认证插件，从老的 mysql_native_password 插件变为新的 caching_sha2_password，并将其作为默认的身份认证机制，同时客户端对应的 libmysqlclient 也默认使用新的认证插件。

16.3.3 升级密码过期，历史密码使用规则

设置历史密码检测规则，防止反复重用旧密码。

```
password_history
password_reuse_interval
```

使用双密码机制修改密码时，会创建新的密码，同时旧的密码也可以使用，保留一定的缓冲时间进行检查确认。

当修改一个账户密码时，需要去验证当前的密码，通过参数 password_require_current 来控制，默认关闭，当打开该选项时，如果要修改账户密码，必须提供当前的密码才允许修改。

16.3.4 认值加密插件

8.0 之前的版本的认证方式为 sha256_password。8.0 版本在老版本的基础上，新增 caching_sha2_password，可以使用缓存解决连接的延时问题。

需要注意的问题是：如果客户端与服务端配置不同，无法进行连接，两者的加密认

证方式需要一样。

16.3.5 用户密码增强

16.3.5.1 密码的重复使用策略

历史密码重复次数检测：新密码不能与最近最新的 5 个密码相同。

```
password_history = 5 ;
```

时间间隔：新密码不能和过去 90 天内的密码相同。

```
password_reuse_interval = 90 ;
```

16.3.5.2 修改密码必要的验证策略

修改密码，要输入当前的密码。增加了用户的安全性。默认为 off；为 on 时，修改密码需要用户提供当前密码 (开启后修改密码需要验证旧密码，root 用户不需要)。

```
password_require_current = on ;
```

16.3.5.3 双密码

相比于一个用户只有一个密码，双密码最大的优点就是：修改密码不会导致应用不可用。那么应用就可以自动使用副密码（副密码和当前密码保持一致）连接数据库，确保了业务的不中断。修改密码不会导致应用不可用，应用可以自动使用副密码连接数据库。

16.3.6 角色功能

MySQL 角色是指定权限集合。像用户账户一样，角色可以拥有授予和撤销的权限。

可以授予用户账户角色，即授予该账户与每个角色相关的权限。

角色功能方便了用户权限管理和维护，很好地解决了多个用户使用相同权限集的问题。

16.3.7 Redo Log、Undo Log 加密

增加以下两个参数，用于控制 Redo Log、Undo Log 的加密。

```
innodb_redo_log_encrypt
innodb_undo_log_encrypt
```

16.4 优化器增强

16.4.1 Cost Model 改进

优化器能够感知到页是否存在于缓冲池中。5.7 版本其实已经开放接口，但是不对

内存中的页进行统计，返回都是 1.0。

16.4.2 可伸缩的读写负载

8.0 版本对于读写皆有和高写负载的拿捏恰到好处。在集中的读写均有的负载情况下，我们观测到，在 4 个用户并发的情况下，对于高负载，8.0 版本和 5.7 版本相比性能提高了两倍。5.7 版本显著提高了只读情况下的性能，8.0 版本则显著提高了读写负载的可扩展性，为 MySQL 提升了硬件性能的利用率，其改进重新设计了 InnoDB 写入 Redo 日志的方法。对比之前用户线程之间互相争抢着写入其数据变更，在新的 Redo 日志解决方案中，Redo 日志由于其写入和刷缓存的操作都有专用的线程来处理，故用户线程之间不再持有 Redo 写入相关的锁，整个 Redo 处理过程都是时间驱动的。

8.0 版本允许马力全开地使用存储设备，比如使用英特尔奥腾闪存盘的时候，我们可以在 IO 敏感的负载情况下获得一百万的采样 QPS（这里说的 IO 敏感是指不在 IBP 中，且必须从二级存储设备中获取）。这个改变是由于我们摆脱了 file_system_mutex 全局锁的争用。

16.4.3 在热点数据负载下更优的性能

8.0 版本显著地提升了高争用负载下的性能。高争用负载通常发生在许多事务争用同一行数据锁的情况下，会导致事务等待队列的产生。在实际情景中，负载并不是平稳的，可能在特定的时间内爆发（二八法则）。8.0 版本针对短时间的爆发负载无论在每秒处理的事务数（换句话，延迟）还是 95% 延迟上都处理得更好。对于终端用户来说，8.0 版本的硬件资源利用率（效率）更高。因为系统需要尽量榨尽硬件性能，才可以提供更高的平均负载。

16.5 其他增强

16.5.1 支持在线修改全局参数并持久化

通过加上 PERSIST 关键字，可以将修改的参数持久化到新的配置文件（mysqld-auto.cnf）中，重启 MySQL 时，可以从该配置文件获取到最新的配置参数。

系统会在数据目录下生成 mysqld-auto.cnf 文件，该文件内容是以 JSON 格式存储的。当 my.cnf 和 mysqld-auto.cnf 同时存在时，后者优先级更高。

例如：

```
SET PERSIST max_connections = 1000;
SET @@PERSIST.max_connections = 1000;
```

此 SET 语法使用户能够在运行时进行配置更改,这些更改也会在服务器重新启动后持续存在。与 SET GLOBAL 一样,SET PERSIST 设置全局变量运行时值,但也将变量设置写入 mysqld-auto.cnf 文件(如果存在则替换任何现有变量设置)。

16.5.2 Binlog 日志过期时间精确到秒

之前版本只精确到天,并且 8.0 版本参数名称发生了变化。

在 8.0 版本之前,Binlog 日志过期时间的设置参数是 expire_logs_days,而在 8.0 版本中,MySQL 默认使用 binlog_expire_logs_seconds 参数。

16.5.3 Undo 空间自动回收

在 8.0.2 版本中,innodb_undo_log_truncate 参数默认值由 OFF 变为 ON,默认开启 Undo Log 表空间自动回收。

在 8.0.2 版本中,innodb_undo_tablespaces 参数默认为 2,当一个 Undo 表空间被回收时,还有另外一个提供正常服务。

innodb_max_undo_log_size 参数定义了 Undo 表空间回收的最大值,当 Undo 表空间超过这个值时,该表空间被标记为可回收。

16.5.4 地理信息系统 GIS

8.0 版本提供对地形的支持,其中包括了对空间参照系的数据源信息的支持、SRS aware spatial 数据类型、空间索引、空间函数。总而言之,8.0 版本可以理解地球表面的经纬度信息,而且可以在任意受支持的 5000 个空间参照系中计算地球上任意两点之间的距离。

> 升级前,一定要验证 JDBC 驱动是否匹配,是否需要随着升级。

16.5.5 参数开关表

8.0 版本可以以更新表的方式对参数进行设置。

```
select @@optimizer_switch \G

mysql> select @@optimizer_switch \G
*************************** 1. row ***************************
@@optimizer_switch: index_merge=on,index_merge_union=on,index_merge_sort_
union=on,index_merge_intersection=on,engine_condition_pushdown=on,index_condition_
```

```
pushdown=on,mrr=on,mrr_cost_based=on,block_nested_loop=on,batched_key_access=
off,materialization=on,semijoin=on,loosescan=on,firstmatch=on,duplicateweedout
=on,subquery_materialization_cost_based=on,use_index_extensions=on,condition_
fanout_filter=on,derived_merge=on,use_invisible_indexes=off,skip_scan=on,hash_
join=on,subquery_to_derived=off,prefer_ordering_index=on,hypergraph_
optimizer=off,derived_condition_pushdown=on

   -- session 开关
   set session optimizer_switch="use_invisible_indexes=off";
   set session optimizer_switch="use_invisible_indexes=on";

   -- global 开关
   set global optimizer_switch="use_invisible_indexes=off";
   set global optimizer_switch="use_invisible_indexes=on";
```

以上就是关于 MySQL 8.0 新特性的解读。

02 MySQL 篇
——技术分享

技术分享部分会围绕 MySQL 几个具体的功能做全面的解读。读者可以跟随作者的脚步层层递进，了解现象背后的本质、运行原理等。在遇到类型情况时可以有据可依，找到切实可行的解决方案。本章所有内容均建立在实践基础上，旨在帮助读者实际掌握高效运用 MySQL 的技能。

1 基于 MySQL 多通道主主复制的机房容灾方案

作者：徐良

1.1 背景介绍

在云网大数据时代，数据已经成为重要的生产要素。特别是棱镜门、永恒之蓝、汶川大地震这类造成大规模数据丢失和泄露的人为或自然灾害事件发生后，中国相继出台了一系列的法律法规，对各组织机构的数据安全保护条件进行限定，如2016年颁布的《中华人民共和国网络安全法》、2020年在两会提及拟起草的"数据安全法"等。

要实现应用的容灾备份，关键就是数据库的实时同步和复制，即在 A 地出现机房故障和问题的时候可以平滑快速地迁移到 B 地。虽然这种远程数据复制和同步存在一定的延迟，但是基本可以满足业务连续性的需求。

1.2 容灾常见解决方案

1.2.1 容灾的定义

容灾是指当数据中心发生各种未知灾难的时候，确保数据不丢失或少丢失，同时 IT 业务系统能够不间断运行或快速切换恢复。

1.2.2 灾难衡量指标

评估一个灾备系统可靠性的两个重要指标是 RTO 与 RPO。

RTO（Recovery Time Objective，恢复时间目标）是指灾难发生后，从系统宕机导致业务停顿之刻开始，到系统恢复至可以支持业务部门运作，业务恢复运营之时，这两点之间的时间。RTO 可简单地描述为企业能容忍的恢复时间。

RPO（Recovery Point Objective，恢复点目标）是指灾难发生后，容灾系统能把数据恢复到灾难发生前时间点的数据，它是衡量企业在灾难发生后会丢失多少生产数据的指标。RPO 可简单地描述为企业能容忍的最大数据丢失量。

RTO 针对的是服务时间的丢失，RPO 针对的是数据的丢失，两者是衡量容灾系统的两个主要指标，但它们没有必然的关联性。

1.2.3 容灾等级分类

2007 年 11 月 1 日开始正式实施的国家标准《信息系统灾难恢复规范》（GB/T 20988—2007）是我国灾难备份与恢复行业的第一个国家标准，具体内容见表 1。

表 1

《信息系统灾难恢复规范》（GB/T 20988—2007）	
第 1 级	基本级，备份介质场外存，安全保障、定期验证
第 2 级	备份场地支持，网络和业务处理系统可在预定时间内调配到备份中心
第 3 级	电子传输和部分设备支持，灾备中心配备部分业务处理和网络设备，具备部分通信链路
第 4 级	电子传输和完整设备支持，数据定时批量传送，网络／系统始终就绪，温备中心模式
第 5 级	实时数据传输及完整设备支持，采用远程复制技术，实现数据实时复制，网络具备自动或集中切换能力，业务处理系统就绪或运行中
第 6 级	数据零丢失和远程集群支持，数据实时备份，零丢失，系统／应用远程集群，可自动切换，用户同时接入主备中心

1.2.4 灾难与 RTO、RPO 关系

灾难与 RTO、RPO 的关系见表 2。

表 2

灾难恢复能力等级	RTO	RPO
1	2 天以上	1 天至 7 天
2	24 小时以后	1 天至 7 天
3	12 小时以上	1 小时至数小时
4	数小时至 2 天	1 小时至数小时
5	数分钟至 2 天	0 至 30 分钟
6	数分钟	0

1.2.5 两地三中心容灾

两地三中心能够组合本地高可用（HA，High Available）、同城灾备中心、异地灾备中心，提高可用性，提升业务连续性，重点业务多采用"两地三中心"（即生产数据中心、同城灾备中心、异地灾备中心）建设方案。这种模式下，多个数据中心是主备关系，针对灾难的响应与切换周期根据异常情况灵活处理，能够实现更优的 RTO 与 RPO 整体目标，具体内容见表 3。

表3

	分析角度	同城灾备中心	异地灾备中心	本地高可用（HA）
风险防范	防范风险的类型	区域局部性灾难（如楼宇停电、火灾、通信瘫痪）及本地的非区成性风险（如系统严重设备故障）	除区域局部性灾难外，也同时能防范大全局性的灾难，如台风、地震、洪水等	生产数据中心内的风险如计划内维护、系统升级、补丁安装和服务器／存储／网络故障等
	风险发生的概率	中	低	高
	中心使用频率及恢复效率	中	低	高
技术支持	灾难恢复时间（RTO）	较短，小时级	相对长些（尤其在需要恢复小组赶至异地灾备中心进行恢复的情况下）	最短，分钟级
	数据丢失（RPO）	同步数据复制，零丢失	异步数据复制，丢失相对较多	同步数据复制，零丢失
	数据复制模式	可采用同步复制，技术路线选择的限制较小	异步复制，技术路线选择的限制较大	可采用同步复制和切换技术，技术路线选择的限制较小
	系统处理能力	全部系统处理能力	基本满足	全部系统处理能力
投资费用	数据复制线路及外联网络线路租用	费用较低（本地线路）	费用较高（长途线路）	无，同一机房
	演练演习差旅费用	无	每年演练团队的差旅费用，以及额外时间成本	无

1.3 MySQL 常见的主从形式

MySQL 本身就自带有主从复制的功能，解决了几个关键的问题：数据一致性、检查点机制、可靠网络传输等，可以帮助我们实现高可用切换和读写分离。

1.3.1 一主一从

一主一从能够提供从库，主库故障后可以进行故障切换，避免数据丢失（见图1）。

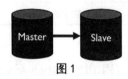

图1

1.3.2 一主多从

一主多从常见的主从架构，使用起来简单有效，不仅可以实现高可用，而且还能读写分离，进而提升集群的并发能力（见图2）。

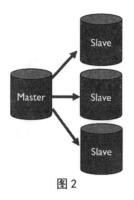

图 2

1.3.3 多主一从

多主一从可以将多个 MySQL 数据库备份到一台存储性能比较好的服务器上，方便统一分析处理（见图 3）。

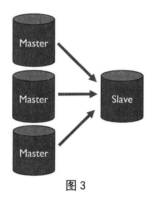

图 3

1.3.4 主主复制

主主复制也就是互作主从复制，每个 Master 既是主库，又是另外一台服务器的 Slave 。这样任何一方所做的变更，都会通过复制应用到另外一方的数据库中。同一时刻可以只有一个是主，另外一个是备，实例主动维护进行主从切换的时候无须进行特别的配置，秒级切换方便日常升级维护（见图 4）。

图 4

1.3.5 级联复制

级联复制模式下，部分 Slave 的数据同步不连接主节点，而是连接从节点。主节点有太多的从节点，就会损耗一部分性能用于复制，这个时候可以让 3 ~ 5 个从节点连接主节点，其他从节点作为二级或者三级与从节点连接，这样不仅可以缓解主节点的压力，并且对数据一致性没有负面影响（见图5）。

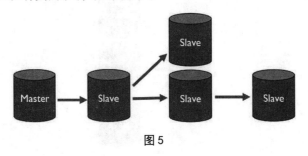

图5

1.4 两地三中心 MySQL 主从复制

1.4.1 MySQL 常见高可用方案优劣

目前主流的数据库高可用方案都有各自的优势和劣势，但在支持异地容灾方面都不够简单易用，具体对比信息见表4。

表4

高可用方案	优势	劣势
主从 +Keepalived	部署简单，没有主实例宕机后选主的问题	一主多从在切换之后，其他从实例需要重新配置连接新主
MHA	支持一主多从、主服务崩溃时不会导致数据不一致	SSH 存在安全隐患，官方不再维护
组复制 MGR	无延迟，数据强一致性	强依赖网络，只能用在 GTID 模式下，大事务和 DDL 操作有阻塞风险
MySQL InnoDB Cluster	弥补组复制无法提供具有自动化故障转移功能的中间件	组件多，成熟案例少
Orchestrator	支持一主多从，解决了管理节点的单点问题，支持命令行和 Web 界面管理复制	功能复杂，不方便集成进自有系统

1.4.2 MySQL 主从初始化消息

通过抓取消息和分析代码，发现 MySQL 从库和主库建立同步通道过程中，分别进行网络连接建立、授权，实例唯一性、时钟、字符集、binlog 配置校验等工作。实例唯一性校验过程中，从库会获取主库的 server id（见图6）。

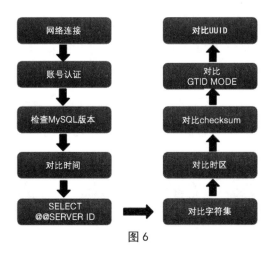

图 6

1.4.3 MySQL binlog 日志结构

MySQL 的主从复制是基于 binlog 文件，而 binlog 文件是由多个 binlog event 构成的，binlog event 的整体结构由 head、data、footer 三部分组成，head 包含产生 event 的数据库实例 server id，在主从复制作为区分 event 是否为自己实例生成的重要依据（见图 7）。

event head：19字节	timestamp: 4字节
	event_type: 1字节
	server id: 4字节
	event_size: 4字节
	log_pos: 4字节
	flags: 2字节
固定数据部分	Table id: 6
	Reserve: 2
可变数据部分	Db name len: 1
	Db name: db name len
	00:1（db name string end）
	Table name len: 1
	Table name: table name len
	00:1（table name string end）
	00:1
	Colunm count: 1,3,4,9
	Colunm type array: colunm count
	Col metadata block len: 1,3,4,9
	Col metadata block: 依赖列类型
	Null_bit_field: INT((N+7)/8) N表列个数
	CRC:4

图 7

之前通过主从初始化消息能够获取主从管道对端主库的 server id，此时和从库从管道内接受的 event 的 server id 进行对比，能够识别该 event 是否是当前对端主库产生的。

1.4.4 两地三中心 MySQL 主从方案 1

本方案机房内建立 MySQL 主主复制，此时主从切换无须烦琐的命令，只需要设置 read_only；同城机房间也是建立主主复制，方便容灾演练回切，无须复杂的配置。同理，与两地三中心 MySQL 也建立主主复制，方便演练和回切（见图 8）。该方案使用原生的 MySQL 复制，成熟度高；未过多引入第三方组件，具备规模化运维潜力。但原生的 MySQL 主从在多条链路存在主主复制时，会出现复制回路问题，导致数据冲突和不一致。

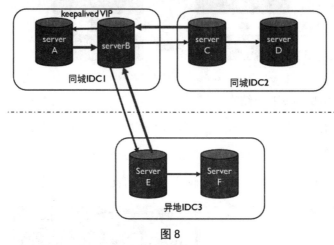

图 8

1.4.5 两地三中心 MySQL 主从方案 2

为解决复制回路问题，在主机房边界节点实例上，本方案使用上文中根据对端主库 server id 判断是否和 event 的 server id 相同，对 IDC1 边界 MySQL 复制逻辑进行限制，只同步管道内临近主库产生的 binlog 日志，级联主日志丢弃，1 个同步管道只同步单台 master 日志，解决回路问题（见图 9）。其他节点无须开启这个功能。

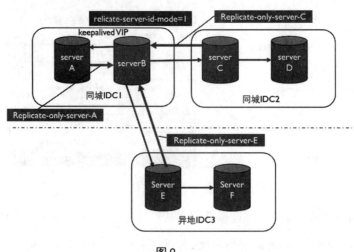

图 9

1.4.6 边界节点 MySQL 复制逻辑代码补丁

代码如图 10 所示。

```
[root@HY-D01-N304-G02-POD2-DB-02 src]# grep -A8 -ß ð xuliang mysql-5.7.40/sql/sys_vars.cc
static Sys_var_charptr Sys_slave_skip_errors(
        "slave_skip_errors", "Tells the slave thread to continue "
        "replication when a query event returns an error from the "
        "provided list",
        READ_ONLY GLOBAL_VAR(opt_slave_skip_errors), CMD_LINE(REQUIRED_ARG),
        IN_SYSTEM_CHARSET, DEFAULT(0));

//add by xuliang 20220523 begin
static Sys_var_mybool Sys_replicate_server_mode(
        "replicate_server_mode",
        "In replication, if set to 1, do only replicate events having the server id of master,skip the events
t server id from master "
        "Default value is 0 (to replicate all the events from master). "
        "Can be set to 1 in multi-source replication to break infinite loops in circular replication.",
        READ_ONLY GLOBAL_VAR(replicate_server_id_mode), CMD_LINE(OPT_ARG), DEFAULT(false),
        NO_MUTEX_GUARD, NOT_IN_BINLOG, ON_CHECK(NULL));
//add by xuliang 20220523 end

static Sys_var_ulonglong Sys_relay_log_space_limit(
        "relay_log_space_limit", "Maximum space to use for all relay logs",
        READ_ONLY GLOBAL_VAR(relay_log_space_limit), CMD_LINE(REQUIRED_ARG),
        VALID_RANGE(0, ULONG_MAX), DEFAULT(0), BLOCK_SIZE(1));
```

图 10

本补丁基于社区版 MySQL 5.7.40 升级，修改了 sys_vars.cc 文件，增加了 replicate_ server_mode 配置项，默认为 0，兼容原有复制模式，配置为 1 时主从同步仅同步管道内对端主库产生的 binlog event（见图 11）。

```
[root@HY-D01-N304-G02-POD2-DB-02 src]#  grep -A8 -B 16 xuliang mysql-5.7.40/sql/log_event.cc
        - BEGIN will set thd->variables.option_bits & OPTION_BEGIN and
        COMMIT/Xid will clear it.  This happens regardless of whether
        the BEGIN/COMMIT/Xid is skipped itself.

        - Other events will decrease the counter unless OPTION_BEGIN is
        set.
        */
        DBUG_PRINT("info", ("ev->server_id=%lu, ::server_id=%lu,"
                " rli->replicate_same_server_id=%d,"
                " rli->slave_skip_counter=%d",
                (ulong) server_id, (ulong) ::server_id,
                rli->replicate_same_server_id,
                rli->slave_skip_counter));
        if ((server_id == ::server_id && !rli->replicate_same_server_id) ||
                (rli->slave_skip_counter == 1 && rli->is_in_group()))
                return EVENT_SKIP_IGNORE;
        //add by xuliang 20220523 begin
        else if (server_id != rli->mi->master_id && rli->replicate_server_id_mode)
                return EVENT_SKIP_IGNORE;
        //add by xuliang 20220523 end
        else if (rli->slave_skip_counter > 0)
                return EVENT_SKIP_COUNT;
        else
                return EVENT_SKIP_NOT;
}
```

图 11

修改 log_event.cc 文件的 log_event::do_shall_skip 函数，判断当前 event 的 serve_id 和本通道对端主库的 server_id 不相同时忽略，仅同步对端主库产生的 event，避免多通道主主时数据回路的问题。

1.5 总结

该 MySQL 数据同步方案优化了 MySQL 本身的日志同步机制，引入多通道主主复制技术，降低了机房容灾演练和回切时数据同步关系调整带的复杂性；每个通道仅同步临近主库 binlog event，解决了数据回路问题，支撑重点业务两地三中心容灾；无须引入第三方高可用、同步等组件，减少了相关软硬件和网络要求；补丁代码量 100 行以内，仅须对主机房边界节点升级，风险可控；具备规模实例运维场景下成熟、低成本、简单可靠的特点，能够和公司一键切换平台快速集成；未来也具备支撑三地五中心等更高等级容灾要求的能力。

依托数据库多通道主主复制数据容灾技术，机房容灾切换时间由传统的 30 分钟降低到 5 分钟，相关脚本集成到自动化平台后进一步降低到 2 分钟以内。机房回切效率由传统的 1 小时降低到 5 分钟以内。切换成功率 98% 以上。但该方案不支持多层级联复制，同时也不支持列、记录级等更精细化灵活控制的能力。

2 MySQL Shell 运行 SQL 的两种内置方法概述

作者：杨涛涛

MySQL Shell 是兼容 MySQL 传统命令行客户端的超级替代版，支持 SQL、JavaScript、Python 三种语言环境。工具自身包含了很多组件，使得 DBA 管理 MySQL 更加便捷高效。

本文将介绍 MySQL Shell 的组件——MYSQLX 组件的两个检索函数在具体使用上的一些区别。

MYSQLX 组件包含很多预置的类库，其中与 MySQL 交互最直接的就是 Session 类库。Session 类库里又包含一系列内置函数来处理数据：其中函数 run_sql 和 sql 都可以直接和 MySQL 服务端交互来运行 SQL 语句。那二者到底有什么区别呢？接下来具体介绍这两个（Python 环境写法：run_sql、sql，JavaScript 环境写法：runSQL、sql）。

2.1 函数 run_sql 如何使用

先连上 X 端口 33060，替代默认语言环境为 Python，变量 c1 即为 Session 对象（@localhost:33060>）。

```
root@ytt-pc-cheap:/home/ytt# mysqlsh mysqlx:/root@localhost:33060/ytt --py
MySQL Shell 8.0.30
...
Creating an X protocol session to 'root@localhost:33060/ytt'
Fetching schema names for autocompletion... Press ^C to stop.
Your MySQL connection id is 9 (X protocol)
Server version: 8.0.30 MySQL Community Server - GPL
Default schema `ytt` accessible through db.
MySQL  localhost:33060+ ssl  ytt  Py > c1=db.get_session()
MySQL  localhost:33060+ ssl  ytt  Py > c1
<Session:root@localhost:33060>
```

执行 run_sql 创建表 t1：run_sql 可以运行任何 MySQL 兼容的 SQL 语句。

```
MySQL  localhost:33060+ ssl  ytt  Py > c1.run_sql("create table t1(id int
auto_increment primary key, r1 int)")
Query OK, 0 rows affected (0.0656 sec)
MySQL  localhost:33060+ ssl  ytt  Py > c1.run_sql("desc t1")
+-------+------+------+-----+---------+----------------+
| Field | Type | Null | Key | Default | Extra          |
+-------+------+------+-----+---------+----------------+
| id    | int  | NO   | PRI | NULL    | auto_increment |
| r1    | int  | YES  |     | NULL    |                |
+-------+------+------+-----+---------+----------------+
2 rows in set (0.0017 sec)
```

插入几条样例数据：

```
MySQL  localhost:33060+ ssl  ytt  Py > c1.run_sql("insert into t1(r1) values
(10),(20),(30)")
Query OK, 3 rows affected (0.0114 sec)

Records: 3  Duplicates: 0  Warnings: 0

-- 用 run_sql 来执行查询语句：

MySQL  localhost:33060+ ssl  ytt  Py > c1.run_sql("table t1")
+----+----+
| id | r1 |
+----+----+
| 1  | 10 |
| 2  | 20 |
| 3  | 30 |
```

```
+----+----+
3 rows in set (0.0008 sec)
```

以上都是直接运行 run_sql 函数的结果。

其实 run_sql 函数执行后会返回一个 SqlResult 对象，SqlResult 对象包含很多函数：获取语句执行时间、一次性获取一行或者多行数据、判断是否有数据等。既然是 SqlResult，那就是一个结果集，不支持多次获取，类似 MySQL 的游标。

接下来把 run_sql 函数执行结果赋予一个变量 r1，后续操作都通过 r1 来进行：r1 被赋予 SqlResult 对象。

```
MySQL  localhost:33060+ ssl  ytt  Py > r1=c1.run_sql("table t1")
MySQL  localhost:33060+ ssl  ytt  Py > r1.has_data()
true
MySQL  localhost:33060+ ssl  ytt  Py > r1.get_execution_time()
0.0010 sec
MySQL  localhost:33060+ ssl  ytt  Py > r1.fetch_one()
[
    1,
    10
]
MySQL  localhost:33060+ ssl  ytt  Py > r1.fetch_one()
[
    2,
    20
]
MySQL  localhost:33060+ ssl  ytt  Py > r1.fetch_one()
[
    3,
    30
]
MySQL  localhost:33060+ ssl  ytt  Py > r1.fetch_one()
MySQL  localhost:33060+ ssl  ytt  Py >

-- run_sql 函数也可以绑定变量执行

MySQL  localhost:33060+ ssl  ytt  Py > c1.run_sql("select * from t1 where r1
in (?,?,?)",[10,20,30])
+----+----+
| id | r1 |
+----+----+
```

```
| 1 | 10 |
| 2 | 20 |
| 3 | 30 |
+----+----+
3 rows in set (0.0004 sec)
```

2.2 函数 sql 如何使用

sql 函数和 run_sql 函数不一样，它返回的不是 SqlResult 对象，而是一个 SqlExecute 对象，是 SqlResult 对象产生之前的阶段。举个例子：把 sql 函数执行结果赋予变量 r2，这样每调用一次 r2，相当于重新执行一次原请求。

```
MySQL  localhost:33060+ ssl  ytt  Py > r2=c1.sql("table t1")
MySQL  localhost:33060+ ssl  ytt  Py > r2
+----+----+
| id | r1 |
+----+----+
| 1 | 10 |
| 2 | 20 |
| 3 | 30 |
+----+----+
3 rows in set (0.0004 sec)
MySQL  localhost:33060+ ssl  ytt  Py > r2
+----+----+
| id | r1 |
+----+----+
| 1 | 10 |
| 2 | 20 |
| 3 | 30 |
+----+----+
3 rows in set (0.0002 sec)
```

如果把变量 r2 的执行结果赋予变量 r3，那 r3 就变成一个 SqlResult 对象，只支持获取一次，又回退到 run_sql 函数的结果：

```
MySQL  localhost:33060+ ssl  ytt  Py > r3=r2.execute()
MySQL  localhost:33060+ ssl  ytt  Py > r3.fetch_all()
[
    [
        1,
        10
```

```
        ],
        [
            2,
            20
        ],
        [
            3,
            30
        ]
    ]

MySQL  localhost:33060+ ssl  ytt  Py > r3.fetch_all()
[]
MySQL  localhost:33060+ ssl  ytt  Py > r3
Empty set (0.0004 sec)
```

sql 函数同样支持执行绑定变量的请求：一次绑定一个数组。

```
MySQL  localhost:33060+ ssl  ytt  Py > r2=c1.sql("select * from t1 where r1 in (?,?,?)")
MySQL  localhost:33060+ ssl  ytt  Py > r2.bind([10,20,30])
+----+----+
| id | r1 |
+----+----+
|  1 | 10 |
|  2 | 20 |
|  3 | 30 |
+----+----+
3 rows in set (0.0006 sec)
MySQL  localhost:33060+ ssl  ytt  Py > r2.bind([40,50,30])
+----+----+
| id | r1 |
+----+----+
|  3 | 30 |
+----+----+
1 row in set (0.0002 sec)
```

2.3 结论

对于函数 run_sql 和 sql 来讲，可以参考对象 SqlResult 和 SqlExecute 的差异来选择最合适的使用场景。

3 SQL 优化：ICP 的缺陷

作者：胡呈清

3.1 什么是 ICP？

ICP 全称 index condition pushdown，也就是常说的索引条件下推。

使用二级索引查找数据时，对于 WHERE 子句中属于索引的一部分但又无法使用索引的条件，MySQL 会把这部分条件下推到存储引擎层，筛选之后再进行回表，这样回表的次数就减少了。

比如有这样一个索引 idx_test(birth_date,first_name,hire_date) 查询语句 select * from employees where birth_date >= '1957-05-23' and birth_date <='1960-06-01' and hire_date>'1998-03-22'; 的执行过程如下：

（1）根据 birth_date >= '1957-05-23' and birth_date <='1960-06-01' 这个条件从 idx_test 索引中查找数据，假设返回数据 10 万行。

（2）查找出来的 10 万行数据包含 hire_date 字段，MySQL 会把 hire_date >'1998-03-22' 这个条件下推到存储引擎，进一步筛选数据，假设还剩 1000 行。

（3）由于要查询所有字段的值，而前面查到的 1000 行数据只包含 birth_date、first_name、hire_date 三个字段，所以需要回表查出所有字段的值。回表的过程就是将这 1000 行数据的主键值拿出来，一个一个到主键索引上去查找（也可以开启 mrr，拿一批主键值回表），回表次数是 1000。如果没有 ICP，则回表次数是 10 万。

很显然在执行阶段 ICP 可以减少回表的次数，在基于代价的优化器中，也就能减少执行的成本。但是，优化器在优化阶段选择最优的执行计划时真的能考虑到 ICP 可以减少成本吗？下面我们通过一个实验来回答这个问题。

3.2 实验

先准备一些数据，下载 Employees Sample Database 并导入 MySQL 中，还是上面那个例子，创建一个组合索引：

```
alter table employees add index idx_test(birth_date,first_name,hire_date);
```

执行下面这个 SQL：

```
SELECT *
FROM employees
WHERE birth_date >= '1957-05-23'
    AND birth_date <= '1960-06-01'
AND hire_date > '1998-03-22';
```

执行计划如下：

```
mysql [localhost:5735] {msandbox} (employees) > explain select * from
employees where birth_date >= '1957-05-23' and birth_date <='1960-06-01' and hire_
date>'1998-03-22';
+----+-------------+-----------+------------+------+---------------+------+---
------+------+--------+----------+-------------+
| id | select_type | table     | partitions | type | possible_keys | key  |
key_len | ref  | rows   | filtered | Extra       |
+----+-------------+-----------+------------+------+---------------+------+---
------+------+--------+----------+-------------+
|  1 | SIMPLE      | employees | NULL       | ALL  | idx_test      | NULL |
NULL    | NULL | 298980 |    15.74 | Using where |
+----+-------------+-----------+------------+------+---------------+------+---
------+------+--------+----------+-------------+
```

可以看到上面并没有使用 idx_test 索引，但如果加 hint 强制走 idx_test 索引，我们可以使用 ICP，执行计划如下：

```
mysql [localhost:5735] {msandbox} (employees) > explain select * from
employees force index(idx_test) where birth_date >= '1957-05-23' and birth_date
<='1960-06-01' and hire_date>'1998-03-22';
+----+-------------+-----------+------------+-------+---------------+----------
-+---------+------+--------+----------+----------------------+
| id | select_type | table     | partitions | type  | possible_keys | key
| key_len | ref  | rows   | filtered | Extra                |
+----+-------------+-----------+------------+-------+---------------+----------
-+---------+------+--------+----------+----------------------+
|  1 | SIMPLE      | employees | NULL       | range | idx_test      | idx_test
| 3       | NULL | 141192 |    33.33 | Using index condition |
+----+-------------+-----------+------------+-------+---------------+----------
```

```
-+----------+------+--------+----------+----------------------+
```

   1 row in set, 1 warning (0.00 sec)

再让我们打开 slow log 看一下真实的执行效率：

（1）全表扫描需要扫描 300024 行，执行时间 0.15 秒。

（2）走 idx_test 索引需要扫描 141192 行（Rows_examined: 1065 是个 bug，这显然不是扫描行数，扫描行数我们可以从执行计划看出，在这个例子中执行计划里的 rows 是真实的扫描行数，不是估算值，这个知识点不影响理解本文）。因为没有其他条件，从返回结果行数我们也能知道回表次数就是 1065，执行时间只要 0.037 秒。

```
# Time: 2022-11-24T18:02:01.001734+08:00
# Query_time: 0.146939   Lock_time: 0.000850 Rows_sent: 1065   Rows_examined:
300024
SET timestamp=1669284095;
select * from employees where birth_date >= '1957-05-23' and birth_date
<='1960-06-01' and hire_date>'1998-03-22';
# Time: 2022-11-24T18:01:09.001223+08:00
# Query_time: 0.037211   Lock_time: 0.001649 Rows_sent: 1065   Rows_examined:
1065
SET timestamp=1669284032;
select * from employees force index(idx_test) where birth_date >= '1957-05-23'
and birth_date <='1960-06-01' and hire_date>'1998-03-22';
```

很显然走 idx_test 索引比全表扫描效率更高，那为什么优化器不选择走 idx_test 索引呢？一个不会犯错的说法是优化器有它的算法，并不以人类认为的时间快慢为标准来进行选择。这次我们打破砂锅问到底，优化器的算法是什么？

答案是成本，优化器在选择最优的执行计划时会计算所有可用的执行计划的成本，然后选择成本最小的那个。而成本有明确的计算方法，也能通过 explain format=json 展示执行计划的成本，下面我们来证明 ICP 能否影响执行计划的成本。

3.3 成本计算

3.3.1 IO 成本

表的数据和索引都存储到磁盘上，当我们想查询表中的记录时，需要先把数据或者索引加载到内存中然后再操作。从磁盘到内存这个加载的过程损耗的时间称为 IO 成本。

3.3.2 CPU 成本

读取以及检测记录是否满足对应的搜索条件、对结果集进行排序等这些操作损耗的时间称为 CPU 成本。

3.3.3 成本常数

对于 InnoDB 存储引擎来说，页是磁盘和内存之间交互的基本单位，MySQL 5.7 中规定读取一个页面花费的成本默认是 1.0，读取以及检测一条记录是否符合搜索条件的成本默认是 0.2。1.0、0.2 这些数字称之为成本常数（不同版本可能不一样，可以通过 mysql.server_cost、mysql.engine_cost 查看）。

不加干涉时，优化器选择全表扫描，总成本为 "query_cost": "60725.00"，计算公式如下：

$$IO 成本 =929 \times 1=929$$

注：929 是主键索引的页数，通过表的统计信息中的 data_length/pagesize 得到。

$$CPU 成本 =298980 \times 0.2=59796$$

注：298980 是扫描行数，全表扫描时这是一个估算值，也就是表的统计信息中的 rows。

$$总成本 =IO 成本 +CPU 成本 =929+59796=60725$$

```
mysql [localhost:5735] {msandbox} (employees) > explain format=json select *
from employees  where birth_date >= '1957-05-23' and birth_date <='1960-06-01' and
hire_date>'1998-03-22'\G
*************************** 1. row ***************************
EXPLAIN: {
  "query_block": {
    "select_id": 1,
    "cost_info": {
      "query_cost": "60725.00"
    },
    "table": {
      "table_name": "employees",
      "access_type": "ALL",
      "possible_keys": [
        "idx_test"
      ],
      "rows_examined_per_scan": 298980,
      "rows_produced_per_join": 47059,
      "filtered": "15.74",
      "cost_info": {
```

```
         "read_cost": "51313.14",
         "eval_cost": "9411.86",
         "prefix_cost": "60725.00",
         "data_read_per_join": "6M"
       },
       "used_columns": [
       "emp_no",
       "birth_date",
       "first_name",
       "last_name",
       "gender",
       "hire_date"
       ],
        "attached_condition": "((`employees`.`employees`.`birth_date` >=
'1957-05-23') and (`employees`.`employees`.`birth_date` <= '1960-06-01') and
(`employees`.`employees`.`hire_date` > '1998-03-22'))"
     }
   }
 }
 1 row in set, 1 warning (0.00 sec)
```

hint 走 idx_test 索引时，总成本为 "query_cost": "197669.81"，计算公式如下。

（1）访问 idx_test 索引的成本：

$$IO\ 成本 = 1 \times 1 = 1$$

注：优化器认为读取索引的一个范围区间的 IO 成本和读取一个页面是相同的，而条件中只有 birth_date >= '1957-05-23' and birth_date <='1960-06-01' 这一个范围。

$$CPU\ 成本 = 141192 \times 0.2 = 28238.4$$

注：扫描行数 "rows_examined_per_scan": 141192。

（2）回表的成本公式如下（不会考虑索引条件下推的作用，因此回表次数等于索引扫描行数）：

$$回表\ IO\ 成本 = 141192 \times 1 = 141192$$

$$回表\ CPU\ 成本 = 141192 \times 0.2 = 28238.4$$

$$总成本: 1 + 28238.4 + 141192 + 28238.4 = 197669.8$$

```
mysql [localhost:5735] {msandbox} (employees) > explain format=json select *
from employees force index(idx_test) where birth_date >= '1957-05-23' and birth_
date <='1960-06-01' and hire_date>'1998-03-22'\G
```

```
*************************** 1. row ***************************
EXPLAIN: {
  "query_block": {
    "select_id": 1,
    "cost_info": {
      "query_cost": "197669.81"
    },
    "table": {
      "table_name": "employees",
      "access_type": "range",
      "possible_keys": [
        "idx_test"
      ],
      "key": "idx_test",
      "used_key_parts": [
        "birth_date"
      ],
      "key_length": "3",
      "rows_examined_per_scan": 141192,
      "rows_produced_per_join": 47059,
      "filtered": "33.33",
      "index_condition": "((`employees`.`employees`.`birth_date` >=
'1957-05-23') and (`employees`.`employees`.`birth_date` <= '1960-06-01') and
(`employees`.`employees`.`hire_date` > '1998-03-22'))",
      "cost_info": {
        "read_cost": "188257.95",
        "eval_cost": "9411.86",
        "prefix_cost": "197669.81",
        "data_read_per_join": "6M"
      },
      "used_columns": [
        "emp_no",
        "birth_date",
        "first_name",
        "last_name",
        "gender",
        "hire_date"
      ]
    }
  }
}
1 row in set, 1 warning (0.00 sec)
```

3.4 总结

从上一步的成本结果来看，全表扫描的成本是 60725，而走 idx_test 索引的成本是 197669.81，因此优化器选择全表扫描。

实际上 ICP 可以减少回表次数，走 idx_test 索引时的真实回表次数是 1065，成本应该是：

$$IO\ 成本 =1065 × 1=1065$$

$$CPU\ 成本 =1065 × 0.2=213$$

但是优化器在计算回表成本时，显然没有考虑 ICP，直接将扫描索引的行数 141192 当作了回表的次数，所以得到的回表成本巨大，总成本远远大于全表扫描的成本。

因此，我们可以得到的结论是：ICP 可以在执行阶段提高执行效率，但是在优化阶段并不能改善执行计划。

4 MySQL 级联复制下进行大表的字段扩容

作者：雷文霆

4.1 背景

某客户的业务中有一张约 4 亿行的表，因为业务扩展，表中 open_id varchar(50) 需要扩容到 varchar(500)。变更期间尽量减少对主库的影响（最好是不要有任何影响，最终争取了 4 个小时的窗口期）。

4.2 库表信息

环境：MySQL 8.0.22，一主一从（基于 GTID 复制）。

这是一张大表吗？是的，此表的 ibd 文件有 280G，count 长时间无返回，使用从库确认行数大于 4 亿。

以下语句也可以查看: show table status from dbname like 'tablename'\G # Rows 值不准，

有时误差有 2 倍。

```
    SELECT a.table_schema,a.table_name,concat(round(sum(DATA_
LENGTH/1024/1024)+sum(INDEX_LENGTH/1024/1024),2) ,'MB')total_
size,concat(round(sum(DATA_LENGTH/1024/1024),2),'MB') AS data_
size,concat(round(sum(INDEX_LENGTH/1024/1024),2),'MB') AS index_size FROM
information_schema.TABLES a WHERE a.table_schema = 'dbname' AND a.table_name =
'tablename';
    # 看下此表的数据量
```

既然是大表，我们应该使用什么方式做变更呢？

4.3 方案选择

表 1 中的 M 表示主库，S1 为从库 1，S2 为从库 2。

表1

方案	优点	缺点	可行性
OnlineDDL	原生，使用中间临时表	ALGORITHM=COPY 时，会阻塞 DML，推荐 MySQL 5.7 以上版本	5 星
Gh-ost	使用"binlog+ 回放线程"代替触发器	第三方工具，根据不同的参数导致执行时间较长	4 星
Pt-osc	版本兼容性好，使用触发器保持主副表一致	第三方工具，且使用限制较多	3 星
M–S1–S2	时间可预估	级联复制，人工操作	1 星

为什么我们没有选择前 3 种方案？

根据实际情况评估，本次业务侧的需求是此表 24h 都有业务流量，且不接受超过 4 小时的业务不可用时间。

OnlineDDL 方案：ALGORITHM=COPY，会阻塞 DML（只读）。然后，对主副表进行 rename 操作（不可读写），直到 DDL 完成（其中需要的时间不确定）。

Gh-ost 推荐的模式为连接从库，在主库转换，此模式对主库影响最小，可通过参数设置流控。致命的缺点是此工具的变更时间太长，4 亿行的表，测试环境使用了 70 个小时。最后我们还需要下发切换命令及手动删除中间表 *_del。如果是一主二从还是比较推荐这种方式的，因为还有一个从库可以保障数据安全。

Pt-osc 方案：Pt-osc 和 Gh-ost 都属于第三方，Pt-osc 对大表的操作和 Online DDL 有一个共同的缺点，就是失败回滚的代价很大。

如果是低版本，如 MySQL 5.7 以下可以使用，理论上，MySQL 5.6.7 版本之后开始支持 Online DDL，刚开始支持得不是很好，可适当取舍。

最后我们选择了在 M-S1-S2 级联复制下进行。

4.4 如何进行操作

具体操作步骤如下：

环境装备：开启 GTID，注意 M、S1 binlog 保存时长，磁盘剩余空间大于待变更表的 2 倍。

```
show global variables like 'binlog_expire_logs_seconds'; # 默认 604800
set global binlog_expire_logs_seconds=1209600;
-- 主库和级联主库都需要设置
```

（1）搭建一主二从的级联复制，M → S1 → S2，安装 MySQL，注意本次环境：

```
lower_case_table_names = 0
```

（2）在 S2 上做字段扩容，预估 10 个小时。

```
' 参数设置：'
set global slave_type_conversions='ALL_NON_LOSSY';
-- 防止复制报错 SQL_Errno：13146，属于字段类型长度不一致无法回放
set global interactive_timeout=144000;set global wait_timeout =144000;
-- 磁盘 IO 参数设置
set global innodb_buffer_pool_size=32*1024*1024*1024;
-- 增加 buffer_pool 防止 Error1206The total number of locks exceeds the lock table size 资源不足
set global sync_binlog=20000;set global innodb_flush_log_at_trx_commit=2;
set global innodb_io_capacity=600000;set global innodb_io_capacity_max=1200000;
-- innodb_io_capacity 需要设置两次
show variables like '%innodb_io%';
-- 验证以上设置
# screen 下执行：
time mysql -S /data/mysql/3306/data/mysqld.sock -p'' dbname -NBe "ALTER TABLE tablename MODIFY COLUMN open_id VARCHAR(500) NULL DEFAULT NULL COMMENT 'Id' COLLATE 'utf8mb4_bin';"
# 查看 DDL 进度：
SELECT EVENT_NAME, WORK_COMPLETED, WORK_ESTIMATED  FROM performance_schema.events_stages_current;
```

（3）扩容完成后，等待延迟同步 M-S1-S2 数据同步至主从一致，对比主从 GTID。

（4）移除 S1（可选），建立 M-S2 的主从关系。

```
stop slave;
reset slave all;
systemctl stop mysql_3306
S2
stop slave;
reset slave all;
-- MASTER_HOST='M 主机 IP'
CHANGE MASTER TO
  MASTER_HOST='',
  MASTER_USER='',
  MASTER_PASSWORD=',
  MASTER_PORT=3306,
  MASTER_AUTO_POSITION=1,
  MASTER_CONNECT_RETRY=10;
start slave;
-- 验证数据可正常同步
flush privileges;
```

（5）备份 S2 恢复 S1，建立 M-S2-S1 级联复制。物理备份 S2，重做 S2→S1 级联主从。

```
rm -rf binlog/*
rm -rf redolog/*
xtrabackup --defaults-file=/data/mysql/3306/my.cnf.3306 --move-back --target-
dir=/data/actionsky/xtrabackup_recovery/data
chown -R mysql. data/
chown -R mysql. binlog/*
chown -R mysql. redolog/*
systemctl start mysql_3306
set global gtid_purged='';
reset slave all;
-- MASTER_HOST='S2 主机 IP'，已扩容变更完的主机
CHANGE MASTER TO
  MASTER_HOST='',
  MASTER_USER='',
  MASTER_PASSWORD='',
  MASTER_PORT=3306,
  MASTER_AUTO_POSITION=1,
  MASTER_CONNECT_RETRY=10;
```

```
-- MySQL 8.0 版本需要在上面语句中添加 GET_MASTER_PUBLIC_KEY=1;
-- 防止 Last_IO_Errno: 2061 message: Authentication plugin 'caching_sha2_passw
ord' reported error: Authentication requires secure connection.
start slave;
```

（6）应用停服，等待主从数据一致。主库停服并设置 read_only+flush privileges，对比主从 GTID。

（7）最终 S2 成为主库，S1 为从库。应用更改配置连接新主库。在 S2 上：

```
stop slave;reset slave all;
set global read_only=0;set global super_read_only=0;
-- 观察是否有新事务写入
show master status\G
```

（8）还原第 2 步的参数设置。

```
set global interactive_timeout=28800;set global wait_timeout =28800;
set global innodb_buffer_pool_size=8*1024*1024*1024;
set global slave_type_conversions='';
set global sync_binlog=1;set global innodb_flush_log_at_trx_commit=1;
set global innodb_io_capacity=2000;set global innodb_io_capacity_max=4000;
```

补充场景：基于磁盘 I/O 能力的测试。直接在主库上修改，且无流量的情况下：

- 场景 1：磁盘是 NVME 的物理机，4 亿数据大约需要 5 个小时（磁盘性能 1G/s）。
- 场景 2：磁盘是机械盘的虚拟机，此数据量大约需要 40 个小时（磁盘性能 100M/s）。

4.5 总结

（1）使用级联，对于业务侧来说，时间成本主要在应用更改连接和回归验证。如果从库无流量，不需要等待业务低峰。

（2）Online DDL 可通过修改参数提高效率，其中双一参数会影响数据安全，推荐业务低峰期操作。

（3）Gh-ost 适合变更时间宽裕的场景，业务低峰期操作，可调整参数加快进度，自定义切换的时间。

（4）以上方式均不推荐多个 DDL 同时进行，即并行 DDL。

（5）大表操作和大数据量操作时，需要我们贴合场景找到合适的变更方案，不需要最优，需要合适。

5 一招解决 MySQL 中 DDL 被阻塞的问题

作者：许祥

本篇介绍如何解决 DDL 被阻塞的问题。

5.1 如何判断一个 DDL 是否被阻塞

测试过程如下：

```
mysql> use test;
Database changed

mysql> CREATE TABLE `test` (
    ->   `id` int(11) AUTO_INCREMENT PRIMARY KEY,
    ->   `name` varchar(10)
    -> );
Query OK, 0 rows affected (0.01 sec)


-- 插入数据
mysql> insert into test values (1,'aaa'),(2,'bbb'),(3,'ccc'),(4,'ddd');
Query OK, 1 row affected (0.01 sec)

mysql> begin;
Query OK, 0 rows affected (0.01 sec)

mysql> select * from test;
+----+------+
| id | name |
+----+------+
|  1 | aaa  |
|  2 | bbb  |
|  3 | ccc  |
|  4 | ddd  |
+----+------+
4 rows in set (0.00 sec)
```

```
-- 模拟元数据锁阻塞
-- 会话 1
mysql> lock tables test read;
Query OK, 0 rows affected (0.00 sec)

-- 会话 2
mysql> alter table test add c1 varchar(25);

-- 会话 3
mysql> show processlist;
+-------+-------------+---------------------+------+-----------------+--------+---------------------------+
| Id    | User        | Host                | db   | Command         | Time   | State
| Info
+-------+-------------+---------------------+------+-----------------+--------+---------------------------+
|     1 | universe_op | 127.0.0.1:28904     | NULL | Sleep           |     12 |
| NULL
|     2 | universe_op | 127.0.0.1:28912     | NULL | Sleep           |     12 |
| NULL
|  5752 | universe_op | 10.186.64.180:51808 | NULL | Binlog Dump GTID | 605454 | Master
has sent all binlog to slave; waiting for more updates | NULL
| 28452 | root        | 10.186.65.110:10756 | test | Sleep           |     73 |
| NULL
| 28454 | root        | 10.186.64.180:45674 | test | Query           |      7 |
Waiting for table metadata lock                                    | alter table test add
c1 varchar(25) |
| 28497 | root        | 10.186.64.180:47026 | test | Query           |      0 | starti
ng                                            | show processlist          |
+-------+-------------+---------------------+------+-----------------+--------+---------------------------+
```

DDL 一旦被阻塞，后续针对该表的所有操作都会被阻塞，都会显示 waiting for table metadata lock。

上述情况的解决方案：结束 DDL 操作或结束阻塞 DDL 的会话。

下面对于 DDL 的操作，我们需要获取元数据库锁的阶段有两个：DDL 开始之初和 DDL 结束之前。如果是后者，就意味着之前的操作都要回滚，成本相对较高。所以，碰到类似情况，我们一般都会结束阻塞 DDL 的会话。

5.2 怎么知道是哪些会话阻塞了 DDL

sys.schema_table_lock_waits 是 MySQL 5.7 引入的，用来定位 DDL 被阻塞的问题。
针对上面提到的情况，可以查看 sys.schema_table_lock_waits 的输出。

```
mysql> select * from sys.schema_table_lock_waits\G
*************************** 1. row ***************************
             object_schema: test
               object_name: test
          waiting_thread_id: 28490
                waiting_pid: 28454
            waiting_account: root@10.186.64.180
          waiting_lock_type: EXCLUSIVE
      waiting_lock_duration: TRANSACTION
              waiting_query: alter table test add c1 varchar(25)
         waiting_query_secs: 179
  waiting_query_rows_affected: 0
  waiting_query_rows_examined: 0
          blocking_thread_id: 28488
                blocking_pid: 28452
            blocking_account: root@10.186.65.110
          blocking_lock_type: SHARED_READ_ONLY
      blocking_lock_duration: TRANSACTION
       sql_kill_blocking_query: KILL QUERY 28452
  sql_kill_blocking_connection: KILL 28452
*************************** 2. row ***************************
             object_schema: test
               object_name: test
          waiting_thread_id: 28490
                waiting_pid: 28454
            waiting_account: root@10.186.64.180
          waiting_lock_type: EXCLUSIVE
      waiting_lock_duration: TRANSACTION
              waiting_query: alter table test add c1 varchar(25)
         waiting_query_secs: 179
  waiting_query_rows_affected: 0
  waiting_query_rows_examined: 0
          blocking_thread_id: 28490
                blocking_pid: 28454
```

```
              blocking_account: root@10.186.64.180
            blocking_lock_type: SHARED_UPGRADABLE
        blocking_lock_duration: TRANSACTION
         sql_kill_blocking_query: KILL QUERY 28454
    sql_kill_blocking_connection: KILL 28454
2 rows in set (0.00 sec)
```

这里只有一个 alter 操作，却产生了两条记录，而且两条记录结束的对象还不一样。如果对表结构不熟悉或不仔细看记录内容的话，难免会结束错对象。

两条记录的 blocking_lock_type 类型分别为 SHARED_READ_ONLY 和 SHARED_UPGRADABLE。我们需要结束掉的是 SHARED_READ_ONLY。

在 DDL 操作被阻塞后，如果后续有多个查询被 DDL 操作阻塞，还会产生 2N 条记录。

在定位问题时，这 2N 条记录看起来就比较难定位了。这个时候，我们需要对上述 2N 条记录进行过滤。过滤的关键是 blocking_lock_type 不等于 SHARED_UPGRADABLE。

SHARED_UPGRADABLE 是一个可升级的共享元数据锁，加锁期间，允许并发查询和更新。所以，阻塞 DDL 的不会是 SHARED_UPGRADABLE。

针对上面这个场景，我们可以通过下面这个查询来精确地定位出需要结束的会话。

```
mysql> SELECT sql_kill_blocking_connection FROM sys.schema_table_lock_waits
WHERE blocking_lock_type <> 'SHARED_UPGRADABLE' AND waiting_query = 'alter table
test add c1 varchar(25)';
    +------------------------------+
    | sql_kill_blocking_connection |
    +------------------------------+
    | KILL 28452                   |
    +------------------------------+
1 row in set (0.00 sec)
```

5.3 注意事项

sys.schema_table_lock_waits 视图依赖了一张 MDL 相关的表 performance_schema.metadata_locks。该表是 MySQL 5.7 引入的，会显示 MDL 的相关信息，包括作用对象、锁的类型及锁的状态等。

但在 MySQL 5.7 中，该表默认为空，因为与之相关的 instrument 默认没有开启，直到 MySQL 8.0 才默认开启。

```
mysql> select * from performance_schema.setup_instruments where name='wait/
lock/metadata/sql/mdl';
+-----------------------------+---------+-------+
| NAME                        | ENABLED | TIMED |
+-----------------------------+---------+-------+
| wait/lock/metadata/sql/mdl  | NO      | NO    |
+-----------------------------+---------+-------+
1 row in set (0.00 sec)
```

所以，在 MySQL 5.7 中，如果我们要使用 sys.schema_table_lock_waits，必须首先开启 MDL 相关的 instrument。

开启方式：直接修改 performance_schema.setup_instruments 表即可。具体 SQL 如下。

```
mysql> UPDATE PERFORMANCE_SCHEMA.setup_instruments SET ENABLED = 'YES', TIMED
= 'YES' WHERE NAME = 'wait/lock/metadata/sql/mdl';
```

但这种方式是临时生效，实例重启后，又会恢复为默认值。

建议：同步修改配置文件或者在部署 MySQL 集群时一开始配置文件的参数就修改成功。

```
[mysqld]
performance-schema-instrument ='wait/lock/metadata/sql/mdl=ON'
```

5.4 总结

（1）执行 show processlist，如果 DDL 的状态是 waiting for table metadata lock ，则意味着这个 DDL 被阻塞了。

（2）定位导致 DDL 被阻塞的会话，常用的方法为 sys.schema_table_lock_waits。

```
select sql_kill_blocking_connection from sys.schema_table_lock_waits WHERE
blocking_lock_type <> 'SHARED_UPGRADABLE' and (waiting_query like 'alter%' OR
waiting_query like 'create%' OR waiting_query like 'drop%' OR waiting_query like
'truncate%' OR waiting_query like 'rename%');
```

（3）这种方法适用于 MySQL 5.7 和 8.0 版本。

注意，MySQL 5.7 中，MDL 相关的 instrument 默认没有打开。

结束 DDL 之前的会话如下。

```
    select concat('kill',i.trx_mysql_thread_id,';') from information_schema.
innodb_trx i, ( select max(time) as max_time from information_schema.processlist
where state = 'Waiting for table metadata lock' and (info like 'alter%' OR
info like 'create%' OR info like 'drop%' OR info like 'truncate%' OR info like
'rename%')) p WHERE timestampdiff(second, i.trx_started ,now()) > p.max_time;
```

如果 MySQL 5.7 中 MDL 相关的 instrument 没有打开，可使用该方法。

6 ibdata1 文件"减肥"记

作者：杨彩琳

有句话是这么说的："在 InnoDB 存储引擎中数据是按照表空间来组织存储的。"其实潜台词就是：表空间是表空间文件，是实际存在的物理文件，MySQL 中有很多表空间，下面一起来了解一下吧。

6.1 人物介绍

在说"减肥"的故事之前，让我们先了解一下需要"减肥"的文件包含哪些部分，都是什么。

6.1.1 系统表空间

首先要说的是本文的主角——系统表空间。它里面存储的有：InnoDB 表元数据、doublewrite buffer、change buffer、undo logs。

若在未配置 innodb_file_per_table 参数的情况下有新建表的操作，那么系统表空间也会存储这些表和索引数据信息。前面说过表空间也是实际存在的表空间文件，同样，系统表空间可以有一个或多个数据文件，默认情况下，是在数据目录中创建一个名为 ibdata1 的系统表空间数据文件，其文件大小和数量可以由参数 innodb_data_file_path 来定义。

6.1.2 独立表空间

独立表空间由 innodb_file_per_table 参数定义。启用后，InnoDB 可以在 file-per-table 表空间中创建表，这样新创建的数据库表都是单独的表空间文件。该参数在 MySQL 5.6.7 及更高版本已经默认启用了。

6.1.3 通用表空间

可以通过 CREATE tablespace 语法创建共享的 InnoDB 表空间。与系统表空间类似，它能存储多个表的数据，也可将数据文件放置在 MySQL 数据目录之外单独管理。

6.1.4 UNDO 表空间

主要存储 undo logs，默认情况下 undo logs 是存储在系统表空间中的，可通过参数 innodb_undo_tablespaces 来配置 UNDO 表空间的数量，在初始化 MySQL 实例时才能设置该参数，并且在实例中的使用寿命内是固定的，MySQL 8.0 可支持动态修改。

6.1.5 临时表空间

非压缩的、用户创建的临时表和磁盘上产生的内部临时表都是存储在共享的临时表空间的，可以通过配置参数 innodb_tmp_data_file_path 来定义临时表空间数据文件的路径、名称、大小和属性，如果没有指定，默认是在数据目录下创建一个名为 ibtmp1 的、大于 12M 的自动扩展数据文件。

6.2 前情提要

客户反馈 MySQL 5.7 的配置文件中没有开启 UNDO 表空间和 UNDO 回收参数，导致 ibdata1 文件过大，并且一直在增长。需要评估一下 ibdata1 文件大小如何回收及 UNDO 相关参数配置。

6.3 制定"减肥"计划

ibdata1 文件中包含了 InnoDB 表的元数据，change buffer、doublewrite buffer、undo logs 等数据，无法自动收缩，必须将数据逻辑导出，删除 ibdata1 文件，然后通过数据导入的方式来释放 ibdata1 文件。

6.3.1 "减肥"前

"减肥"之前 ibdata1 的"重量"是 512M（因为是测试"减肥计划"，所以只模拟了一个"微胖"的 ibdata1 文件）。

```
[root@10-186-61-119 data]# ll
total 2109496
-rw-r----- 1 mysql mysql        56 Jun 14 14:26 auto.cnf
-rw-r----- 1 mysql mysql       409 Jun 14 14:26 ib_buffer_pool
-rw-r----- 1 mysql mysql 536870912 Jun 14 14:35 ibdata1
-rw-r----- 1 mysql mysql 536870912 Jun 14 14:35 ib_logfile0
-rw-r----- 1 mysql mysql 536870912 Jun 14 14:35 ib_logfile1
-rw-r----- 1 mysql mysql 536870912 Jun 14 14:32 ib_logfile2
-rw-r----- 1 mysql mysql  12582912 Jun 14 14:26 ibtmp1
drwxr-x--- 2 mysql mysql      4096 Jun 14 14:26 mysql
-rw-r----- 1 mysql mysql         5 Jun 14 14:26 mysqld.pid
srwxrwxrwx 1 mysql mysql         0 Jun 14 14:26 mysqld.sock
-rw------- 1 mysql mysql         5 Jun 14 14:26 mysqld.sock.lock
-rw-r----- 1 mysql mysql      6675 Jun 14 14:32 mysql-error.log
-rw-r----- 1 mysql mysql       967 Jun 14 14:34 mysql-slow.log
drwxr-x--- 2 mysql mysql      8192 Jun 14 14:26 performance_schema
drwxr-x--- 2 mysql mysql      8192 Jun 14 14:26 sys
drwxr-x--- 2 mysql mysql       172 Jun 14 14:30 test
```

6.3.2 全量备份

对库做全量备份。我们使用 mysqldump 做全备，因为 Xtrabackup 会备份 ibdata1 文件。

```
/data/mysql/3309/base/bin/mysqldump -uroot -p \
-S /data/mysql/3309/data/mysqld.sock \
--default-character-set=utf8mb4 \
--single-transaction --hex-blob \
--triggers --routines --events --master-data=2 \
--all-databases > /data/full_$(date +%F).sql
```

6.3.3 停止数据库服务

```
systemctl stop mysql_3309
```

6.3.4 删除原实例

```
[root@10-186-61-119 data]# rm -rf /data/mysql/3309
[root@10-186-61-119 data]# rm -rf /etc/systemd/system/mysql_3309.service
```

6.3.5 新建实例

重新创建一个同端口的 MySQL 实例（步骤略过），注意配置文件中需要配置下列参数：

119

```
innodb_undo_tablespaces=3
innodb_max_undo_log_size=4G
innodb_undo_log_truncate=1
innodb_file_per_table=1
```

新建实例数据文件如下：

```
[root@10-186-61-119 ~]# ll /data/mysql/3309
total 4
drwxr-x--- 2 mysql mysql    6 Jun 14 14:51 backup
drwxr-x--- 9 mysql mysql  129 Jun 14 14:52 base
drwxr-x--- 2 mysql mysql   77 Jun 14 14:52 binlog
drwxr-x--- 5 mysql mysql  331 Jun 14 14:52 data
-rw-r--r-- 1 mysql mysql 3609 Jun 14 14:52 my.cnf.3309
drwxr-x--- 2 mysql mysql    6 Jun 14 14:51 redolog
drwxr-x--- 2 mysql mysql    6 Jun 14 14:51 relaylog
drwxr-x--- 2 mysql mysql    6 Jun 14 14:52 tmp
```

6.3.6 启动新建的数据库服务

```
[root@10-186-61-119 ~]# systemctl start mysql_3309
[root@10-186-61-119 ~]# ps -ef | grep 3309
mysql    7341    1  0 14:52 ?        00:00:01 /data/mysql/3309/base/bin/
mysqld --defaults-file=/data/mysql/3309/my.cnf.3309 --daemonize
```

6.3.7 导入备份数据

```
[root@10-186-61-119 data]# /data/mysql/3309/base/bin/mysql -uroot -p \
-S /data/mysql/3309/data/mysqld.sock < full_2023-06-14.sql
```

6.3.8 验证结果

"减肥"前为 512M，"减肥"后为 128M。

```
[root@10-186-61-119 data]# ll
total 1747000
-rw-r----- 1 mysql mysql        56 Jun 14 14:52 auto.cnf
-rw-r----- 1 mysql mysql       422 Jun 14 14:52 ib_buffer_pool
-rw-r----- 1 mysql mysql 134217728 Jun 14 14:57 ibdata1
-rw-r----- 1 mysql mysql 536870912 Jun 14 14:57 ib_logfile0
-rw-r----- 1 mysql mysql 536870912 Jun 14 14:57 ib_logfile1
-rw-r----- 1 mysql mysql 536870912 Jun 14 14:52 ib_logfile2
-rw-r----- 1 mysql mysql  12582912 Jun 14 14:52 ibtmp1
drwxr-x--- 2 mysql mysql      4096 Jun 14 14:55 mysql
```

```
-rw-r----- 1 mysql mysql        5 Jun 14 14:52 mysqld.pid
srwxrwxrwx 1 mysql mysql        0 Jun 14 14:52 mysqld.sock
-rw------- 1 mysql mysql        5 Jun 14 14:52 mysqld.sock.lock
-rw-r----- 1 mysql mysql     6841 Jun 14 14:55 mysql-error.log
-rw-r----- 1 mysql mysql      414 Jun 14 14:52 mysql-slow.log
drwxr-x--- 2 mysql mysql     8192 Jun 14 14:52 performance_schema
drwxr-x--- 2 mysql mysql     8192 Jun 14 14:52 sys
drwxr-x--- 2 mysql mysql      172 Jun 14 14:56 test
-rw-r----- 1 mysql mysql 10485760 Jun 14 14:57 undo001
-rw-r----- 1 mysql mysql 10485760 Jun 14 14:57 undo002
-rw-r----- 1 mysql mysql 10485760 Jun 14 14:57 undo003
```

恭喜 ibdata1 文件"减肥"成功！

6.4 生产环境建议

上面的"减肥"计划对于生产环境可能有点暴力，所以，生产环境若是遇到相同场景的，建议采用下面较温和谨慎的方法：

（1）申请一台新的服务器，部署从库。配置好 innodb_file_per_table 参数和 UNDO 相关参数。

（2）主库进行逻辑全备。

（3）将主库备份数据恢复到新从库，并建立复制关系。

（4）主从切换，提升新从库为主库。

6.5 UNDO 相关参数设置

MySQL 5.7 不支持在线或者离线分离 UNDO 表空间操作，UNDO 表空间的独立必须在数据库初始化时指定。

```
## 控制 Innodb 使用的 UNDO 表空间的数据量，默认值为 0，即记录在系统表空间中。
innodb_undo_tablespaces = 3


## 控制 UNDO 表空间的阈值大小
innodb_max_undo_log_size = 4G


## 控制将超过 innodb_maxundo_log_size 定义的阈值的 UNDO 表空间被标记为 truncation
innodb_undo_log_truncate = 1
```

7 如何校验 MySQL 及 Oracle 时间字段合规性

作者：余振兴

7.1 背景

在数据迁移或者数据库低版本升级到高版本过程中，经常会遇到一些由于低版本数据库参数设置过于宽松，导致插入的时间数据不符合规范的情况而触发报错，每次报错再发现，处理起来较为麻烦，所以需要提前发现这类不规范数据。以下基于 Oracle 和 MySQL 各提供了一种可行性方案作为参考。

7.2 Oracle 时间数据校验方法

7.2.1 创建测试表并插入测试数据

```
CREATE TABLE T1(ID NUMBER,CREATE_DATE VARCHAR2(20));

INSERT INTO T1 SELECT 1, '2007-01-01' FROM DUAL;
INSERT INTO T1 SELECT 2, '2007-99-01' FROM DUAL;              -- 异常数据
INSERT INTO T1 SELECT 3, '2007-12-31' FROM DUAL;
INSERT INTO T1 SELECT 4, '2007-12-99' FROM DUAL;              -- 异常数据
INSERT INTO T1 SELECT 5, '2005-12-29 03:-1:119' FROM DUAL;  -- 异常数据
INSERT INTO T1 SELECT 6, '2015-12-29 00:-1:49' FROM DUAL;   -- 异常数据
```

7.2.2 创建对该表的错误日志记录

Oracle 可以调用 DBMS_ERRLOG.CREATE_ERROR_LOG 包对 SQL 的错误进行记录，并记录异常数据的情况，十分好用。

参数含义如下：

（1）T1 为表名。

（2）T1_ERROR 为对该表操作的错误记录临时表。

（3）DEMO 为该表的所属用户。

```
EXEC DBMS_ERRLOG.CREATE_ERROR_LOG('T1','T1_ERROR','DEMO');
```

7.2.3 创建并插入数据到临时表，验证时间数据有效性

```
-- 创建临时表做数据校验
CREATE TABLE T1_TMP(ID NUMBER,CREATE_DATE DATE);


-- 插入数据到临时表验证时间数据有效性（增加 LOG ERRORS 将错误信息输出到错误日志表）
INSERT INTO T1_TMP
SELECT ID, TO_DATE(CREATE_DATE, 'YYYY-MM-DD HH24:MI:SS')
FROM T1
LOG ERRORS INTO T1_ERROR REJECT LIMIT UNLIMITED;
```

7.2.4 校验错误记录

```
SELECT * FROM DEMO.T1_ERROR;
```

其中 ID 列为该表的主键，可用来快速定位异常数据行。

7.3 MySQL 数据库的方法

7.3.1 创建测试表模拟低版本不规范数据

```
-- 创建测试表
SQL> CREATE TABLE T_ORDER(
    ID BIGINT AUTO_INCREMENT PRIMARY KEY,
    ORDER_NAME VARCHAR(64),
    ORDER_TIME DATETIME);


-- 设置不严谨的 SQL_MODE 允许插入不规范的时间数据
SQL> SET SQL_MODE='STRICT_TRANS_TABLES,ALLOW_INVALID_DATES';


SQL> INSERT INTO T_ORDER(ORDER_NAME,ORDER_TIME) VALUES
        ('MySQL','2022-01-01'),
        ('Oracle','2022-02-30'),
        ('Redis','9999-00-04'),
        ('MongoDB','0000-03-00');


-- 数据示例
SQL> SELECT * FROM T_ORDER;
+----+------------+---------------------+
| ID | ORDER_NAME | ORDER_TIME          |
+----+------------+---------------------+
|  1 | MySQL      | 2022-01-01 00:00:00 |
```

```
|  2 | Oracle     | 2022-02-30 00:00:00 |
|  3 | Redis      | 9999-00-04 00:00:00 |
|  4 | MongoDB    | 0000-03-00 00:00:00 |
+----+------------+---------------------+
```

7.3.2 创建临时表进行数据规范性验证

```
-- 创建临时表，只包含主键 ID 和需要校验的时间字段
SQL> CREATE TABLE T_ORDER_CHECK(
    ID BIGINT AUTO_INCREMENT PRIMARY KEY,
    ORDER_TIME DATETIME);


-- 设置 SQL_MODE 为 5.7 或 8.0 高版本默认值
SQL> SET SQL_MODE='ONLY_FULL_GROUP_BY,STRICT_TRANS_TABLES,NO_ZERO_IN_DATE,NO_
ZERO_DATE,ERROR_FOR_DIVISION_BY_ZERO,NO_AUTO_CREATE_USER,NO_ENGINE_SUBSTITUTION';


-- 使用 INSERT IGNORE 语法插入数据到临时 CHECK 表，忽略插入过程中的错误
SQL> INSERT IGNORE INTO T_ORDER_CHECK(ID,ORDER_TIME) SELECT ID,ORDER_TIME FROM
T_ORDER;
```

7.3.3 数据比对

将临时表与正式表做关联查询，比对出不一致的数据即可。

```
SQL> SELECT
    T.ID,
    T.ORDER_TIME AS ORDER_TIME,
    TC.ORDER_TIME AS ORDER_TIME_TMP
FROM T_ORDER T INNER JOIN T_ORDER_CHECK TC
ON T.ID=TC.ID
WHERE T.ORDER_TIME<>TC.ORDER_TIME;


+----+---------------------+---------------------+
| ID | ORDER_TIME          | ORDER_TIME_TMP      |
+----+---------------------+---------------------+
|  2 | 2022-02-30 00:00:00 | 0000-00-00 00:00:00 |
|  3 | 9999-00-04 00:00:00 | 0000-00-00 00:00:00 |
|  4 | 0000-03-00 00:00:00 | 0000-00-00 00:00:00 |
+----+---------------------+---------------------+
```

7.4 一个取巧的小方法

对时间字段用正则表达式匹配，对严谨性有要求的情况还是得用以上方式，正则匹

配较为复杂。

```
-- Oracle 数据库
SELECT  *  FROM   T1  WHERE  NOT  REGEXP_LIKE(CREATE_DATE,'^((?:19|20)\
d\d)-(0[1-9]|1[012])-(0[1-9]|[12][0-9]|3[01])$');

    ID CREATE_DATE
---------- --------------------
     2 2007-99-01
     4 2007-12-99
     5 2005-12-29 03:-1:119
     6 2015-12-29 00:-1:49


-- MySQL 数据库
-- 略，匹配规则还在调试中
```

8 mysqldump 搭建复制报错，竟然是因为这个!

作者：李富强

8.1 故障现象

某客户反馈，使用 mysqldump 搭建从库，启动复制后，复制报错：

```
Could not execute Write_rows event on table xxx; Duplicate entry 'xxx' for key
'PRIMARY'
```

客户使用的命令看起来没什么问题。

```
-- 主库备份
shell> mysqldump -uroot -pxxx --master-data=2 --single-transaction -A
--routines --events --triggers >/tmp/xxx.sql

-- 从服务器还原备份并启动复制
mysql>reset master;
mysql>reset slave all;
mysql>source /tmp/xxx.sql ;
mysql>change master to master_host='xxx',master_port=3306,master_
```

```
user='xxx',master_password='xxx',master_auto_position=1;
    mysql>start slave;
```

8.2 问题排查

查看复制报错表的表结构，发现表的存储引擎为 MyISAM 引擎。根据客户反馈，表访问比较频繁，mysqldump --single-transaction 选项只能保证 InnoDB 引擎表备份的一致性，无法保证 MyISAM 引擎表备份的一致性，问题可能就出在这里。

8.3 问题解决

修改表的存储引擎为 InnoDB 后，重新备份恢复，可以正常搭建从库。

8.4 问题复现

下面我们来复现一下该问题。

8.4.1 环境信息

环境信息见表 1。

表 1

操作系统	CentOS Linux release 7.5.1804（Core）
版本	MySQL 5.7.25
主库	10.186.60.187
从库	10.186.60.37
主从	开启 GTID

8.4.2 操作步骤

在主库，使用 Sysbench 造一张 1000 万数据的 InnoDB 引擎的表 testdb_innodb.sbtest1。造 1000 万数据的主要目的是让备份 InnoDB 引擎表的时间拉长。

```
shell> sysbench /usr/share/sysbench/tests/include/oltp_legacy/oltp.lua \
--mysql-host=10.186.60.187 --mysql-port=3307 --mysql-user=root \
--mysql-password=1 --mysql-db=testdb_innodb --oltp-table-size=10000000 --oltp-
tables-count=1 --threads=4 --report-interval=3 prepare
-- 表结构如下
mysql> show create table testdb_innodb.sbtest1;
CREATE TABLE sbtest1 (
id int(10) unsigned NOT NULL AUTO_INCREMENT,
```

```
k int(10) unsigned NOT NULL DEFAULT '0',
c char(120) COLLATE utf8mb4_bin NOT NULL DEFAULT '',
pad char(60) COLLATE utf8mb4_bin NOT NULL DEFAULT '',
PRIMARY KEY (id),
KEY k_1 (k)
) ENGINE=InnoDB AUTO_INCREMENT=10000001 DEFAULT CHARSET=utf8mb4
COLLATE=utf8mb4_bin
-- 表总行数如下
mysql> select count() from testdb_innodb.sbtest1; +----------+ | count() |
+----------+
| 10000000 |
+----------+
```

在主库，造一张 MyISAM 引擎的表 testdb_myisam.sbtest2。

```
-- 表结构如下
mysql> CREATE TABLE testdb_myisam.sbtest2 (
id int(10) unsigned NOT NULL AUTO_INCREMENT,
k int(10) unsigned NOT NULL DEFAULT '0',
c char(120) COLLATE utf8mb4_bin NOT NULL DEFAULT '',
pad char(60) COLLATE utf8mb4_bin NOT NULL DEFAULT '',
PRIMARY KEY (id),
KEY k_1 (k)
) ENGINE=myisam AUTO_INCREMENT=1 DEFAULT CHARSET=utf8mb4 COLLATE=utf8mb4_bin
```

在主库，开始 mysqldump 逻辑备份，并在执行备份 testdb_innodb.sbtest1 期间（先备份 testdb_innodb 库），往 testdb_myisam.sbtest2 表插入一条数据。

```
-- 执行 mysqldump 备份
shell> /data/mysql/base/5.7.25/bin/mysqldump -h10.186.60.187 -P3307 -uroot -p1
--master-data=2 --single-transaction -A --routines --events --triggers >/tmp/dump.sql
-- 执行备份 testdb_innodb.sbtest1 期间，往 testdb_myisam.sbtest2 表插入一条数据
mysql> insert into testdb_myisam.sbtest2(k,c,pad) values(2,'myisam','myisam');
-- 通过 MySQL general_log 观察备份情况
2023-07-11T16:15:50.900581+08:00 2692 Connect root@10.186.60.187 on using TCP/IP
2023-07-11T16:15:50.901124+08:00 2692 Query /*!40100 SET @@SQL_MODE='' */
2023-07-11T16:15:50.901529+08:00 2692 Query /*!40103 SET TIME_ZONE='+00:00' */
2023-07-11T16:15:50.901743+08:00 2692 Query FLUSH /*!40101 LOCAL */ TABLES
2023-07-11T16:15:50.938083+08:00 2692 Query FLUSH TABLES WITH READ LOCK
2023-07-11T16:15:50.938281+08:00 2692 Query SET SESSION TRANSACTION ISOLATION
LEVEL REPEATABLE READ
2023-07-11T16:15:50.938410+08:00 2692 Query START TRANSACTION /*!40100 WITH
```

CONSISTENT SNAPSHOT */

    2023-07-11T16:15:50.938678+08:00 2692 Query SHOW VARIABLES LIKE 'gtid_mode'
    2023-07-11T16:15:50.980335+08:00 2692 Query SELECT @@GLOBAL.GTID_EXECUTED
    2023-07-11T16:15:50.980566+08:00 2692 Query SHOW MASTER STATUS
    2023-07-11T16:15:50.980758+08:00 2692 Query UNLOCK TABLES
    （略）
    2023-07-11T16:15:51.541911+08:00 2692 Init DB testdb_innodb
    2023-07-11T16:15:51.542012+08:00 2692 Query SHOW CREATE DATABASE IF NOT EXISTS
testdb_innodb
    2023-07-11T16:15:51.542139+08:00 2692 Query SAVEPOINT sp
    2023-07-11T16:15:51.542224+08:00 2692 Query show tables
    2023-07-11T16:15:51.542405+08:00 2692 Query show table status like 'sbtest1'
    2023-07-11T16:15:51.543353+08:00 2692 Query SET SQL_QUOTE_SHOW_CREATE=1
    2023-07-11T16:15:51.543467+08:00 2692 Query SET SESSION character_set_results
= 'binary'
    2023-07-11T16:15:51.543548+08:00 2692 Query show create table sbtest1
    2023-07-11T16:15:51.543729+08:00 2692 Query SET SESSION character_set_results
= 'utf8'
    2023-07-11T16:15:51.543837+08:00 2692 Query show fields from sbtest1
    2023-07-11T16:15:51.544172+08:00 2692 Query show fields from sbtest1
    2023-07-11T16:15:51.544477+08:00 2692 Query SELECT /*!40001 SQL_NO_CACHE */ *
FROM sbtest1
    2023-07-11T16:15:57.603435+08:00 2683 Query insert into testdb_myisam.
sbtest2(k,c,pad) values(2,'myisam','myisam')
    2023-07-11T16:16:27.456357+08:00 2692 Query SET SESSION character_set_results
= 'binary'
    2023-07-11T16:16:27.471239+08:00 2692 Query use testdb_innodb
    2023-07-11T16:16:27.471589+08:00 2692 Query select @@collation_database
    2023-07-11T16:16:27.472065+08:00 2692 Query SHOW TRIGGERS LIKE 'sbtest1'
    2023-07-11T16:16:27.506025+08:00 2692 Query SET SESSION character_set_results
= 'utf8'
    2023-07-11T16:16:27.506225+08:00 2692 Query ROLLBACK TO SAVEPOINT sp
    2023-07-11T16:16:27.506383+08:00 2692 Query RELEASE SAVEPOINT sp
    2023-07-11T16:16:27.506538+08:00 2692 Query show events
    2023-07-11T16:16:27.507226+08:00 2692 Query use testdb_innodb
    2023-07-11T16:16:27.507346+08:00 2692 Query select @@collation_database
    2023-07-11T16:16:27.507457+08:00 2692 Query SET SESSION character_set_results
= 'binary'
    2023-07-11T16:16:27.507629+08:00 2692 Query SHOW FUNCTION STATUS WHERE Db =
'testdb_innodb'
    2023-07-11T16:16:27.621194+08:00 2692 Query SHOW PROCEDURE STATUS WHERE Db =

```
'testdb_innodb'
    2023-07-11T16:16:27.622726+08:00 2692 Query SET SESSION character_set_results
= 'utf8'
    2023-07-11T16:16:27.622900+08:00 2692 Init DB testdb_myisam
    2023-07-11T16:16:27.623005+08:00 2692 Query SHOW CREATE DATABASE IF NOT EXISTS
testdb_myisam
    2023-07-11T16:16:27.623102+08:00 2692 Query SAVEPOINT sp
    2023-07-11T16:16:27.623211+08:00 2692 Query show tables
    2023-07-11T16:16:27.623566+08:00 2692 Query show table status like 'sbtest2'
    2023-07-11T16:16:27.624197+08:00 2692 Query SET SQL_QUOTE_SHOW_CREATE=1
    2023-07-11T16:16:27.624314+08:00 2692 Query SET SESSION character_set_results
= 'binary'
    2023-07-11T16:16:27.624401+08:00 2692 Query show create table sbtest2
    2023-07-11T16:16:27.624518+08:00 2692 Query SET SESSION character_set_results
= 'utf8'
    2023-07-11T16:16:27.624605+08:00 2692 Query show fields from sbtest2
    2023-07-11T16:16:27.625027+08:00 2692 Query show fields from sbtest2
    2023-07-11T16:16:27.625391+08:00 2692 Query SELECT /*!40001 SQL_NO_CACHE */ *
FROM sbtest2
    2023-07-11T16:16:27.636073+08:00 2692 Query SET SESSION character_set_results
= 'binary'
    2023-07-11T16:16:27.636213+08:00 2692 Query use testdb_myisam
    2023-07-11T16:16:27.636317+08:00 2692 Query select @@collation_database
    2023-07-11T16:16:27.636429+08:00 2692 Query SHOW TRIGGERS LIKE 'sbtest2'
    2023-07-11T16:16:27.636923+08:00 2692 Query SET SESSION character_set_results
= 'utf8'
    2023-07-11T16:16:27.637034+08:00 2692 Query ROLLBACK TO SAVEPOINT sp
    2023-07-11T16:16:27.637116+08:00 2692 Query RELEASE SAVEPOINT sp
    2023-07-11T16:16:27.637195+08:00 2692 Query show events
    2023-07-11T16:16:27.637517+08:00 2692 Query use testdb_myisam
    2023-07-11T16:16:27.637631+08:00 2692 Query select @@collation_database
    2023-07-11T16:16:27.637741+08:00 2692 Query SET SESSION character_set_results
= 'binary'
    2023-07-11T16:16:27.637839+08:00 2692 Query SHOW FUNCTION STATUS WHERE Db =
'testdb_myisam'
    2023-07-11T16:16:27.639206+08:00 2692 Query SHOW PROCEDURE STATUS WHERE Db =
'testdb_myisam'
    2023-07-11T16:16:27.640377+08:00 2692 Query SET SESSION character_set_results
= 'utf8'
    2023-07-11T16:16:27.663274+08:00 2692 Quit
```

在服务器使用上述 mysqldump 逻辑备份文件执行恢复，搭建从库。

```
-- 从库查看数据库
mysql> show databases;
+--------------------+
| Database |
+--------------------+
| information_schema |
| mysql |
| performance_schema |
| sys |
+--------------------+
-- 清空从库 binlog 和 gtid 信息
mysql> reset master;
-- 查看确认
mysql> show master status\G;
* 1. row *
File: mysql-bin.000001
Position: 154
Binlog_Do_DB:
Binlog_Ignore_DB:
Executed_Gtid_Set:
1 row in set (0.00 sec)
-- 执行 mysqldump 逻辑备份文件恢复
mysql> source /tmp/dump.sql;
-- 建立复制，并启动复制
mysql> change master to MASTER_HOST='10.186.60.187',MASTER_PORT=3307,master_
user='repl',master_password='1',MASTER_AUTO_POSITION=1;
mysql> start slave;
-- 查看复制状态
mysql> show slave status\G;
* 1. row *
Slave_IO_State: Waiting for master to send event
Master_Host: 10.186.60.187
Master_User: repl
Master_Port: 3307
Connect_Retry: 60
Master_Log_File: mysql-bin.000015
Read_Master_Log_Pos: 190088135
Relay_Log_File: mysql-relay.000002
Relay_Log_Pos: 414
Relay_Master_Log_File: mysql-bin.000015
Slave_IO_Running: Yes
```

```
Slave_SQL_Running: No
Replicate_Do_DB:
Replicate_Ignore_DB:
Replicate_Do_Table:
Replicate_Ignore_Table:
Replicate_Wild_Do_Table:
Replicate_Wild_Ignore_Table:
Last_Errno: 1062
Last_Error: Coordinator stopped because there were error(s) in the
worker(s). The most recent failure being: Worker 1 failed executing transaction
'19112042-1f97-11ee-bf09-02000aba3cbb:3747' at master log mysql-bin.000015, end_
log_pos 190087781. See error log and/or performance_schema.replication_applier_
status_by_worker table for more details about this failure or others, if any.
Skip_Counter: 0
Exec_Master_Log_Pos: 190087413
Relay_Log_Space: 1339
Until_Condition: None
Until_Log_File:
Until_Log_Pos: 0
Master_SSL_Allowed: No
Master_SSL_CA_File:
Master_SSL_CA_Path:
Master_SSL_Cert:
Master_SSL_Cipher:
Master_SSL_Key:
Seconds_Behind_Master: NULL
Master_SSL_Verify_Server_Cert: No
Last_IO_Errno: 0
Last_IO_Error:
Last_SQL_Errno: 1062
Last_SQL_Error: Coordinator stopped because there were error(s) in the
worker(s). The most recent failure being: Worker 1 failed executing transaction
'19112042-1f97-11ee-bf09-02000aba3cbb:3747' at master log mysql-bin.000015, end_
log_pos 190087781. See error log and/or performance_schema.replication_applier_
status_by_worker table for more details about this failure or others, if any.
Replicate_Ignore_Server_Ids:
Master_Server_Id: 629181509
Master_UUID: 19112042-1f97-11ee-bf09-02000aba3cbb
Master_Info_File: mysql.slave_master_info
SQL_Delay: 0
SQL_Remaining_Delay: NULL
Slave_SQL_Running_State:
```

```
      Master_Retry_Count: 86400
      Master_Bind:
      Last_IO_Error_Timestamp:
      Last_SQL_Error_Timestamp: 230711 17:03:01
      Master_SSL_Crl:
      Master_SSL_Crlpath:
      Retrieved_Gtid_Set: 19112042-1f97-11ee-bf09-02000aba3cbb:3747-3748
      Executed_Gtid_Set: 19112042-1f97-11ee-bf09-02000aba3cbb:1-3746
      Auto_Position: 1
      Replicate_Rewrite_DB:
      Channel_Name:
      Master_TLS_Version:
      1 row in set (0.00 sec)
      -- 查看复制具体报错内容
mysql> select * from performance_schema.replication_applier_status_by_
worker\G;
      * 1. row *
      CHANNEL_NAME:
      WORKER_ID: 1
      THREAD_ID: NULL
      SERVICE_STATE: OFF
      LAST_SEEN_TRANSACTION: 19112042-1f97-11ee-bf09-02000aba3cbb:3747
      LAST_ERROR_NUMBER: 1062
      LAST_ERROR_MESSAGE: Worker 1 failed executing transaction '19112042-1f97-11ee-
bf09-02000aba3cbb:3747' at master log mysql-bin.000015, end_log_pos 190087781;
Could not execute Write_rows event on table testdb_myisam.sbtest2; Duplicate entry
'2' for key 'PRIMARY', Error_code: 1062; handler error HA_ERR_FOUND_DUPP_KEY; the
event's master log FIRST, end_log_pos 190087781
      LAST_ERROR_TIMESTAMP: 2023-07-11 17:03:01
```

8.4.3 原理分析

（1）当 mysqldump 开始备份，并获取一致性位点后，UNLOCK TABLES 前，记为 T1 时刻。

（2）备份 InnoDB 表完成（假设先备份 InnoDB 表），记为 T2 时刻。

（3）备份 MyISAM 引擎表完成，记为 T3 时刻。

（4）在 T1 和 T2 之间，如果 MyISAM 引擎表有 INSERT 操作，会有 binlog 产生，mysqldump 也会把 T1 到 T2 之间对 MyISAM 引擎表的 INSERT 数据备份下来。

（5）这样，启动复制后，由于 SQL 线程会回放 T1 到 T2 期间的 binlog，而这部分数据已经在备份文件里，并恢复到从库了，从而导致 SQL 线程回放报重复键的问题。

（6）使用该选项时，mysqldump --single-transaction 获取一致性备份只适用于 InnoDB 引擎，对于 InnoDB 引擎表的备份，获取的是 T1 时刻的快照，对于非 InnoDB 引擎表的备份，获取的是当前最新数据。

8.5 改进建议

（1）把业务库的非 InnoDB 引擎表修改为 InnoDB，重新备份后搭建从库（修改表的存储引擎开销较大，需要考虑改善存储引擎对在线业务的影响，选择适合改为 InnoDB 引擎的表进行修改）。

（2）改用 Xtrabackup 备份工具。如果非 InnoDB 的表比较大，备份 MyISAM 引擎期间，备份线程持有实例的全局读锁（FLUSH TABLES WITH READ LOCK）时间将增加，将影响数据库可用性，选择业务低峰时执行（适合短时间内无法修改表存储引擎的情况）。

9 MySQL 5.7 与 MariaDB 10.1 审计插件兼容性验证

作者：官永强

9.1 背景

在使用 CentOS Linux release 7.5.1804（Core）虚拟机为 MySQL 5.7.34 安装 MariaDB 审计插件时发现：当使用通过解压 mariadb-10.1.48-linux-glibc_ 214-x86_64.tar.gz 获得的 server_audit.so 时，MySQL 会出现 Crash（崩溃）的情况，通过手动重启 MySQL 也会马上发生 Crash。由此不禁思考：

（1）其他版本的审计插件对该版本 MySQL 是否也有兼容性问题？

（2）其他版本的 MySQL 是否也无法使用该版本的审计插件？

（3）对于这样的情况是否有合适的解决方法？

通过查阅官网信息可以确认 MySQL 5.7 与 MariaDB 10.1 版本审计插件是适配的，于是这里选择了 MySQL 5.7 的部分版本与 MariaDB 10.1 的部分版本进行兼容性验证。修改源码前适配情况如下表 1 所示。

表 1

	MariaDB 10.1.34	MariaDB 10.1.34	MariaDB 10.1.41	MariaDB 10.1.48
server_audit.so	1.4.0	1.4.4	1.4.7	1.4.7
MySQL 5.7.39	×	×	×	×
MySQL 5.7.34	×	×	×	×
MySQL 5.7.33	√	√	√	√

修改源码后适配情况如表 2 所示。

表 2

	MariaDB 10.1.34	MariaDB 10.1.34	MariaDB 10.1.41	MariaDB 10.1.48
server_audit.so	1.4.0	1.4.4	1.4.7	1.4.7
MySQL 5.7.39	√	√	√	√
MySQL 5.7.34	√	√	√	√
MySQL 5.7.33	√	√	√	√

9.2 验证流程

（1）安装三个版本的 MySQL（过程略）。

（2）通过官网获取四个版本的 MariaDB 安装包。

（3）解压安装包并获取 server_audit.so。

（4）为 MySQL 安装审计插件并验证可用性。

```
# 安装插件示例
# 获取 MariaDB 安装包
https://mariadb.org/download/
# 上传并解压安装包
[root@10-186-60-13 10.1.11]# tar -zxvf mariadb-10.1.11-linux-glibc_214-x86_64
[root@10-186-60-13 10.1.11]# ll
total 509368
drwxr-xr-x 33 1001 1001    4096 Jan 28  2016 mariadb-10.1.11
drwxrwxr-x 13 1021 1004     321 Jan 29  2016 mariadb-10.1.11-linux-
```

```
glibc_214-x86_64
    -rw-r--r--   1 root root 466400911 Jul 19 09:58 mariadb-10.1.11-linux-
glibc_214-x86_64.tar.gz
    -rw-r--r--  1 root root  55184229 Jul 19 09:57 mariadb-10.1.11.tar.gz
    # 获取 server_audit.so
    [root@10-186-60-13 10.1.11]# cd mariadb-10.1.11-linux-glibc_214-x86_64/lib/
plugin/
    # 复制该插件到 MySQL 的 plugin 目录下并修改权限
    [root@10-186-60-13 plugin]# cp server_audit.so /data/mysql/base/5.7.33/lib/
plugin/
    [root@10-186-60-13 plugin]# cd /data/mysql/base/5.7.33/lib/plugin/
    [root@10-186-60-13 plugin]# chmod 755 server_audit.so
    -- 登录到 MySQL 客户端进行插件的安装
    [root@10-186-60-13 plugin]# /data/mysql/base/5.7.33/bin/mysql -uroot -p -S /
data/mysql/data/3306/mysqld.sock
    mysql> install plugin server_audit SONAME 'server_audit.so';
    Query OK, 0 rows affected (0.01 sec)
    -- 检查是否安装成功，若不兼容此时 MySQL 会发生 Crash
    mysql> show plugins;
    | SERVER_AUDIT  | ACTIVE   | AUDIT | server_audit.so    | GPL
    mysql> show plugins;
    ERROR 2006 (HY000): MySQL server has gone away
    No connection. Trying to reconnect...
    ERROR 2002 (HY000): Can't connect to local MySQL server through socket '/data/
mysql/data/3308/mysqld.sock' (111)
    ERROR:
    Can't connect to the server


    -- 查看审计插件情况，开启审计插件，刷新审计插件 log 文件，验证插件可用性
    mysql> show variables like'%audit%';
    mysql> set global server_audit_logging=on;
    mysql> set global server_audit_file_rotate_now =on;
    Query OK, 0 rows affected (0.00 sec)
    # 检查 data 下是否有审计日志文件输出
    [root@10-186-60-13 ~]# cd /data/mysql/data/3306/
    # 观察到有 server_audit.log 文件输出则插件开启成功
    [root@10-186-60-13 3306]# ll
    -rw-r----- 1 actiontech-mysql       actiontech-mysql        53236 Jul 19 11:10
server_audit.log
    -rw-r----- 1 actiontech-mysql       actiontech-mysql        79363 Jul 19 11:10
server_audit.log.1
```

```
-- 卸载该审计插件，进行其他版本适配验证
mysql> uninstall plugin server_audit;
-- 检查插件可用状态，为 DELETED 则是卸载成功
mysql> show plugins;
| SERVER_AUDIT | DELETED | AUDIT | server_audit.so | GPL
-- 通过刷新审计日志验证是否卸载成功
mysql> set global server_audit_file_rotate_now =on;
ERROR 1193 (HY000): Unknown system variable 'server_audit_file_rotate_now'
[root@10-186-60-13 ~]# cd /data/mysql/base/5.7.33/lib/plugin/
-- 删除审计插件，清理 log 文件，重启 MySQL
[root@10-186-60-13 plugin]# rm -rf server_audit.so
[root@10-186-60-13 3306]# rm -rf server_audit.log
[root@10-186-60-13 plugin]# systemctl restart mysqld_3306
```

参考以上步骤进行各个版本插件兼容性的检验，此处不再赘述。

9.3 发生 Crash

```
-- 安装审计插件
mysql> install plugin server_audit SONAME 'server_audit.so';
ERROR 2013 (HY000): Lost connection to MySQL server during query
-- 检查插件安装情况
mysql>  show plugins;
ERROR 2006 (HY000): MySQL server has gone away
No connection. Trying to reconnect...
ERROR 2002 (HY000): Can't connect to local MySQL server through socket '/data/
mysql/data/3308/mysqld.sock' (111)
ERROR:
Can't connect to the server
-- 检查错误日志，发现发生了 Crash
Version: '5.7.39-log'  socket: '/data/mysql/data/3308/mysqld.sock'  port: 3308
MySQL Community Server (GPL)
230719 13:37:36 server_audit: MariaDB Audit Plugin version 1.4.7 STARTED.
05:37:36 UTC - mysqld got signal 11 ;
This could be because you hit a bug. It is also possible that this binary
or one of the libraries it was linked against is corrupt, improperly built,
or misconfigured. This error can also be caused by malfunctioning hardware.
Attempting to collect some information that could help diagnose the problem.
As this is a crash and something is definitely wrong, the information
collection process might fail.
key_buffer_size=16777216
read_buffer_size=8388608
```

```
max_used_connections=23
max_threads=2000
thread_count=17
connection_count=17
It is possible that mysqld could use up to
key_buffer_size + (read_buffer_size + sort_buffer_size)*max_threads = 20523165
K  bytes of memory
Hope that's ok; if not, decrease some variables in the equation.
Thread pointer: 0x7fcf7469d380
Attempting backtrace. You can use the following information to find out
where mysqld died. If you see no messages after this, something went
terribly wrong...
stack_bottom = 7fcfd411fe68 thread_stack 0x40000
/data/mysql/base/5.7.39/bin/mysqld(my_print_stacktrace+0x35)[0xf80e15]
/data/mysql/base/5.7.39/bin/mysqld(handle_fatal_signal+0x4b9)[0x7ff999]
/lib64/libpthread.so.0(+0xf6d0)[0x7fd0394ff6d0]
/data/mysql/base/5.7.39/lib/plugin/server_audit.so(get_db_mysql57+0x2f)
[0x7fcfe32b852f]
/data/mysql/base/5.7.39/lib/plugin/server_audit.so(+0xb63b)[0x7fcfe32b863b]
/data/mysql/base/5.7.39/bin/mysqld(_Z18mysql_audit_notifyP3THD30mysql_event_
general_subclass_tPKciS3_m+0x2f1)[0x801ff1]
/data/mysql/base/5.7.39/bin/mysqld(my_message_sql+0x134)[0x7f1be4]
/data/mysql/base/5.7.39/bin/mysqld(my_error+0xe0)[0xf7bc30]
/data/mysql/base/5.7.39/bin/mysqld(_ZN7handler11print_errorEii+0x641)
[0x851c11]
/data/mysql/base/5.7.39/bin/mysqld[0xd66950]
/data/mysql/base/5.7.39/bin/mysqld(_ZN22Sql_cmd_install_
plugin7executeEP3THD+0x23)[0xd66a53]
/data/mysql/base/5.7.39/bin/mysqld(_Z21mysql_execute_commandP3THDb+0xe50)
[0xd41750]
/data/mysql/base/5.7.39/bin/mysqld(_Z11mysql_parseP3THDP12Parser_state+0x3cd)
[0xd45c7d]
/data/mysql/base/5.7.39/bin/mysqld(_Z16dispatch_commandP3THDPK8COM_DATA19enum_
server_command+0x1780)[0xd474a0]
/data/mysql/base/5.7.39/bin/mysqld(_Z10do_commandP3THD+0x194)[0xd48064]
/data/mysql/base/5.7.39/bin/mysqld(handle_connection+0x2ac)[0xe1b58c]
/data/mysql/base/5.7.39/bin/mysqld(pfs_spawn_thread+0x174)[0x143c5a4]
/lib64/libpthread.so.0(+0x7e25)[0x7fd0394f7e25]
/lib64/libc.so.6(clone+0x6d)[0x7fd037fb1bad]
Trying to get some variables.
Some pointers may be invalid and cause the dump to abort.
Query (7fcf74be91a0): install plugin server_audit SONAME 'server_audit.so'
```

```
Connection ID (thread ID): 300
Status: NOT_KILLED
The manual page at http://dev.mysql.com/doc/mysql/en/crashing.html contains
information that should help you find out what is causing the crash.
```

9.4 解决方法

（1）发生 Crash 后先恢复 MySQL 服务。

（2）获取 MariaDB 编译包。

（3）对 MariaDB 源码进行编译安装。

（4）获取编译后的 server_audit.so 并重新安装。

```
# 发生 Crash 后先删除插件
[root@10-186-60-13 plugin]# rm -rf server_audit.so
# 重启 MySQL 服务并进行登录验证
[root@10-186-60-13 plugin]# systemctl restart mysqld_3308
[root@10-186-60-13 plugin]# /data/mysql/base/5.7.39/bin/mysql -uroot -p -S /
data/mysql/data/3308/mysqld.sock
```

9.4.1 获取 MariaDB 编译包

获取方式见图 1。

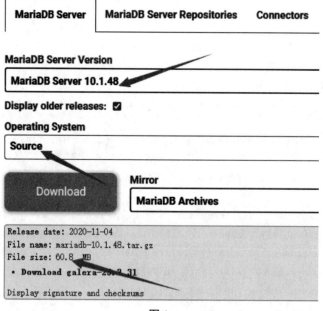

图 1

```
# 解压安装包
[root@10-186-60-13 mariadb-10.1.48]# yum install -y openssl libssl-dev build-
essential bison libncurses-dev cmake gcc-gcc+ git ncurses-devel
# 安装编译所需依赖
[root@10-186-60-13 10.1.48]# tar -zxvf mariadb-10.1.48.tar.gz
[root@10-186-60-13 10.1.48]# cd mariadb-10.1.48/plugin/server_audit/
[root@10-186-60-13 server_audit]# vim server_audit.c
```

9.4.2 修改 server_audit.c 文件内的相关代码

打开 server_audit.c 文件，然后保存退出。

```
db_off= 536;        // 将 536 修改为 544，其他不变
db_len_off= 544;  // 将 544 修改为 552，其他不变
```

返回源文件根目录进行编译安装，执行 make 进行编译安装。

```
[root@10-186-60-13 server_audit]# cd ../..
cmake . -DCMAKE_INSTALL_PREFIX=/usr/local/mysql \
-DMYSQL_DATADIR=/mydata/data \
-DWITH_INNOBASE_STORAGE_ENGINE=1 \
-DWITH_ARCHIVE_STORAGE_ENGINE=1 \
-DWITH_BLACKHOLE_STORAGE_ENGINE=1 \
-DWITH_READLINE=1 \
-DWITH_SSL=system \
-DWITH_ZLIB=system \
-DWITH_LIBWRAP=0 \
-DMYSQL_UNIX_ADDR=/tmp/mysql.sock \
-DDEFAULT_CHARSET=utf8 \
-DDEFAULT_COLLATION=utf8_general_ci

[root@10-186-60-13 server_audit]# make
```

编译完成后，重新安装插件即可，此处不再赘述。

9.5 编译后安装报错

在修改源码后进行编译安装遇到报错。

```
# MariaDB 10.1.41，插件版本为 1.4.7
mysql> install plugin server_audit SONAME 'server_audit.so';
ERROR 1030 (HY000): Got error 1 from storage engine
```

此时检查 mysql-error.log 发现无相关报错信息输出。

通过测试，发现该问题可以通过重启 MySQL 解决。重启后，MySQL 会自动安装该插件，然后再开启插件即可。

9.6 总结

追溯该审计插件与 MySQL 5.7.34 版本不兼容的原因，其实还是因为 MariaDB 审计插件中 #ifdef __x86_64__ 下的 db_off 与 db_len_off 的字符长度定义与 MySQL 不适配，所以在 MySQL 中安装该插件就会发生 Crash，通过修改 MariaDB 审计插件的源码进行编译安装即可解决该问题。

由于官方对 MariaDB 和 MySQL 并未做功能适配，故 MySQL 安装不同版本的审计插件可能还会出现其他问题导致 Crash，以上方法仅针对该版本安装时发生 Crash 的场景。

建议在使用该插件时选用 MariaDB 10.2.X、MariaDB 10.3.X 的最新版本来获取审计插件。

另外，由于审计插件与 MySQL 未适配的原因，若是需要在生产环境下使用，请先进行版本适配验证，以免造成损失。

10 MySQL 大表添加唯一索引的总结

作者：莫善

10.1 前言

在数据库的运维工作中经常会遇到业务的改表需求，这可能是 DBA 比较头疼的需求，其中添加唯一索引可能又是最头疼的需求之一了。

MySQL 5.6 开始支持 ONLINE DDL，添加唯一索引虽然不需要重建表，也不阻塞 DML，但是大表场景下也不会直接使用 Alter Table 进行添加，而会使用第三方工具进行操作，比较常见的就属 pt-osc 和 gh-ost 了。本文就来总结梳理一下添加唯一索引的相关内容。

本文对 ONLINE DDL 的讨论基于 MySQL 5.6 及以后的版本。

10.2 添加唯一索引的方案简介

这部分内容仅介绍 ONLINE DDL、pt-osc 和 gh-ost 三种方案，且仅做简单介绍，更加详细的内容请参考官方文档。

10.2.1 ONLINE DDL

首先我们看一下官方对添加索引的介绍，见表 1。

表 1

Operation	In Place	Rebuilds Table	Permits Concurrent DML	Only Modifies Metadata
Creating or adding a secondary index	Yes	No	Yes	No

唯一索引属于特殊的二级索引，将引用官方介绍添加二级索引的内容做例子。

可以看到 ONLINE DDL 采用 In Place 算法创建索引，添加索引时不阻塞 DML，大致流程如下：

- 同步全量数据。遍历主键索引，将对应的字段（多字段）值，写到新索引。

- 同步增量数据。遍历期间将修改记录保存到 Row Log，等待主键索引遍历完毕后回放 Row Log。

> 也不是完全不阻塞 DML，在 Prepare 和 Commit 阶段需要获取表的 MDL 锁，但 Execute 阶段开始前就已经释放了 MDL 锁，所以不会阻塞 DML。在没有大查询的情况下，持锁时间很短，基本可以忽略不计，所以强烈建议改表操作时避免出现大查询。

由此可见，表记录大小影响着加索引的耗时。如果是大表，将严重影响从库的同步延迟。好处就是能发现重复数据，不会丢数据。

10.2.2 pt-osc

```
# ./pt-online-schema-change --version
pt-online-schema-change 3.0.13
```

- 创建一张与原表结构一致的新表，然后添加唯一索引。

- 同步全量数据。遍历原表，通过 INSERT IGNORE INTO 将数据复制到新表。

- 同步增量数据。通过触发器同步增量数据，见表 2。

表 2

触发器	映射的 SQL 语句
INSERT 触发器	REPLACE INTO
UPDATE 触发器	DELETE IGNORE + REPLACE INTO
DELETE 触发器	DELETE IGNORE

由此可见，这个方式不会校验数据的重复值，遇到重复的数据后，如果是同步全量数据就直接忽略，如果是同步增量数据就覆盖。

这个工具暂时也没有相关辅助功能保证不丢数据或者在丢数据的场景下终止添加唯一索引操作。

pt-osc 有个参数 --check-unique-key-change 可以禁止使用该工具添加唯一索引，如果不使用这个参数就表示允许使用 pt-osc 进行添加索引，当遇到有重复值的场景，好好谋划一下怎么逃跑吧。

10.2.3 gh-ost

```
# ./bin/gh-ost --version
1.1.5
```

- 创建一张与原表结构一致的新表，然后添加唯一索引。
- 同步全量数据。遍历原表，通过 INSERT IGNORE INTO 将数据复制到新表。
- 同步增量数据。通过应用原表 DML 产生的 binlog 同步增量数据，见表 3。

表 3

binlog 语句	映射的 SQL 语句
INSERT	REPLACE INTO
UPDATE	UPDATE
DELETE	DELETE

由此可见，这个方式也不会校验数据的重复值，遇到重复的数据后，如果是同步全量数据就直接忽略，如果是同步增量数据就覆盖。

值得一提的是，这个工具可以通过 hook 功能进行辅助，以此保证在丢数据的场景下可以直接终止添加唯一索引操作。

10.2.4 总结

由上述介绍可知，各方案都有优缺点，具体如表 4 所示。

表4

方案	是否丢数据	建议
ONLINE DDL	不丢数据	适合小表及对从库延迟没要求的场景
pt-osc	可能丢数据，无辅助功能可以避免丢数据的场景	不适合添加唯一索引
gh-ost	可能丢数据，有辅助功能可以避免部分丢数据的场景	适合添加唯一索引

10.3 添加唯一索引的风险

根据上面的介绍可以得知 gh-ost 比较适合大表加唯一索引，所以这部分就着重介绍一下 gh-ost 添加唯一索引的相关内容，希望能帮助大家"避坑"。

如果业务能接受从库长时间延迟，也推荐 ONLINE DDL 的方案。

10.3.1 风险介绍

我们都知道使用第三方改表工具添加唯一索引存在丢数据的风险，总结起来大致可以分如下三种：

文中出现的示例表的 id 字段默认是主键。

（1）新加字段，并对该字段添加唯一索引，见表5。

表5

id	name	age
1	张三	22
2	李四	19
3	张三	20

```
alter table t add addr varchar(20) not null default '北京',add unique key uk_addr(addr);
```

如果这时候使用 gh-ost 执行上述需求，最后只会剩下一条记录，变成表6。

表6

id	name	age	addr
1	张三	22	北京

（2）原表存在重复值，如表7。

表7

id	name	age	addr
1	张三	22	北京
2	李四	19	广州
3	张三	20	深圳

```
alter table t add unique key uk_name(name);
```

如果这时候使用 gh-ost 执行上述需求，id=3 这行记录就会被丢弃，变成表8。

表8

id	name	age	addr
1	张三	22	北京
2	李四	19	广州

（3）改表过程中新写（包含更新）的数据出现重复值，见表9。

表9

id	name	age	addr
1	张三	22	北京
2	李四	19	广州
3	王五	20	深圳

```
alter table t add unique key uk_name(name);
```

如果这时候使用 gh-ost 执行上述需求，在复制原表数据期间，业务端新增一条如下面 INSERT 语句的记录。

```
insert into t(name,age,addr) values(' 张三 ',22,' 北京 ');
```

这时候，id=1 这行记录就会被新增的记录覆盖，变成表10。

表10

id	name	age	addr
2	李四	19	广州
3	王五	20	深圳
4	张三	22	北京

10.3.2 风险规避

（1）新加字段并对该字段添加唯一索引的风险规避。针对这类场景，规避方式可以采用禁止添加唯一索引并与其他改表动作同时使用。最终，将风险转移到了上述的第二种场景中（原表存在重复值）。

> 如果是工单系统，会在前端对业务提交的 SQL 进行审核，判断是否只有添加唯一索引的操作，不满足条件的 SQL 工单不允许提交。

（2）原表存在重复值的风险规避。针对这类场景，规避方式可以采用 hook 功能辅助添加唯一索引，在改表前先校验待添加唯一索引字段的数据唯一性。

（3）改表过程中新写（包含更新）的数据出现重复值的风险规避。针对这类场景，规避方式可以采用 hook 功能添加唯一索引，在全量复制完切表前校验待添加唯一索引字段的数据唯一性。

10.4 添加唯一索引的测试

10.4.1 hook 功能

gh-ost 支持 hook 功能。简单来理解，hook 是 gh-ost 工具跟外部脚本的交互接口。使用起来也很方便，根据要求命名脚本且添加执行权限即可。

10.4.2 hook 使用样例

10.4.2.1 样例步骤

（1）创建 hook 目录。

```
mkdir /tmp/hook
cd /tmp/hook
```

（2）改表前执行的 hook 脚本。

```
vim gh-ost-on-rowcount-complete-hook
```

```
#!/bin/bash

echo "$(date '+%F %T') rowcount-complete schema:$GH_OST_DATABASE_NAME.$GH_OST_
TABLE_NAME before_row:$GH_OST_ESTIMATED_ROWS"
echo "$GH_OST_ESTIMATED_ROWS" > /tmp/$GH_OST_DATABASE_NAME.$GH_OST_TABLE_NAME.txt
```

（3）全量复制完成后执行的 hook 脚本。

```
vim gh-ost-on-row-copy-complete-hook
```

```
#!/bin/bash

echo "时间：$(date '+%F %T') 库表：$GH_OST_DATABASE_NAME.$GH_OST_TABLE_NAME 预
计总行数：$GH_OST_ESTIMATED_ROWS 复制总行数：$GH_OST_COPIED_ROWS"
```

```
    if [[ `cat /tmp/$GH_OST_DATABASE_NAME.$GH_OST_TABLE_NAME.txt` -gt $GH_OST_
COPIED_ROWS ]];then
        echo '复制总行数不匹配,修改失败,退出.'
        sleep 5
        exit -1
    fi
```

（4）添加对应权限。

```
chmod +x /tmp/hook/*
```

（5）使用。在 gh-ost 命令添加如下参数即可。

```
--hooks-path=/tmp/hook
```

10.4.2.2 hook 工作流程

（1）改表前先执行 gh-ost-on-rowcount-complete-hook 脚本，获取当前表的记录数 GH_OST_ESTIMATED_ROWS，并保存到 GH_OST_DATABASE_NAME.GH_OST_TABLE_NAME.txt 文件中。

（2）原表全量数据复制完成后执行 gh-ost-on-row-copy-complete-hook 脚本，获取实际复制的记录数 GH_OST_COPIED_ROWS，然后和 GH_OST_DATABASE_NAME.GH_OST_TABLE_NAME.txt 文件储存的值做比较，如果实际复制的记录数小，就视为丢数据，然后就终止改表操作。反之就视为没有丢数据，可以完成改表。

10.4.2.3 hook 存在的风险

（1）如果改表过程中原表有删除操作，那么实际复制的行数势必会比 GH_OST_DATABASE_NAME.GH_OST_TABLE_NAME.txt 文件保存的值小，所以会导致改表失败。这种场景对我们来说体验十分不友好，只要改表过程中目标表存在 DELETE 操作，就会导致添加唯一索引操作失败。

关于这个问题，笔者之前跟这个 hook 用例的原作者沟通过，他是知晓这个问题的，并表示他们的业务逻辑没有 DELETE 操作，所以不会有影响。

（2）如果在改表过程中新加一条与原表的记录重复的数据，那么这个操作不会影响 GH_OST_COPIED_ROWS 的值，最终会改表成功，但是实际会丢失数据。

有读者可能会有疑问，上述 gh-ost-on-row-copy-complete-hook 脚本中，为什么不用 GH_OST_ESTIMATED_ROWS 的值与 GH_OST_COPIED_ROWS 比较？

首先我们看一下 GH_OST_ESTIMATED_ROWS 的值是怎么来的。

```
GH_OST_ESTIMATED_ROWS := atomic.LoadInt64(&this.migrationContext.RowsEstimate)
+ atomic.LoadInt64(&this.migrationContext.RowsDeltaEstimate)
```

可以看到 GH_OST_ESTIMATED_ROWS 是预估值，只要原表在改表过程中有 DML 操作，该值就会变化，所以不能用来和 GH_OST_COPIED_ROWS 做比较。

10.4.3 加强版 hook 样例

上面的 hook 样例虽然存在一定的不足，但是也给笔者提供了一个思路，知道有这样一个辅助功能可以规避添加唯一索引引发丢数据的风险。

受这个启发，并查阅了官方文档后，笔者整理了一个加强版的 hook 脚本，只需要一个脚本就能避免上述存在的问题。

按说应该是两个脚本，且代码一致即可。改表前先校验一次原表是否存在待添加唯一索引的字段，且字段数据是否是唯一的，如果不满足以上条件就直接退出添加唯一索引。

切表前再校验一次，在业务提交工单后先判断唯一性，然后再处理后续的逻辑，但是我们的环境在代码里面已经做了校验，所以第一个校验就省略了（改表工单代码代替 hook 校验）。

```
vim gh-ost-on-before-cut-over
```

这表示在切表前需要执行的 hook 脚本，即：切表前检查一下唯一索引字段的数据是否有重复值，这样避免改表过程中新增的数据跟原来的有重复值。

```bash
# !/bin/bash
work_dir="/opt/soft/zzonlineddl"                    # 工作目录
. ${work_dir}/function/log/f_logging.sh             # 日志模块
if [ -f "${work_dir}/conf/zzonlineddl.conf" ]
then
    . ${work_dir}/conf/zzonlineddl.conf             # 改表项目的配置文件
fi


log_addr='${BASH_SOURCE}:${FUNCNAME}:${LINENO}' #eval echo ${log_addr}


# 针对该改表任务生成的配置文件
# 里面保存的是这个改表任务的目标库的从库连接信息 mysql_comm 变量的值
# 还有数据唯一性的校验 mysql_sql 变量的值
```

```
    hook_conf="${work_dir}/hook/conf/--mysql_port--_${GH_OST_DATABASE_NAME}.${GH_
OST_TABLE_NAME}"

    . ${hook_conf}

    function f_main()
    {
        count_info="$(${mysql_comm} -NBe "${mysql_sql}")"
        count_total="$(awk -F: '{print $NF}' <<< "${count_info}")"


        f_logging "$(eval echo ${log_addr}):INFO" " 库 表 : ${GH_OST_DATABASE_
NAME}.${GH_OST_TABLE_NAME} 原表预计总行数：${GH_OST_ESTIMATED_ROWS}，实际复制总行数：
${GH_OST_COPIED_ROWS}"

        if [ -z "${count_total}" ]
        then
            f_logging "$(eval echo ${log_addr}):ERROR" "唯一索引字段数据唯一性检查异常，
终止改表操作"
            exit -1
        fi

        mark=""

        for count in $(echo "${count_info}"|tr ":" " ")
        do
            if [ -n "${count}" ] && [ "${count}x" == "${count_total}x" ]
            then
                [ "${mark}x" == "x" ] && mark="true"
            else
                mark="false"
            fi
        done

        if [ "${mark}x" == "truex" ]
        then
            f_logging "$(eval echo ${log_addr}):INFO" "唯一索引字段数据唯一性正常，允许
切表"
        else
            f_logging "$(eval echo ${log_addr}):ERROR" "唯一索引字段数据唯一性检测到可
能丢失数据，终止改表操作"
            exit -1
        fi
```

```
      exit 0
   }


   f_main
```

该脚本非通用版，仅供参考。

hook_conf 变量的值是这样的，由改表平台根据业务的 SQL 语句自动生成。

```
mysql_comm='mysql -h xxxx -P xxxx -u xxxx -pxxxx db_name'    # 这里是从库的地址
mysql_sql="select concat(count(distinct rshost,a_time),':',count(*)) from
db.table"
```

其中检查唯一性的 SQL 可以使用如下的命令生成，仅供参考。

```
alter="alter table t add unique key uk_name(name,name2),add unique key uk_
age(age);"
echo "${alter}"|awk 'BEGIN{ FS="(" ; RS=")";print "select concat(" }
    NF>1 { print "count(distinct "$NF"),'\''':'\''," }
END{print "count(*)) from t;"}'|tr -d '\n'
```

执行上面的命令会根据业务提交的添加唯一索引的 SQL 得到一条检查字段数据唯一性的 SQL。

```
select concat(count(distinct name,name2),':',count(distinct age),':',count(*))
from t;
```

需要注意的是，这个加强版的 hook 也不能 100% 保证不会丢数据，有两种极端情况还是会丢数据。

• 如果是大表，在执行 gh-ost-on-before-cut-over 脚本过程中（大表执行这个脚本时间较长），新增的记录跟原来数据有重复，这个问题没办法规避。

• 在改表过程中，如果业务新增一条与原数据重复的记录，然后又删除，这种场景也会导致丢数据。

第二个场景可能有点抽象，所以举一个具体的例子，原表数据如表 11 所示：

表 11

id	name	age	addr
1	张三	22	北京
2	李四	19	广州
3	王五	20	深圳

现在对 name 字段添加唯一索引。假如现在正在使用 gh-ost 添加唯一索引，这时候业务做了下面几个操作。

（1）新增一条记录。

```
insert into t(name,age,addr) values('张三',22,'北京');
```

这时候原表的数据就会如表 12 所示。

表 12

id	name	age	addr
1	张三	22	北京
2	李四	19	广州
3	王五	20	深圳
4	张三	22	北京

新表的数据就会变成表 13 所示。

表 13

id	name	age	addr
2	李四	19	广州
3	王五	20	深圳
4	张三	22	北京

id=1 和 id=4 是两条重复的记录，所以 id=1 会被覆盖掉。

（2）删除新增的记录。

业务新增记录后意识到这条数据是重复的，所以又删除新增这条记录。

```
delete from t where id = 4;
```

这时候原表的数据就会如表 14 所示。

表 14

id	name	age	addr
1	张三	22	北京
2	李四	19	广州
3	王五	20	深圳

新表的数据就会如表 15 所示。

表 15

id	name	age	addr
2	李四	19	广州
3	王五	20	深圳

可以发现，这时候如果发生切表，原表 id=1 的记录将会丢失，而且这种场景下 hook 的脚本发现不了，它检查原表 name 字段的数据唯一性是正常的。

上述两个极端场景发生的概率应该是极低的，目前笔者也没想到什么方案解决这两个场景。

gh-ost 官方文档上说 --test-on-replica 参数可以确保不会丢失数据，这个参数的做法是在切表前停掉从库的复制，然后在从库上校验数据。

```
gh-ost comes with built-in support for testing via --test-on-replica:
it allows you to run a migration on a replica, such that at the end of the
migration gh-ost would stop the replica, swap tables, reverse the swap, and leave
you with both tables in place and in sync, replication stopped.
This allows you to examine and compare the two tables at your leisure.
```

很明显，这个方式还是没法保证在实际切表那一刻数据不会丢，就是说切表和校验之间一定存在时间差，这个时间差内出现新写入重复数据是没法发现的，而且大表的这个时间差只会更大。

另外停掉从库的复制很可能也存在风险，很多业务场景是依赖从库进行读请求的，所以要慎用这个功能。

10.5 总结

（1）如果业务能接受，可以不使用唯一索引。将添加唯一索引的需求改成添加普通二级索引，这样就可以避免加索引导致数据丢失。存储引擎读写磁盘，是以页为最小单位进行的。唯一索引较于普通二级索引，在性能上并没有多大优势。相反，可能还不如普通二级索引。在读请求上，唯一索引和普通二级索引的性能差异几乎可以忽略不计。在写请求上，普通二级索引可以使用 Change Buffer，而唯一索引不能使用 Change Buffer，所以唯一索引会差于普通二级索引。

（2）一定要加唯一索引的话，可以跟业务沟通确认是否能接受从库长时间延迟。如果能接受长时间延迟，可以优先使用 ONLINE DDL 添加唯一索引（小表直接用

ONLINE DDL 即可）。

（3）如果使用第三方工具添加唯一索引，要优先使用 gh-ost（配上 hook），添加之前一定要先检查待加唯一索引字段的唯一性，避免因为原表存在重复值而导致丢数据。

强烈建议不要马上删除原表，万一碰到极端场景导致丢数据，还可以通过原表补救一下。

- pt-osc 建议添加 --no-drop-old-table 参数。
- gh-ost 不建议添加 --ok-to-drop-table 参数。

10.6 写在最后

本文对 MySQL 大表添加唯一索引做了总结，分享了一些案例和经验。

总体来说，添加唯一索引是存在一定的风险的，各公司的业务场景也不一样，需求也不同，还可能碰上其他未知的问题。本文所有内容仅供参考。

⓫ MySQL 覆盖索引优化案例一则

作者：刘晨

本文将讲解一个 MySQL 的 SQL 性能问题，原理可能很基础，但考察的就是能不能将"显而易见"的知识应用到实践中。

经过脱敏的 SQL 如下所示，对 test 表中的 c1 列进行聚类，再通过 SUM…CASE WHEN 等函数进行统计，test 表数据量 500 万，当前检索用时 55 秒，需求是将执行降到秒级。

```
SELECT c1,
       SUM(CASE WHEN c2=0 THEN 1 ELSE 0 END) as folders,
       SUM(CASE WHEN c2=1 THEN 1 ELSE 0 END) as files,
       SUM(c3)
FROM  test
GROUP BY c1;
```

为了更好地说明，创建一张测试表，主键字段是 id，除了 c1、c2、c3 字段，还有其他字段，有很多索引，但和 c1、c2、c3 相关的，只是 idx_test_01，c1 为前导列的复合索引，且 c2 和 c3 不在索引中。

```
CREATE TABLE test (
  id bigint(20) not null,
  c1 varchar(64) collate utf8_bin not null,
  c2 tinyint(4) not null,
  c3 bigint(20) default null,
  ...
  primary key(id),
  key idx_test_01(c1, ...)
  key ...
  ...
) ENGINE=InnoDB DEFAULT CHARSET=utf8 COLLATE=utf8_bin
```

显而易见，如上 SQL 执行时，能用到的索引就只有 idx_test_01，Extra 是 NULL。

```
+----+-------------+-------+-------------+-------+---------------+---------------
+---------+------+------+----------+-------+
| id | select_type | table | partitions | type  | possible_
keys | key         | key_len | ref | rows | filtered | Extra |
+----+-------------+-------+-------------+-------+---------------+---------------
+---------+------+------+----------+-------+
|  1 | SIMPLE      | test  | NULL        | index | idx_test_01   | idx_test_01
| 206     | NULL | 1  | 100.00 | NULL |
+----+-------------+-------+-------------+-------+---------------+---------------
+---------+------+------+----------+-------+
1 row in set, 1 warning (0.00 sec)
```

我们知道，MySQL 的索引默认是聚簇索引（可以理解为 Oracle 的 IOT 索引组织表），针对当前仅有 (c1, …) 这个复合索引，当执行检索时，即便能使用这个复合索引，都需要执行两个操作：①访问 (c1, …) 复合索引；②从该复合索引中得到主键 id，再进行回表，根据主键 id，得到相应数据。这个过程中，最需要消耗的就是磁盘 IO 的资源。不仅需要访问 (c1, …) 复合索引的数据，还需要回表，访问数据行。

设计索引应该考虑到整个查询，不单只是 WHERE 条件。索引是一种能高效找到数据的方式，但是如果使用索引可以直接得到列的数据，即索引的叶子节点中已经包含要查询的数据，就无须回表，读数据即可。如果一个索引包含（或者叫作覆盖）所有要查询的字段的值，就可以称之为"覆盖索引"，但是要注意，只有 B-tree 索引可以用于覆盖索引。

覆盖索引能显著提高检索的性能，原因就是查询只需要扫描索引而无须回表：

（1）索引条目通常远小于数据行大小，因此如果只需要扫描索引，就会极大地减少数据访问量。数据访问响应时间大部分花费在数据复制上，索引比数据更小，更容易全部放入内存中。

（2）因为索引是按照列值的顺序存储的，所以范围查询会比随机从磁盘读取每一行数据消耗的 IO 少得多。

（3）由于 InnoDB 聚簇索引的特点，覆盖索引对 InnoDB 表特别有用，因为 InnoDB 的二级索引在叶子节点中保存了记录的主键值，所以如果二级索引能够覆盖查询，则可以避免对主键索引的二次查询。

在索引中满足查询的成本一般比查询记录本身要小得多。

因此，针对这条 SQL，创建包含了 (c1, c2, c3) 的复合索引。

```
create index idx_test_02(c1, c2, c3) on test;
```

此时执行 SQL，Extra 显示 Using index，说明用到了覆盖索引的特性。

```
+----+-------------+-------+------------+-------+-------------------------+-------------+---------+------+------+----------+-------------+
| id | select_type | table | partitions | type  | possible_keys           | key         | key_len | ref  | rows | filtered | Extra       |
+----+-------------+-------+------------+-------+-------------------------+-------------+---------+------+------+----------+-------------+
|  1 | SIMPLE      | test  | NULL       | index | idx_test_01,idx_test_02 | idx_test_02 | 204     | NULL |    1 |   100.00 | Using index |
+----+-------------+-------+------------+-------+-------------------------+-------------+---------+------+------+----------+-------------+
1 row in set, 1 warning (0.00 sec)
```

从执行效率上，原来跑 55 秒的语句，现在只需要 2 秒。

根据二八法则，我们平时碰到的 SQL 优化，很多都可以用基础的知识解决，只有一小部分需要一些技巧，或者更深层次的知识，但这些所谓的基础知识，"了解"和"理解"，存在着区别。单从知识来讲，可能都知道原理，但当碰到实际的场景，能不能将知识运用到实践中，就取决于对知识的理解程度了。不仅仅在数据库领域，在其他任何领域，都是相通的，学习知识重要的是能应用到实践中，能做到举一反三，这个的前提就是真正理解知识，而不是只停留在表面上。

因此，我们学习任何知识的时候，一定要强调理论和实践的结合，多积累经验，毕竟解决问题，才是我们大多数职场人学习的目标。

03

MySQL 篇
——故障分析

本章节分享的内容都来自真实的现场故障，作者从故障案例的背景着手，复现分析故障原因，分享解决定位故障的过程，将相关的知识点加以融合阐述。为读者呈现一线 DBA（database administrator，数据库管理员）最真实的工作写照。希望读者在看过这些故障案例后，能防患于未然，避免同样的故障发生。

1 DROP 大表造成数据库假死

作者：岳明强

1.1 背景

客户数据库出现假死，导致探测语句下发不下去，出现切换。后来经过排查发现是一个大表 drop 导致的数据库假死，笔者参考了类似的数据库假死的案例，这里测试一下不同版本 drop table 的影响。

根据官网中的描述，大的 buffer pool 中的大表 drop 会占用 mutex 锁，导致其他查询无法进行。提供的临时解决方案为关闭 AHI（自适应哈希），预期解决版本是 8.0.23。暂未从 5.7 的后期版本中找到解决方式。

下面将使用不同版本测试影响效果。

1.2 准备流程

测试配置如表 1 所示：

表 1

版本	buffer pool	表空间占用
5.7.29	128G	24G
8.0.28	128G	24G

（1）关闭 binlog、调整双一，使用 benchmark 导入 300 个库的数据。

```
# benchmark 参数如下
db=mysql
driver=com.mysql.jdbc.Driver
conn=jdbc:mysql://10.186.17.104:5729/test?useSSL=false
user=test
password=123456


warehouses=500
```

```
loadWorkers=100

terminals=4
//To run specified transactions per terminal- runMins must equal zero
runTxnsPerTerminal=0
//To run for specified minutes- runTxnsPerTerminal must equal zero
runMins=1
//Number of total transactions per minute
limitTxnsPerMin=0

//Set to true to run in 4.x compatible mode. Set to false to use the
//entire configured database evenly.
terminalWarehouseFixed=true

//The following five values must add up to 100
//The default percentages of 45, 43, 4, 4 & 4 match the TPC-C spec
newOrderWeight=45
paymentWeight=43
orderStatusWeight=4
deliveryWeight=4
stockLevelWeight=4

// Directory name to create for collecting detailed result data.
// Comment this out to suppress.
resultDirectory=my_result_%tY-%tm-%td_%tH%tM%tS
//osCollectorScript=./misc/os_collector_linux.py
//osCollectorInterval=1
//osCollectorSSHAddr=user@dbhost
//osCollectorDevices=net_eth0 blk_sda
```

（2）导入数据后使用表空间迁移的方式保留较大表的备份，方便后续连续测试。

```
[root@R820-04 test]# ls -lh bmsql_*.ibd
-rw-r----- 1 root root  96K Oct 19 17:49 bmsql_config.ibd
-rw-r----- 1 root root  12G Oct 20 13:05 bmsql_customer.ibd
-rw-r----- 1 root root 9.0M Oct 20 12:46 bmsql_district.ibd
-rw-r----- 1 root root 1.9G Oct 20 13:28 bmsql_history.ibd
-rw-r----- 1 root root  17M Oct 19 18:34 bmsql_item.ibd
-rw-r----- 1 root root 168M Oct 20 13:32 bmsql_new_order.ibd
-rw-r----- 1 root root 1.5G Oct 20 13:48 bmsql_oorder.ibd
-rw-r----- 1 root root  14G Oct 20 14:44 bmsql_order_line.ibd
-rw-r----- 1 root root  22G Oct 20 11:43 bmsql_stock.ibd
```

```
    -rw-r----- 1 root root 160K Oct 20 10:57 bmsql_warehouse.ibd

    mysql [localhost:5729] {root} (test) > FLUSH TABLES bmsql_
customer FOR EXPORT ;
    Query OK, 0 rows affected (0.01 sec)
    [root@R820-04 test]# cp bmsql_customer.{ibd,cfg} /data/sandboxes/
    mysql [localhost:5729] {root} (test) > UNLOCK TABLES;
    Query OK, 0 rows affected (0.00 sec)

    mysql [localhost:5729] {root} (test) > FLUSH TABLES bmsql_order_
line FOR EXPORT;
    Query OK, 0 rows affected (0.00 sec)
    [root@R820-04 test]# cp bmsql_order_line.{ibd,cfg} /data/sandboxes/
    mysql [localhost:5729] {root} (test) > UNLOCK TABLES;
    Query OK, 0 rows affected (0.00 sec)

    mysql [localhost:5729] {root} (test) > FLUSH TABLES bmsql_stock FOR EXPORT;
    Query OK, 0 rows affected (0.00 sec)
    [root@R820-04 test]# cp bmsql_stock.{ibd,cfg} /data/sandboxes/
    mysql [localhost:5729] {root} (test) > UNLOCK TABLES;
    Query OK, 0 rows affected (0.01 sec)

    [root@R820-04 sandboxes]# ls -lh bmsql_*
    -rw-r----- 1 root root 1.8K Oct 20 15:06 bmsql_customer.cfg
    -rw-r----- 1 root root  12G Oct 20 15:06 bmsql_customer.ibd
    -rw-r----- 1 root root  944 Oct 20 15:12 bmsql_order_line.cfg
    -rw-r----- 1 root root  14G Oct 20 15:12 bmsql_order_line.ibd
    -rw-r----- 1 root root 1.4K Oct 20 15:14 bmsql_stock.cfg
    -rw-r----- 1 root root  22G Oct 20 15:14 bmsql_stock.ibd
```

（3）改回 binlog 及双一参数。调整 buffer pool 到 128G。

```
    mysql [localhost:5729] {root} ((none)) > set global innodb_buffer_pool_size =
128*1024*1024*1024
    Query OK, 0 rows affected (0.00 sec)

    mysql [localhost:5729] {root} ((none)) > show variables like 'innodb_buffer_
pool_size';
    +-------------------------+-------------+
    | Variable_name           | Value       |
    +-------------------------+-------------+
    | innodb_buffer_pool_size | 17179869184 |
```

```
+------------------------+-------------+
1 row in set (0.00 sec)
```

（4）数据库预热。

```
mysql [localhost:5729] {root} (test) > show variables like '%hash%';
+---------------------------------+-------+
| Variable_name                   | Value |
+---------------------------------+-------+
| innodb_adaptive_hash_index      | ON    |
| innodb_adaptive_hash_index_parts | 8    |
| metadata_locks_hash_instances   | 8     |
+---------------------------------+-------+

#show engine innodb status; 的以下列中有 AHI 的使用情况
INSERT BUFFER AND ADAPTIVE HASH INDEX
-------------------------------------
Ibuf: size 1, free list len 1373, seg size 1375, 10121 merges
merged operations:
 insert 10251, delete mark 0, delete 0
discarded operations:
 insert 0, delete mark 0, delete 0
Hash table size 4425293, node heap has 2 buffer(s)
Hash table size 4425293, node heap has 26 buffer(s)
Hash table size 4425293, node heap has 216 buffer(s)
Hash table size 4425293, node heap has 1 buffer(s)
Hash table size 4425293, node heap has 0 buffer(s)
Hash table size 4425293, node heap has 3 buffer(s)
Hash table size 4425293, node heap has 2374 buffer(s)
Hash table size 4425293, node heap has 1137 buffer(s)
218.70 hash searches/s, 398.15 non-hash searches/s
```

（5）buffer pool 的使用情况。

```
mysql [localhost:5729] {root} (performance_schema) > SELECT CONCAT(FORMAT(A.
num * 100.0 / B.num,2),"%") BufferPoolFullPct FROM (SELECT variable_value num FROM
performance_schema.global_status WHERE variable_name = 'Innodb_buffer_pool_pages_
data') A, (SELECT variable_value num FROM performance_schema.global_status WHERE
variable_name = 'Innodb_buffer_pool_pages_total') B;
+-------------------+
| BufferPoolFullPct |
+-------------------+
| 86.21%            |
```

```
+-------------------+
1 row in set (0.00 sec)
```

1.3 测试结果（MySQL 5.7.29 版本）

（1）开启 AHI，drop 执行了 15s，TPS/QPS 过程中降为 0。

```
mysql [localhost:5729] {root} (test) > drop table bmsql_stock;
Query OK, 0 rows affected (15.75 sec)

[root@qiang1 sysbench]# /opt/sysbench-x86_64/sysbench-1.0.17/bin/sysbench
oltp_read_write.lua --mysql-host=10.186.17.104 --mysql-port=5729 --mysql-
user=test --mysql-password=123456 --mysql-db=test --table-size=10000000
--tables=5 --threads=5 --db-ps-mode=disable --auto_inc=off --report-interval=3
--max-requests=0 --time=300 --percentile=95 --skip_trx=on --mysql-ignore-
errors=6002,6004,4012,2013,4016,1062,1213 --create_secondary=off run
sysbench 1.0.17 (using bundled LuaJIT 2.1.0-beta2)

Running the test with following options:
Number of threads: 5
Report intermediate results every 3 second(s)
Initializing random number generator from current time

Initializing worker threads...

Threads started!

[ 179s ] thds: 5 tps: 17.00 qps: 330.01 (r/w/o: 257.01/73.00/0.00) lat
(ms,95%): 350.33 err/s: 0.00 reconn/s: 0.00
[ 180s ] thds: 5 tps: 5.00 qps: 78.99 (r/w/o: 63.99/15.00/0.00) lat (ms,95%):
272.27 err/s: 0.00 reconn/s: 0.00
[ 181s ] thds: 5 tps: 0.00 qps: 0.00 (r/w/o: 0.00/0.00/0.00) lat (ms,95%): 0.00
err/s: 0.00 reconn/s: 0.00
[ 182s ] thds: 5 tps: 0.00 qps: 0.00 (r/w/o: 0.00/0.00/0.00) lat (ms,95%): 0.00
err/s: 0.00 reconn/s: 0.00
[ 183s ] thds: 5 tps: 0.00 qps: 0.00 (r/w/o: 0.00/0.00/0.00) lat (ms,95%): 0.00
err/s: 0.00 reconn/s: 0.00
[ 184s ] thds: 5 tps: 0.00 qps: 0.00 (r/w/o: 0.00/0.00/0.00) lat (ms,95%): 0.00
err/s: 0.00 reconn/s: 0.00
[ 185s ] thds: 5 tps: 3.00 qps: 68.96 (r/w/o: 56.97/11.99/0.00) lat (ms,95%):
5312.73 err/s: 0.00 reconn/s: 0.00
[ 186s ] thds: 5 tps: 0.00 qps: 0.00 (r/w/o: 0.00/0.00/0.00) lat (ms,95%): 0.00
```

```
err/s: 0.00 reconn/s: 0.00
    [ 187s ] thds: 5 tps: 0.00 qps: 0.00 (r/w/o: 0.00/0.00/0.00) lat (ms,95%): 0.00
err/s: 0.00 reconn/s: 0.00
    [ 188s ] thds: 5 tps: 0.00 qps: 0.00 (r/w/o: 0.00/0.00/0.00) lat (ms,95%): 0.00
err/s: 0.00 reconn/s: 0.00
    [ 189s ] thds: 5 tps: 0.00 qps: 0.00 (r/w/o: 0.00/0.00/0.00) lat (ms,95%): 0.00
err/s: 0.00 reconn/s: 0.00
    [ 190s ] thds: 5 tps: 0.00 qps: 0.00 (r/w/o: 0.00/0.00/0.00) lat (ms,95%): 0.00
err/s: 0.00 reconn/s: 0.00
    [ 191s ] thds: 5 tps: 0.00 qps: 0.00 (r/w/o: 0.00/0.00/0.00) lat (ms,95%): 0.00
err/s: 0.00 reconn/s: 0.00
    [ 192s ] thds: 5 tps: 0.00 qps: 0.00 (r/w/o: 0.00/0.00/0.00) lat (ms,95%): 0.00
err/s: 0.00 reconn/s: 0.00
    [ 193s ] thds: 5 tps: 0.00 qps: 0.00 (r/w/o: 0.00/0.00/0.00) lat (ms,95%): 0.00
err/s: 0.00 reconn/s: 0.00
    [ 194s ] thds: 5 tps: 0.00 qps: 0.00 (r/w/o: 0.00/0.00/0.00) lat (ms,95%): 0.00
err/s: 0.00 reconn/s: 0.00
    [ 195s ] thds: 5 tps: 0.00 qps: 0.00 (r/w/o: 0.00/0.00/0.00) lat (ms,95%): 0.00
err/s: 0.00 reconn/s: 0.00
    [ 196s ] thds: 5 tps: 10.00 qps: 139.00 (r/w/o: 99.00/40.00/0.00) lat (ms,95%):
16519.10 err/s: 0.00 reconn/s: 0.00
    [ 197s ] thds: 5 tps: 19.00 qps: 362.00 (r/w/o: 286.00/76.00/0.00) lat
(ms,95%): 303.33 err/s: 0.00 reconn/s: 0.00
    [ 198s ] thds: 5 tps: 21.00 qps: 358.00 (r/w/o: 274.00/84.00/0.00) lat
(ms,95%): 442.73 err/s: 0.00 reconn/s: 0.00
    [ 199s ] thds: 5 tps: 22.00 qps: 395.97 (r/w/o: 307.97/87.99/0.00) lat
(ms,95%): 308.84 err/s: 0.00 reconn/s: 0.00
    [ 200s ] thds: 5 tps: 16.00 qps: 303.02 (r/w/o: 237.02/66.00/0.00) lat
(ms,95%): 502.20 err/s: 0.00 reconn/s: 0.00
    [ 201s ] thds: 5 tps: 21.00 qps: 379.03 (r/w/o: 297.02/82.01/0.00) lat
(ms,95%): 325.98 err/s: 0.00 reconn/s: 0.00
```

（2）关闭 AHI，时间缩短至 2s，未影响 TPS/QPS。

```
mysql [localhost:5729] {root} (test) > drop table   bmsql_stock;
Query OK, 0 rows affected (2.60 sec)


    [ 47s ] thds: 5 tps: 17.00 qps: 283.99 (r/w/o: 215.99/68.00/0.00) lat (ms,95%):
502.20 err/s: 0.00 reconn/s: 0.00
    [ 48s ] thds: 5 tps: 15.00 qps: 278.02 (r/w/o: 217.02/61.01/0.00) lat (ms,95%):
493.24 err/s: 0.00 reconn/s: 0.00
    [ 49s ] thds: 5 tps: 14.00 qps: 275.92 (r/w/o: 214.93/60.98/0.00) lat (ms,95%):
502.20 err/s: 0.00 reconn/s: 0.00
```

```
  [ 50s ] thds: 5 tps: 13.00 qps: 245.92 (r/w/o: 197.94/47.99/0.00) lat (ms,95%):
539.71 err/s: 0.00 reconn/s: 0.00
  [ 51s ] thds: 5 tps: 0.00 qps: 0.00 (r/w/o: 0.00/0.00/0.00) lat (ms,95%): 0.00
err/s: 0.00 reconn/s: 0.00
  [ 52s ] thds: 5 tps: 0.00 qps: 0.00 (r/w/o: 0.00/0.00/0.00) lat (ms,95%): 0.00
err/s: 0.00 reconn/s: 0.00
  [ 53s ] thds: 5 tps: 17.00 qps: 280.95 (r/w/o: 210.96/69.99/0.00) lat (ms,95%):
2728.81 err/s: 0.00 reconn/s: 0.00
  [ 54s ] thds: 5 tps: 17.00 qps: 312.01 (r/w/o: 246.01/66.00/0.00) lat (ms,95%):
458.96 err/s: 0.00 reconn/s: 0.00
  [ 55s ] thds: 5 tps: 22.00 qps: 366.99 (r/w/o: 277.99/89.00/0.00) lat (ms,95%):
331.91 err/s: 0.00 reconn/s: 0.00
  [ 56s ] thds: 5 tps: 22.00 qps: 401.00 (r/w/o: 316.00/85.00/0.00) lat (ms,95%):
411.96 err/s: 0.00 reconn/s: 0.00
  8.0.28
```

（3）开启 AHI，drop 执行了 2min 34s，未影响 TPS/QPS。

```
mysql [localhost:8028] {root} (test) > drop table bmsql_stock;
Query OK, 0 rows affected (2 min 34.82 sec)

  [ 113s ] thds: 50 tps: 26.00 qps: 511.99 (r/w/o: 415.99/96.00/0.00) lat
(ms,95%): 2728.81 err/s: 0.00 reconn/s: 0.00
  [ 114s ] thds: 50 tps: 34.00 qps: 552.02 (r/w/o: 411.02/141.01/0.00) lat
(ms,95%): 2279.14 err/s: 0.00 reconn/s: 0.00
  [ 115s ] thds: 50 tps: 25.00 qps: 538.94 (r/w/o: 444.95/93.99/0.00) lat
(ms,95%): 2320.55 err/s: 0.00 reconn/s: 0.00
  [ 116s ] thds: 50 tps: 28.00 qps: 452.00 (r/w/o: 323.00/129.00/0.00) lat
(ms,95%): 2449.36 err/s: 0.00 reconn/s: 0.00
  [ 117s ] thds: 50 tps: 34.00 qps: 580.06 (r/w/o: 456.05/124.01/0.00) lat
(ms,95%): 2985.89 err/s: 0.00 reconn/s: 0.00
  [ 118s ] thds: 50 tps: 24.00 qps: 508.00 (r/w/o: 409.00/99.00/0.00) lat
(ms,95%): 2539.17 err/s: 0.00 reconn/s: 0.00
  [ 119s ] thds: 50 tps: 34.00 qps: 580.93 (r/w/o: 449.95/130.98/0.00) lat
(ms,95%): 2585.31 err/s: 0.00 reconn/s: 0.00
  [ 120s ] thds: 50 tps: 37.00 qps: 669.08 (r/w/o: 525.06/144.02/0.00) lat
(ms,95%): 2539.17 err/s: 0.00 reconn/s: 0.00
  [ 121s ] thds: 50 tps: 50.99 qps: 918.87 (r/w/o: 705.90/212.97/0.00) lat
(ms,95%): 1938.16 err/s: 0.00 reconn/s: 0.00
  [ 122s ] thds: 50 tps: 42.00 qps: 747.92 (r/w/o: 586.93/160.98/0.00) lat
(ms,95%): 2585.31 err/s: 0.00 reconn/s: 0.00
  [ 123s ] thds: 50 tps: 40.01 qps: 730.16 (r/w/o: 566.12/164.04/0.00) lat
(ms,95%): 1803.47 err/s: 0.00 reconn/s: 0.00
```

```
    [ 124s ] thds: 50 tps: 46.00 qps: 778.02 (r/w/o: 599.02/179.01/0.00) lat
(ms,95%): 2120.76 err/s: 0.00 reconn/s: 0.00
    [ 125s ] thds: 50 tps: 38.00 qps: 759.00 (r/w/o: 593.00/166.00/0.00) lat
(ms,95%): 1648.20 err/s: 0.00 reconn/s: 0.00
    [ 126s ] thds: 50 tps: 43.99 qps: 802.89 (r/w/o: 638.91/163.98/0.00) lat
(ms,95%): 2009.23 err/s: 0.00 reconn/s: 0.00
    [ 127s ] thds: 50 tps: 45.00 qps: 768.00 (r/w/o: 585.00/183.00/0.00) lat
(ms,95%): 2120.76 err/s: 0.00 reconn/s: 0.00
    [ 128s ] thds: 50 tps: 42.00 qps: 791.00 (r/w/o: 622.00/169.00/0.00) lat
(ms,95%): 1869.60 err/s: 0.00 reconn/s: 0.00
    [ 129s ] thds: 50 tps: 53.01 qps: 880.09 (r/w/o: 675.07/205.02/0.00) lat
(ms,95%): 1903.57 err/s: 0.00 reconn/s: 0.00
    [ 130s ] thds: 50 tps: 59.99 qps: 1088.90 (r/w/o: 838.92/249.98/0.00) lat
(ms,95%): 1589.90 err/s: 0.00 reconn/s: 0.00
    [ 131s ] thds: 50 tps: 35.88 qps: 723.51 (r/w/o: 575.02/148.49/0.00) lat
(ms,95%): 1561.52 err/s: 0.00 reconn/s: 0.00
    [ 132s ] thds: 50 tps: 62.20 qps: 1000.22 (r/w/o: 764.46/235.76/0.00) lat
(ms,95%): 1708.63 err/s: 0.00 reconn/s: 0.00
    [ 133s ] thds: 50 tps: 41.01 qps: 879.29 (r/w/o: 704.23/175.06/0.00) lat
(ms,95%): 1213.57 err/s: 0.00 reconn/s: 0.00
    [ 134s ] thds: 50 tps: 49.00 qps: 849.02 (r/w/o: 654.02/195.00/0.00) lat
(ms,95%): 1648.20 err/s: 0.00 reconn/s: 0.00
    [ 135s ] thds: 50 tps: 49.99 qps: 885.89 (r/w/o: 690.92/194.98/0.00) lat
(ms,95%): 1973.38 err/s: 0.00 reconn/s: 0.00
    [ 136s ] thds: 50 tps: 43.00 qps: 781.08 (r/w/o: 608.07/173.02/0.00) lat
(ms,95%): 1618.78 err/s: 0.00 reconn/s: 0.00
    [ 137s ] thds: 50 tps: 42.00 qps: 726.99 (r/w/o: 557.00/170.00/0.00) lat
(ms,95%): 1938.16 err/s: 0.00 reconn/s: 0.00
    [ 138s ] thds: 50 tps: 49.00 qps: 948.96 (r/w/o: 749.97/198.99/0.00) lat
(ms,95%): 2045.74 err/s: 0.00 reconn/s: 0.00
```

（4）关闭 AHI，执行时间 0.58s，不影响业务。

```
mysql [localhost:8028] {root} (test) > drop table bmsql_stock;
Query OK, 0 rows affected (0.58 sec)

    [ 35s ] thds: 10 tps: 37.01 qps: 668.19 (r/w/o: 522.15/146.04/0.00) lat
(ms,95%): 331.91 err/s: 0.00 reconn/s: 0.00
    [ 36s ] thds: 10 tps: 36.00 qps: 623.98 (r/w/o: 481.98/142.00/0.00) lat
(ms,95%): 344.08 err/s: 0.00 reconn/s: 0.00
    [ 37s ] thds: 10 tps: 35.00 qps: 659.96 (r/w/o: 513.97/145.99/0.00) lat
(ms,95%): 344.08 err/s: 0.00 reconn/s: 0.00
    [ 38s ] thds: 10 tps: 43.00 qps: 758.02 (r/w/o: 583.01/175.00/0.00) lat
```

```
(ms,95%): 297.92 err/s: 0.00 reconn/s: 0.00
   [ 39s ] thds: 10 tps: 38.00 qps: 671.96 (r/w/o: 523.97/147.99/0.00) lat
(ms,95%): 434.83 err/s: 0.00 reconn/s: 0.00
   [ 40s ] thds: 10 tps: 33.00 qps: 646.03 (r/w/o: 508.02/138.01/0.00) lat
(ms,95%): 369.77 err/s: 0.00 reconn/s: 0.00
   [ 41s ] thds: 10 tps: 45.00 qps: 742.92 (r/w/o: 569.94/172.98/0.00) lat
(ms,95%): 303.33 err/s: 0.00 reconn/s: 0.00
   [ 42s ] thds: 10 tps: 42.00 qps: 760.09 (r/w/o: 597.07/163.02/0.00) lat
(ms,95%): 287.38 err/s: 0.00 reconn/s: 0.00
```

1.4 打印堆栈

打印 5.7.29 的堆栈信息，drop table 过程中持续进行 btr_search_drop_page_hash_index，在 AHI 删除时占用了大量的时间。

```
Thread 69 (Thread 0x7fa088139700 (LWP 397558)):
#0  0x0000000001440f3f in ha_delete_hash_node (table=0xdbce6e08, del_
node=0x7fbb56a83310) at /export/home/pb2/build/sb_0-37309218-1576676677.02/
mysql-5.7.29/storage/innobase/ha/ha0ha.cc:356
#1  0x0000000001441090 in ha_remove_all_nodes_to_page (table=0xdbce6e08,
fold=13261624875940915631, page=0x7faae06b8000 "G\242", <incomplete sequence
\332>) at /export/home/pb2/build/sb_0-37309218-1576676677.02/mysql-5.7.29/storage/
innobase/ha/ha0ha.cc:434
#2  0x00000000013a7f93 in btr_search_drop_page_hash_index
(block=0x7faadd2ad4d8) at /export/home/pb2/build/sb_0-37309218-1576676677.02/
mysql-5.7.29/storage/innobase/btr/btr0sea.cc:1334
#3  0x00000000013a9de9 in btr_search_drop_page_hash_when_freed (page_id=...,
page_size=...) at /export/home/pb2/build/sb_0-37309218-1576676677.02/mysql-5.7.29/
storage/innobase/btr/btr0sea.cc:1395
#4  0x000000000142de36 in fseg_free_extent (seg_inode=<optimized out>,
space=131, page_size=..., page=926336, ahi=<optimized out>, mtr=<optimized out>) at
/export/home/pb2/build/sb_0-37309218-1576676677.02/mysql-5.7.29/storage/innobase/
fsp/fsp0fsp.cc:3806
#5  0x0000000001431f8b in fseg_free_step (header=<optimized out>, ahi=true,
mtr=0x7fa088133b70) at /export/home/pb2/build/sb_0-37309218-1576676677.02/
mysql-5.7.29/storage/innobase/fsp/fsp0fsp.cc:3898
#6  0x000000000138321d in btr_free_but_not_root (block=0x7fb32312aaa8,
log_mode=MTR_LOG_ALL) at /export/home/pb2/build/sb_0-37309218-1576676677.02/
mysql-5.7.29/storage/innobase/btr/btr0btr.cc:1160
#7  0x000000000138354c in btr_free_if_exists (page_id=..., page_size=...,
index_id=183, mtr=0x7fa0881341a0) at /export/home/pb2/build/sb_0-37309218-
```

```
1576676677.02/mysql-5.7.29/storage/innobase/btr/btr0btr.cc:1208
    #8   0x00000000013de54d in dict_drop_index_tree (rec=<optimized out>,
pcur=<optimized out>, mtr=0x7fa0881341a0) at /export/home/pb2/build/sb_0-37309218-
1576676677.02/mysql-5.7.29/storage/innobase/dict/dict0crea.cc:1168
    #9   0x0000000001319b7a in row_upd_clust_step (node=0x7fa054aa4730,
thr=0x7fa054aa7fc0) at /export/home/pb2/build/sb_0-37309218-1576676677.02/
mysql-5.7.29/storage/innobase/row/row0upd.cc:2894
    #10 0x000000000131b21f in row_upd (node=0x7fa054aa4730, thr=0x7fa054aa7fc0) at
/export/home/pb2/build/sb_0-37309218-1576676677.02/mysql-5.7.29/storage/innobase/
row/row0upd.cc:3054
    #11 0x000000000131b513 in row_upd_step (thr=0x7fa054aa7fc0) at /export/home/
pb2/build/sb_0-37309218-1576676677.02/mysql-5.7.29/storage/innobase/row/row0upd.
cc:3200
    #12 0x00000000012af158 in que_thr_step (thr=0x7fa054aa7fc0) at /export/home/
pb2/build/sb_0-37309218-1576676677.02/mysql-5.7.29/storage/innobase/que/que0que.
cc:1039
    #13 que_run_threads_low (thr=0x7fa054aa7fc0) at /export/home/pb2/build/sb_0-
37309218-1576676677.02/mysql-5.7.29/storage/innobase/que/que0que.cc:1119
    #14 que_run_threads (thr=<optimized out>) at /export/home/pb2/build/sb_0-
37309218-1576676677.02/mysql-5.7.29/storage/innobase/que/que0que.cc:1159
    #15 0x00000000012af8ee in que_eval_sql (info=0x7fa054a8e218,
sql=0x7fa054b9d7b0 "PROCEDURE DROP_TABLE_PROC () IS\nsys_foreign_id CHAR;\ntable_
id CHAR;\nindex_id CHAR;\nforeign_id CHAR;\nspace_id INT;\nfound INT;\nDECLARE
CURSOR cur_fk IS\nSELECT ID FROM SYS_FOREIGN\nWHERE FOR_NAME = :table"..., reserve_
dict_mutex=0, trx=<optimized out>) at /export/home/pb2/build/sb_0-37309218-
1576676677.02/mysql-5.7.29/storage/innobase/que/que0que.cc:1236
    #16 0x00000000012e56a2 in row_drop_table_for_mysql (name=0x7fa088135db0 "test/
bmsql_stock", trx=0x7fc1fa7f0990, drop_db=<optimized out>, nonatomic=<optimized
out>, handler=<optimized out>) at /export/home/pb2/build/sb_0-37309218-
1576676677.02/mysql-5.7.29/storage/innobase/row/row0mysql.cc:4715
    #17 0x0000000001217672 in ha_innobase::delete_table (this=<optimized out>,
name=0x7fa0881371c0 "./test/bmsql_stock") at /export/home/pb2/build/sb_0-37309218-
1576676677.02/mysql-5.7.29/storage/innobase/handler/ha_innodb.cc:12597
    #18 0x0000000000852278 in ha_delete_table (thd=0x7fa0540128a0, table_
type=<optimized out>, path=0x7fa0881371c0 "./test/bmsql_stock", db=0x7fa05492d8e0
"test", alias=0x7fa05492d318 "bmsql_stock", generate_warning=true) at /export/
home/pb2/build/sb_0-37309218-1576676677.02/mysql-5.7.29/sql/handler.cc:2601
    #19 0x0000000000db5547 in mysql_rm_table_no_locks (thd=0x7fa0540128a0,
tables=0x7fa05492d360, if_exists=false, drop_temporary=false, drop_view=false,
dont_log_query=false) at /export/home/pb2/build/sb_0-37309218-1576676677.02/
mysql-5.7.29/sql/sql_table.cc:2553
```

1.5 修复说明

如果 buffer pool 超过 32G，则做删除大表、删除 AHI 中占用大量页面的表、删除临时表空间操作时，之前版本会立即释放脏页和 AHI，这样会对性能产生很大的影响。现在采用惰性删除的修复方式，对业务影响比较小。

1.6 总结

drop table 过程大概分为三部分：

（1）遍历 lru，驱逐属于该表的脏页。

（2）清理 AHI 中的内容。

（3）文件系统的删除。

其中前两部分最耗时，也最影响业务。大的 buffer pool 会导致遍历时间过长，通过 hash 运算找到 AHI 对应的位置并删除，这个时间也是比较长的，此阶段持有内部 latch 不释放，影响其他查询。

MySQL 8.0.23 的修复版本主要对应第一部分，对于脏页采用惰性删除方式，在关闭 AHI 的时候，是瞬间完成的。当开启 AHI 的时候，时间比历史版本还要长，与其他版本的区别是不影响业务，笔者猜测是因为降低了锁的持有时间和粒度，使其他事务能够同时执行。

② MySQL 主从延时值反复跳动

作者：徐文梁

2.1 问题现象

某天早上，客户发来消息，反馈某个实例主从延时值反复在 1 万多到 0 之间来回跳动，如图 1 所示。

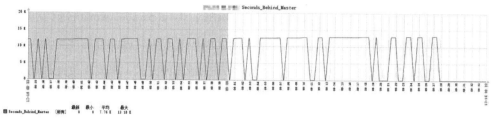

图1

手动执行 show slave status\G 命令查看 seconds_behind_master 延时值，结果如图 2 所示。

图2

2.2 问题定位

找到问题，就要立马行动起来。首先确认客户的数据库版本，客户反馈是 MySQL 5.7.31，紧接着找客户确认复制方式，如图 3 所示。

图3

客户现场的 slave_parallel_type 值为 DATABASE，slave_parallel_workers 值为 0，此时主从同步使用的是单 SQL 线程方式，在遇到大事务时产生延迟的可能性更大。推荐客户换成 MTS 方式，但是客户反馈之前一直使用的是该种方式，未发生过此种现象，需要排查原因。

于是和客户确认异常期间是否有业务变动，客户反馈发生问题之前有新业务上线，QPS 相对平时大很多，同时存在大量 insert 和 update 批量写操作，另外，客户服务器使用的云服务器配置不高。出现问题后，新业务已经临时下线。

了解背景后，就有了排查的方向。从根源进行分析，seconds-behind-master 值与三个值有关：当前从服务器的系统时间、从库服务器和主库服务器的系统时间的差值、mi->last_timestamp。

对于单线程模式下的 dml 操作，记录在 binlog 中，query_event 的 ev->exec_time 基本为 0，可以忽略，因为 query_event 的 exec_time 只记录第一条数据更改消耗的时间，且我们一般看到是 begin。所以 last_master_timestamp 就基本等于各个 event 中 header 的 timestamp。一个事务中，GTID_EVENT 和 XID_EVENT 记录的是提交时刻的时间，而对于其他 event 都是命令发起时刻的时间，此时 second-behind-master 的计算方式为：从库服务器时间减去各个 event 中 header 的 timestamp，再减去主从服务器时间差，因此如果存在长时间未提交的事务或者大事务在 SQL 线程应用时可能会观察到 seconds_behind_master 的瞬间跳动。

由于目前新业务已经下线，业务量已经渐渐恢复到正常状态，故暂未做其他处理，建议客户观察一段时间，一段时间后客户反馈恢复正常，到此，问题解决了。

2.3 问题思考

问题解决了，但是爱琢磨的我却陷入了思考。脑海中浮现出几个问题：

第一，怎样尽可能避免这种现象？

第二，怎么确定是否有长时间未提交的事务和大事务呢？

第三，发现这种问题如何挽救呢？

其实从事务发展历程来看，这三个问题也恰恰对应着问题处理过程中的预防、排查、挽救三个阶段。

2.3.1 预防

对于预防，即第一个问题，可以从以下几个点出发：

• 生产环境条件允许的情况下建议开启并行复制。

• 在业务上线前进行业务量评估和 SQL 审核，避免由于某些不规范 SQL 或业务逻辑导致出现上述问题。

2.3.2 排查

对于排查，即第二个问题，长时间未提交的事务或者大事务可以通过 show processlist 命令或查看 information_schema.innodb_trx 表进行排查，但是这个只能查询当前的事务，对于历史的事务则无法进行查找，此时可以通过 mysqlbinlog 或者 my2sql 工具解析 binlog 日志，但是结果往往不直观，一些前辈推荐了一款 infobin 工具，笔者测试后感觉很好用，使用示例如下。

执行命令：

```
infobin mysql-bin.000005 20 2000000 10 -t >/root/result.log
```

其中，mysql-bin.000005 表示需要解析的 binlog 文件名，20 表示分片数量，将 binlog 分为大小相等的片段，生成时间越短则这段时间生成的 binlog 量越大，则事务越频繁，2000000 表示将大于 2M 左右的事务定义为大事务，10 表示将大于 10 秒未提交的事务定义为长期未提交的事务，-t 表示不做详细 event 解析输出，仅仅获取相应的结果。

输出结果如下：

```
# 表示是小端平台
Check is Little_endian
[Author]: gaopeng [QQ]:22389860 [blog]:http://blog.itpub.net/7728585/
Warning: This tool only Little_endian platform!
Little_endian check ok!!!
-------------Now begin--------------
# MySQL 的版本
Check Mysql Version is:5.7.25-log
# binlog 格式版本
Check Mysql binlog format ver is:V4
# binlog 不在写入
Check This binlog is closed!
# binlog 文件总大小，单位字节
Check This binlog total size:399899873(bytes)
```

```
# load data infile 场景不做检查
Note:load data infile not check!
-------------Total now--------------
# 事务总数
Trx total[counts]:1345
# event 总数
Event total[counts]:58072
# 最大的事务大小
Max trx event size:7986(bytes) Pos:560221[0X88C5D]
# 平均每秒写 binlog 大小
Avg binlog size(/sec):610534.125(bytes)[596.225(kb)]
# 平均每分钟写 binlog 大小
Avg binlog size(/min):36632048.000(bytes)[35773.484(kb)]
# binlog 分配大小
--Piece view:
(1)Time:1671419439-1671420094(655(s)) piece:19994993(bytes)[19526.359(kb)]
(2)Time:1671420094-1671420094(0(s)) piece:19994993(bytes)[19526.359(kb)]
(3)Time:1671420094-1671420094(0(s)) piece:19994993(bytes)[19526.359(kb)]
(4)Time:1671420094-1671420094(0(s)) piece:19994993(bytes)[19526.359(kb)]
(5)Time:1671420094-1671420094(0(s)) piece:19994993(bytes)[19526.359(kb)]
(6)Time:1671420094-1671420094(0(s)) piece:19994993(bytes)[19526.359(kb)]
(7)Time:1671420094-1671420094(0(s)) piece:19994993(bytes)[19526.359(kb)]
(8)Time:1671420094-1671420094(0(s)) piece:19994993(bytes)[19526.359(kb)]
(9)Time:1671420094-1671420094(0(s)) piece:19994993(bytes)[19526.359(kb)]
(10)Time:1671420094-1671420094(0(s)) piece:19994993(bytes)[19526.359(kb)]
(11)Time:1671420094-1671420094(0(s)) piece:19994993(bytes)[19526.359(kb)]
(12)Time:1671420094-1671420094(0(s)) piece:19994993(bytes)[19526.359(kb)]
(13)Time:1671420094-1671420094(0(s)) piece:19994993(bytes)[19526.359(kb)]
(14)Time:1671420094-1671420094(0(s)) piece:19994993(bytes)[19526.359(kb)]
(15)Time:1671420094-1671420094(0(s)) piece:19994993(bytes)[19526.359(kb)]
(16)Time:1671420094-1671420094(0(s)) piece:19994993(bytes)[19526.359(kb)]
(17)Time:1671420094-1671420094(0(s)) piece:19994993(bytes)[19526.359(kb)]
(18)Time:1671420094-1671420094(0(s)) piece:19994993(bytes)[19526.359(kb)]
(19)Time:1671420094-1671420094(0(s)) piece:19994993(bytes)[19526.359(kb)]
(20)Time:1671420094-1671420094(0(s)) piece:19994993(bytes)[19526.359(kb)]
# 超过大事务规定的事务
--Large than 2000000(bytes) trx:
(1)Trx_size:13310235(bytes)[12998.276(kb)] trx_begin_p:560029[0X88B9D] trx_end_p:13870264[0XD3A4B8]
(2)Trx_size:385990249(bytes)[376943.594(kb)] trx_begin_p:13909131[0XD43C8B] trx_end_p:399899380[0X17D5FAF4]
Total large trx count size(kb):#389941.870(kb)
```

```
# 超过规定长时间未提交的事务
--Large than 10(secs) trx:
No trx find!
# 每张表执行对应操作的binlog大小和次数
--Every Table binlog size(bytes) and times:
Note:size unit is bytes
---(1)Current Table:test.sbtest2::
Insert:binlog size(0(Bytes)) times(0)
Update:binlog size(107440(Bytes)) times(1343)
Delete:binlog size(0(Bytes)) times(0)
Total:binlog size(107440(Bytes)) times(1343)
---(2)Current Table:test.sbtest1::
Insert:binlog size(0(Bytes)) times(0)
Update:binlog size(399300036(Bytes)) times(50001)
Delete:binlog size(0(Bytes)) times(0)
Total:binlog size(399300036(Bytes)) times(50001)
---Total binlog dml event size:399407476(Bytes) times(51344)
```

2.3.3 挽救

对于挽救，即第三个问题，当然是对症下药，利用排查阶段找出的信息，让业务侧去改造。

3 库表名大小写不规范，运维"两行泪"

作者：刘聪

3.1 问题描述

客户需要做一套库的迁移，因为库的数据量不大，40G 左右，并且需要到远程机器上去做全量恢复。所以第一时间想到的自然是用 mysqldump 工具来做。但是没想到会发生这种"惨案"（见图 1）。

图 1

mysqldump 备份失败，报错表不存在。

检查 MySQL 客户端，去查看表信息以及表的物理文件，包括环境信息（是否严格区分大小写），整理的现象如下（见图 2）：

（1）mysqldump 报错：表不存在。

（2）show tables 观察：数据库存在，报错的表也存在。

（3）select 查看表数据：报错的表不存在。

（4）观察物理文件：db.opt 文件不存在；报错表的 .idb 文件不存在，仅有 .frm 文件。

（5）查看 mysql-error.log：有删除库的提示，且记录了报错表的 .frm 文件丢失。

（6）MySQL 环境信息：lower_case_table_names=1。

图 2

3.2 分析诊断

首先，我们看一下 MySQL 官网提供的信息，根据图 3 信息可以确定，在 Unix 平台上，lower_case_table_names 默认为 0，是大小写敏感的。

MySQL 5.7 Reference Manual / ... / Identifier Case Sensitivity

version 5.7 ▾

9.2.3 Identifier Case Sensitivity

In MySQL, databases correspond to directories within the data directory. Each table within a database corresponds to at least one file within the database directory (and possibly more, depending on the storage engine). Triggers also correspond to files. Consequently, the case sensitivity of the underlying operating system plays a part in the case sensitivity of database, table, and trigger names. This means such names are not case-sensitive in Windows, but are case-sensitive in most varieties of Unix. One notable exception is macOS, which is Unix-based but uses a default file system type (HFS+) that is not case-sensitive. However, macOS also supports UFS volumes, which are case-sensitive just as on any Unix. See Section 1.6.1, "MySQL Extensions to Standard SQL". The `lower_case_table_names` system variable also affects how the server handles identifier case sensitivity, as described later in this section.

How table and database names are stored on disk and used in MySQL is affected by the `lower_case_table_names` system variable, which you can set when starting **mysqld**. `lower_case_table_names` can take the values shown in the following table. This variable does *not* affect case sensitivity of trigger identifiers. On Unix, the default value of `lower_case_table_names` is 0. On Windows, the default value is 1. On macOS, the default value is 2.

图 3

mysqldump 报错，提示表名中包含了大写，不难推断出该表是在 lower_case_table_names=0 条件下创建的，所以表名和物理文件名也都包含大写。而当前的 MySQL 环境是 lower_case_table_names=1（也就是不论 SQL 中是否明确了表名的大小写，均按小写去匹配），可以确定此环境变量有做过变更。

结合 mysql-error.log 的报错信息提示，可能有 DROP database 动作执行过，且数据库目录中的 db.opt 文件缺失这点，更加增强了 DROP database 的可能性。

那么，我们不妨做出如下猜想：

在 lower_case_table_names=1 环境下，下发了 DROP database 操作。由于操作系统 Linux 是大小写敏感的，MySQL 使用小写字母去匹配需要删除的库表文件，而 .frm 文件名中包含了大写，无法匹配，导致文件残留（mysql-error.log 此时记录，在删库过程中，无法找到对应的 .frm 文件）。

3.3 场景模拟

测试环境如表 1 所示。

表 1

操作系统	CentOS Linux release 7.5.1804 (Core)
MySQL 版本	5.7.25, for linux-glibc2.12 (x86_64)

为了证实第二节的猜想，设计如下实验，模拟复现 mysqldump 报错（见图 4）。

• 在 lower_case_table_names=0、严格区分大小写的条件下创建测试库 test_database 和测试表 test_table。

• 修改配置文件 lower_case_table_names=1，并重启 MySQL。

• 在 lower_case_table_names=1 条件下，模拟删除数据库 test_database。

• 查看物理文件信息以及 mysql-error.log 信息。

• 使用 mysqldump 触发备份动作，复现报错。

```
[root@10-186-60-120 ~]# /opt/mysql/base/5.7.25/bin/mysqldump -uroot -p -S /opt/mysql/data/5555/mysqld.sock --default-character-set=utf8mb4 --single-transaction --master-data=2 --flush-logs --hex-blob --triggers --routines --events --all-databases > all_data.sql
Enter password:
Error: Couldn't read status information for table Test_table ()
mysqldump: Couldn't execute 'show create table `Test_table`': Table 'test_database.test_table' doesn't exist (1146)
```

图 4

通过以上实验，可以论证第二节的推测是准确的，总结如下：

• 操作系统 Linux 是大小写敏感的，在 lower_case_table_names=0（默认值）条件下，库表的物理文件会明确区分大小写。

• 在 lower_case_table_names=1 条件下，MySQL 使用小写字母（不论 SQL 语句里是否明确使用大写表名）去匹配需要删除的库表文件。

• 在 lower_case_table_names=1 条件下，下发 DROP database 操作，由于表 .frm 文件名包含大写，无法匹配，因此残留，而 idb 文件不论大小写都会被删除。

3.4 报错解决方案

通过以上场景模拟可以推测出，应用人员其实本意是要将库下的数据全部删除掉，但是因为 MySQL 的环境因素，以及运维人员的操作不当，导致遗留下 .frm 文件未被清理掉。那么我们可以直接跳过相关库的备份，从而绕过此报错。

3.5 运维建议

运维中，难免有库表的迁移和改造的需求，这时需要特别注意 lower_case_table_names 的值以及库、表名的大小写，稍不留神就报错：库或者表不存在。对此，整理如下两个场景以供大家运维参考。

（1）场景 1：将 MySQL 的环境变量 lower_case_table_names 从默认的 0，修改为 1。

- 先将库名和表名转换为小写。
- 编辑配置文件，添加配置：lower_case_table_names=1。
- 重启 MySQL。

（2）场景 2：将大写的表名、库名规范改成小写。

- 表名改造：可以直接使用 RENAME TABLE 语句。
- 库名改造：需要先使用 mysqldump，将数据全部导出后，重建库名，再将数据导入进去。

4 MySQL convert 函数导致的字符集报错处理

作者：徐耀荣

4.1 问题背景

有客户之前遇到一个 MySQL 8.0.21 实例中排序规则的报错，是在调用视图时抛出，报错信息如下：

```
ERROR 1267 (HY000): Illegal mix of collations (utf8mb4_general_ci,IMPLICIT)
and (utf8mb4_0900_ai_ci,IMPLICIT) for operation '='
```

4.2 问题模拟

模拟问题出现时的情况如下。

```
mysql> show create table t1\G;
*************************** 1. row ***************************
       Table: t1
Create Table: CREATE TABLE `t1` (
  `name1` varchar(12) CHARACTER SET utf8mb4 COLLATE utf8mb4_general_ci DEFAULT
NULL
) ENGINE=InnoDB DEFAULT CHARSET=utf8mb4 COLLATE=utf8mb4_general_ci
1 row in set (0.00 sec)

mysql> show create table t2\G;
*************************** 1. row ***************************
       Table: t2
Create Table: CREATE TABLE `t2` (
  `name2` varchar(12) DEFAULT NULL
) ENGINE=InnoDB DEFAULT CHARSET=latin1
1 row in set (0.00 sec)

mysql> CREATE VIEW t3 as select * from t1,t2 where `t1`.`name1`= `t2`.`name2`;
Query OK, 0 rows affected (0.06 sec)

mysql> select * from t3;
ERROR 1267 (HY000): Illegal mix of collations (utf8mb4_general_ci,IMPLICIT)
and (utf8mb4_0900_ai_ci,IMPLICIT) for operation '='
```

4.3 问题分析

通过查看视图定义，可以发现由于视图中涉及的两张表字符集不同，所以创建视图时 MySQL 会自动使用 convert 函数转换字符集。

```
mysql> show create view t3\G;
*************************** 1. row ***************************
                View: t3
         Create View: CREATE ALGORITHM=UNDEFINED DEFINER=`root`@`localhost`
SQL SECURITY DEFINER VIEW `t3` AS select `t1`.`name1` AS `name1`,`t2`.`name2` AS
`name2` from (`t1` join `t2`) where (`t1`.`name1` = convert(`t2`.`name2` using
utf8mb4))
    character_set_client: utf8mb4
```

```
collation_connection: utf8mb4_general_ci
1 row in set (0.00 sec)
```

在 MySQL 8.0 中 utf8mb4 的默认排序规则为 utf8mb4_0900_ai_ci，而在 t1 表的排序规则为 utf8mb4_general_ci，那么我们试着将排序规则相关的参数修改后再执行 SQL，修改后的环境参数如下：

```
mysql> show variables like '%collat%';
+-----------------------------+--------------------+
| Variable_name               | Value              |
+-----------------------------+--------------------+
| collation_connection        | utf8mb4_general_ci |
| collation_database          | utf8mb4_bin        |
| collation_server            | utf8mb4_bin        |
| default_collation_for_utf8mb4 | utf8mb4_general_ci |
+-----------------------------+--------------------+
```

再次执行 SQL 发现还是会报一样的错。

```
mysql> select * from t1,t2 where `t1`.`name1`=convert(`t2`.`name2` using
utf8mb4);
    ERROR 1267 (HY000): Illegal mix of collations (utf8mb4_general_ci,IMPLICIT)
and (utf8mb4_0900_ai_ci,IMPLICIT) for operation '='
```

通过 show collation 来查看 utf8mb4 字符集对应的默认排序规则，输出显示默认规则为 utf8mb4_general_ci，并不是 utf8mb4_0900_ai_ci。

```
mysql> show collation like '%utf8mb4%';
+-----------------------------+---------+-----+---------+----------+---------+-
--------------+
| Collation                   | Charset | Id  | Default | Compiled | Sortlen |
Pad_attribute |
+-----------------------------+---------+-----+---------+----------+---------+-
--------------+
| utf8mb4_general_ci          | utf8mb4 | 45  | Yes     | Yes      |       1 |
PAD SPACE     |
+-----------------------------+---------+-----+---------+----------+---------+-
--------------+

mysql> show character set like '%utf8mb4%';
+---------+----------------+--------------------+--------+
| Charset | Description    | Default collation  | Maxlen |
```

```
+---------+--------------+--------------------+---------+
| utf8mb4 | UTF-8 Unicode | utf8mb4_general_ci |       4 |
+---------+--------------+--------------------+---------+
1 row in set (0.00 sec)
```

继续排查发现元数据中的字符集默认排序规则如下，默认规则为：utf8mb4_0900_ai_ci。

```
mysql>  select * from INFORMATION_SCHEMA.COLLATIONS where IS_DEFAULT='Yes' and
CHARACTER_SET_NAME='utf8mb4'\G;
*************************** 1. row ***************************
  COLLATION_NAME: utf8mb4_0900_ai_ci
CHARACTER_SET_NAME: utf8mb4
              ID: 255
      IS_DEFAULT: Yes
     IS_COMPILED: Yes
         SORTLEN: 0
   PAD_ATTRIBUTE: NO PAD
1 row in set (0.00 sec)
```

检查参数发现，元数据信息中 utf8mb4 字符集默认排序规则是 utf8mb4_0900_ai_ci，SHOW COLLATION、SHOW CHARACTER 输出的都是 utf8mb4_general_ci。为什么 show 显示的结果和 INFORMATION_SCHEMA.COLLATIONS 表查到的信息不一样呢？此处我们暂且按下不表，咱们先看看官方文档中的 convert 函数用法，其中有下面这段原文：

If you specify CHARACTER SET charset_name as just shown, the character set and collation of the result are charset_name and the default collation of charset_name. If you omit CHARACTER SET charset_name, the character set and collation of the result are defined by the character_set_connection and collation_connection system variables that determine the default connection character set and collation (see Section 10.4, "Connection Character Sets and Collations").

可知如果 convert 只指定了字符集，那么该结果的排序规则就是所指定字符集的默认规则，由之前的测试情况可知，convert 使用的是 INFORMATION_SCHEMA.COLLATIONS 的排序规则，而不是 default_collation_for_utf8mb4 指定的 utf8mb4_general_ci，那我们来看看 default_collation_for_utf8mb4 参数的主要作用场景：

（1）查看字符集的 SQL。

（2）创建和修改表结构的 SQL。

（3）创建和修改数据库的 SQL。

（4）包含格式为 _utf8mb4'some text' 的字符串文字但是没有 COLLATE 子句的任何 SQL。

其中，第一点解释了为什么 SHOW 查到的信息和元数据中信息不一样，default_collation_for_utf8mb4 修改后影响 SHOW COLLATION 和 SHOW CHARACTER SET 的查询结果，并不会改变字符集的默认排序规则，所以 utf8mb4 的默认规则还是 utf8mb4_0900_ai_ci，SQL 执行依然会报错。

将 convert 函数指定为 t1.name1 字段的排序规则后，SQL 执行正常。

```
mysql> select * from t1,t2 where `t1`.`name1` = convert(`t2`.`name2` using utf8mb4) collate utf8mb4_general_ci;
+-------+-------+
| name1 | name2 |
+-------+-------+
| jack  | jack  |
+-------+-------+
1 row in set (0.00 sec)
```

下面测试可以验证 default_collation_for_utf8mb4 的第四个场景。

```
mysql> select * from INFORMATION_SCHEMA.COLLATIONS where IS_DEFAULT='Yes' and CHARACTER_SET_NAME='utf8mb4'\G;
*************************** 1. row ***************************
     COLLATION_NAME: utf8mb4_0900_ai_ci
 CHARACTER_SET_NAME: utf8mb4
                 ID: 255
         IS_DEFAULT: Yes
        IS_COMPILED: Yes
            SORTLEN: 0
      PAD_ATTRIBUTE: NO PAD
1 row in set (0.00 sec)

mysql> show variables like '%default_collation%';
+------------------------------+--------------------+
| Variable_name                | Value              |
+------------------------------+--------------------+
| default_collation_for_utf8mb4 | utf8mb4_general_ci |
```

```
+------------------------------+--------------------+
1 row in set (0.01 sec)

mysql> set @s1 = _utf8mb4 'jack',@s2 = _utf8mb4 'jack';
Query OK, 0 rows affected (0.00 sec)

mysql> SELECT @s1 = @s2;
+-----------+
| @s1 = @s2 |
+-----------+
|         1 |
+-----------+
1 row in set (0.00 sec)
```

utf8mb4 声明的 @s1 和 @s2 排序规则是 default_collation_for_utf8mb4 参数值，为 utf8mb4_general_ci。

```
mysql> SELECT @s1 = CONVERT(@s2 USING utf8mb4);
ERROR 1267 (HY000): Illegal mix of collations (utf8mb4_general_ci,IMPLICIT)
and (utf8mb4_0900_ai_ci,IMPLICIT) for operation '='
```

此时，经过 convert 函数处理的 @s2 排序规则是 utf8mb4_0900_ai_ci，所以会报错。

```
mysql> SELECT @s1 = CONVERT(@s2 USING utf8mb4) collate utf8mb4_general_ci;
+-------------------------------------------------------------+
| @s1 = CONVERT(@s2 USING utf8mb4) collate utf8mb4_general_ci |
+-------------------------------------------------------------+
|                                                           1 |
+-------------------------------------------------------------+
1 row in set (0.00 sec)
```

4.4 总结

在运维中为避免字符集引起的报错问题，有如下建议可供参考（具体参数值根据业务需求选择）：

（1）创建数据库实例时需指定参数 character_set_database（默认值：utf8mb4）、character_set_server（默认值：utf8mb4）。

（2）当需要创建非默认字符集 database、table 时，需要在 SQL 中明确指定字符集和排序规则。

（3）当使用 convert 函数转换字符集，字段排序规则不是转换后字符集的默认排序规则时，需要指定具体的排序规则。

```
SELECT @s1 = CONVERT(@s2 USING utf8mb4) collate utf8mb4_general_ci
```

（4）MySQL 5.7 迁移至 MySQL 8.0 时，需注意 MySQL 5.7 版本中 utf8mb4 默认排序规则是 utf8mb4_general_ci，MySQL 8.0 中 utf8mb4 默认排序规则是 utf8mb4_0900_ai_ci。

5 我都只读了，你还能写入？

作者：秦福朗

read_only：我都只读了，你还能写进来？

xxx：binlog，我写了哦！

5.1 背景

业务运行中，高可用管理平台报错：MySQL 数据库的从库 GTID 与主库不一致，从库踢出高可用集群。开启了 read_only 与 super_read_only 的从库怎么会 GTID 不一致呢？

5.2 发现问题

首先查看 show master status 与 show slave status，发现从库确实多了一个 GTID，然后拿着 GTID 去 binlog 里找问题（见图 1）。

图 1

发现从库 binlog 被写入 FLUSH TABLES 语句，产生新的 GTID。

5.3 本地测试

本地测试发现在开启 read_only 与 super_read_only 的实例里面执行 FLUSH TABLES 时可以写入 binlog，产生新的 GTID。

```
SET @@SESSION.GTID_NEXT= 'ab10b49a-544f-11ed-a7a3-82000aba4168:4100851'/*!*/
# at 1082
# 230222 16:10:04 server_id 123135543 end_log_pos 1156 Query thread_id=297995
SET TIMESTAMP=167753484/*!*/;
FLUSH TABLES
/*!*/;
SET @@SESSION.GTID_NEXT= 'AUTOMATIC' /* added by mysqlbinlog */ /*!*/;
```

经业务反馈，这个时间点 ClickHouse 在从库同步数据，应该就是 ClickHouse 在某些状态下工作时会对 MySQL 数据库实例下发 FLUSH TABLES 语句。

官网确实在一个不起眼的地方说这个语句会写入 binlog。

Some forms of the FLUSH statement are not logged because they could cause problems if replicated to a replica: FLUSH LOGS and FLUSH TABLES WITH READ LOCK. For a syntax example, see Section 13.7.6.3, "FLUSH Statement". The FLUSH TABLES, ANALYZE TABLE, OPTIMIZE TABLE, and REPAIR TABLE statements are written to the binary log and thus replicated to replicas. This is not normally a problem because these statements do not modify table data.

However, this behavior can cause difficulties under certain circumstances. If you replicate the privilege tables in the mysql database and update those tables directly without using GRANT, you must issue a FLUSH PRIVILEGES on the replicas to put the new privileges into effect. In addition, if you use FLUSH TABLES when renaming a MyISAM table that is part of a MERGE table, you must issue FLUSH TABLES manually on the replicas. These statements are written to the binary log unless you specify NO_WRITE_TO_BINLOG or its alias LOCAL.

测试了其他语句：

- flush ENGINE LOGS
- flush ERROR LOGS

- flush GENERAL LOGS
- flush HOSTS
- flush PRIVILEGES
- flush OPTIMIZER_COSTS
- flush QUERY CACHE
- flush SLOW LOGS
- flush STATUS
- flush USER_RESOURCES

均会在 read_only 状态下写入从库的 binlog 中。

5.4 总结

本文简短，主要是提醒一下还没遇到该情况的读者，注意 FLUSH 的一些管理命令语句会被写入 read_only 状态下的从库 binlog，从而造成主从 GTID 不一致；ClickHouse 在同步数据时，某些情况会写入 FLUSH TABLE，使用 ClickHouse 时需要注意（因为没有 ClickHouse 环境，此条没经过验证，有 ClickHouse 使用经验的读者可自行验证）。

6 MySQL 升级到 8.0 版本变慢问题分析

作者：操盛春

6.1 背景介绍

前段时间，客户线上 MySQL 版本从 5.7.29 升级到 8.0.25。

升级完成之后，放业务请求进来，没到一分钟就开始出现慢查询，然后，慢查询越来越多，业务 SQL 出现堆积。

整个过程持续了大概一个小时，直到给某条业务 SQL 对应的表加上索引，问题才得到解决。

有一个比较奇怪的现象是：问题持续的过程中，服务器的系统负载、CPU 使用率、磁盘 IO、网络都处于低峰时期的水平，也就是说，问题很可能不是因为硬件资源不够用导致的。

那么，根本原因到底是什么？让我们一起来揭晓答案。

6.2 原因分析

客户线上环境有一个监控脚本，每分钟执行一次，这个脚本执行的 SQL 如下：

```
select ... from sys.innodb_lock_waits w
inner join information_schema.innodb_trx b
  on b.trx_id = w.blocking_trx_id
inner join information_schema.innodb_trx r
  on r.trx_id = w.waiting_trx_id;
```

笔者对几个监控脚本的日志、SAR 日志、MySQL 的慢查询日志和错误日志，以及死锁的源码，进行了全方位无死角的分析，发现了可疑之处。

经过测试验证，最终确认罪魁祸首是 sys.innodb_lock_waits 视图引用的某个基表。

这个基表的名字和 MySQL 5.7 中不一样，它的行为也发生了变化，就是这个行为的变化在某些场景下阻塞了业务 SQL，导致大量业务 SQL 执行变慢。

揭露这个"罪恶"的基表之前，我们先来看一下 sys.innodb_lock_waits 视图的定义。

（1）MySQL 5.7 中简化的视图定义：

```
CREATE VIEW sys.innodb_lock_waits AS
  SELECT ... FROM information_schema.innodb_lock_waits w
  JOIN information_schema.innodb_trx b
    ON b.trx_id = w.blocking_trx_id
  JOIN information_schema.innodb_trx r
    ON r.trx_id = w.requesting_trx_id
  JOIN information_schema.innodb_locks bl
    ON bl.lock_id = w.blocking_lock_id
  JOIN information_schema.innodb_locks rl
    ON rl.lock_id = w.requested_lock_id
  ORDER BY r.trx_wait_started
```

（2）MySQL 8.0 中简化的视图定义：

```
CREATE VIEW sys.innodb_lock_waits (...) AS
  SELECT ... FROM performance_schema.data_lock_waits w
  JOIN information_schema.INNODB_TRX b
```

```
   ON b.trx_id = w.BLOCKING_ENGINE_TRANSACTION_ID
 JOIN information_schema.INNODB_TRX r
   ON r.trx_id = w.REQUESTING_ENGINE_TRANSACTION_ID
 JOIN performance_schema.data_locks bl
   ON bl.ENGINE_LOCK_ID = w.BLOCKING_ENGINE_LOCK_ID
 JOIN performance_schema.data_locks rl
   ON rl.ENGINE_LOCK_ID = w.REQUESTING_ENGINE_LOCK_ID
 ORDER BY r.trx_wait_started
```

5.7 版本中 sys.innodb_lock_waits 涉及 3 个基表：

• information_schema.innodb_lock_waits

• information_schema.innodb_locks

• information_schema.innodb_trx

8.0 版本中 sys.innodb_lock_waits 也涉及 3 个基表：

• performance_schema.data_lock_waits

• performance_schema.data_locks

• information_schema.innodb_trx

揭晓答案：引发问题的罪魁祸首就是 8.0 版本中的 performance_schema.data_locks 表。

从两个版本的视图定义对比可以看到，performance_schema.data_locks 的前身是 information_schema.innodb_locks。

我们再来看看这两个表的行为有什么不一样？

MySQL 5.7 中，information_schema.innodb_locks 包含这些数据：

• InnoDB 事务已申请但未获得的锁。

• InnoDB 事务已持有并且阻塞了其他事务的锁。

官方文档描述如下：

The INNODB_LOCKS table provides information about each lock that an InnoDB transaction has requested but not yet acquired, and each lock that a transaction holds that is blocking another transaction.

MySQL 8.0 中，performance_schema.data_locks 包含这些数据：

• InnoDB 事务已申请但未获得的锁。

• InnoDB 事务正在持有的锁。

官方文档描述如下：

The data_locks table shows data locks held and requested.

从官方文档的描述可以看到两个表的不同之处：

- 5.7 版本的 innodb_locks 记录 InnoDB 事务已持有并且阻塞了其他事务的锁。
- 8.0 版本的 data_locks 记录 InnoDB 事务正在持有的锁。

正是因为这个不同之处，导致 8.0 版本的 data_locks 表的数据量可能会非常大。

我们再深挖一层，看看 data_locks 表的数据量大为什么会导致其他业务 SQL 阻塞。

MySQL 线程读取 data_locks 表时，会持有全局事务对象互斥量（trx_sys → mutex），直到读完表中的所有数据，才会释放这个互斥量。

实际上，直到读完表中的所有数据，才会释放 trx_sys → mutex 互斥量的说法不准确。为了避免展开介绍读取 data_locks 表实现逻辑，我们暂且使用这个说法。

data_locks 表的数据量越大，从表里读取数据花费的时间就越长，读取这个表的线程持有 trx_sys → mutex 互斥量的时间也就越长。

从 data_locks 表里读取数据的线程长时间持有 trx_sys → mutex 互斥量会有什么问题？这个问题就严重了，因为 trx_sys → mutex 互斥量非常有用。涉及 InnoDB 的所有 SQL 都在事务中运行，每个事务启动成功之后，都需要加入全局事务链表，而全局事务链表需要 trx_sys → mutex 互斥量的保护。也就是说，InnoDB 中每个事务加入全局事务链表之前，都需要持有 trx_sys → mutex 互斥量。从 data_locks 表里读取数据的线程长时间持有 trx_sys → mutex 互斥量，就会长时间阻塞其他 SQL 执行，导致其他 SQL 排队等待，出现堆积，表现出来的状态就是 MySQL 整体都变慢了。

介绍清楚逻辑之后，我们回归现实，来看看客户线上的问题。

背景介绍中提到的那条业务 SQL 在执行过程中会对 300 万条记录进行加锁。这条 SQL 只要执行一次，事务结束之前，data_locks 表中就会有 300 万条加锁记录。从 data_locks 表中读取记录之前，需要持有 trx_sys → mutex 互斥量，再读取 300 万条记录，最后释放互斥量。互斥量释放之前，其他业务 SQL 就得排队等着这个互斥量。

监控脚本执行一次的过程中，一堆业务 SQL 只能排队等待 trx_sys → mutex 互斥量，然后到了周期执行时间，监控脚本又执行了一次，也在等待 trx_sys → mutex 互斥量，不幸的是，又来了一堆业务 SQL。

就这样，监控脚本和业务 SQL 相互影响，恶性循环，SQL 执行越来越慢，直到 DBA 在背景介绍中提到的那条业务 SQL 对应的表上创建了一个索引。创建索引之后，那条业务 SQL 执行过程中就不需要对 300 万条记录加锁了，而只会对少量记录加锁，data_locks 表中的数据量也就变得很少，不需要长时间持有 trx_sys->mutex 互斥量，消除了堵点，MySQL 整体就变得通畅了。

6.3 测试验证

在 MySQL 5.7 版本和 8.0 版本的 test 库中都创建 t1 表，事务隔离级别为：READ-COMMITTED。表结构和数据如下：

```
CREATE TABLE `t4` (
  `id` int unsigned NOT NULL AUTO_INCREMENT,
  `e1` enum('长春','沈阳','福州','成都','杭州','南昌','苏州','德清','北京') NOT NULL DEFAULT '北京',
  `i1` int unsigned NOT NULL DEFAULT '0',
  `c1` char(11) DEFAULT '',
  `d1` decimal(10,2) DEFAULT NULL,
  PRIMARY KEY (`id`)
) ENGINE=InnoDB DEFAULT CHARSET=utf8mb3;

mysql> select * from test.t1
    -> for update;
+----+--------+-------+--------------+------------+
| id | e1     | i1    | c1           | d1         |
+----+--------+-------+--------------+------------+
|  1 | 长春   | 99999 | 1 测试 char  | 1760407.11 |
|  2 | 沈阳   |     2 | 2 测试 char  | 3514530.95 |
|  3 | 福州   |     3 | 3 测试 char  | 2997310.90 |
|  4 | 成都   |     4 | 4 测试 char  | 8731919.55 |
|  5 | 杭州   |     5 | 5 测试 char  | 2073324.31 |
|  6 | 南昌   |     6 | 6 测试 char  | 3258837.89 |
|  7 | 苏州   |     7 | 7 测试 char  | 2735011.35 |
|  8 | 德清   |     8 | 8 测试 char  |  145889.60 |
|  9 | 杭州   |     9 | 9 测试 char  | 2028916.63 |
| 10 | 北京   |    10 | 10 测试 char | 3222960.80 |
+----+--------+-------+--------------+------------+
```

6.3.1 MySQL 5.7 测试

（1）在 session 1 中执行一条 SQL，锁住全表记录：

```
mysql> begin;
Query OK, 0 rows affected (0.00 sec)

mysql> select * from test.t1
    -> for update;
+----+--------+-------+--------------+------------+
| id | e1     | i1    | c1           | d1         |
+----+--------+-------+--------------+------------+
|  1 | 长春   | 99999 | 1 测试 char  | 1760407.11 |
|  2 | 沈阳   |     2 | 2 测试 char  | 3514530.95 |
|  3 | 福州   |     3 | 3 测试 char  | 2997310.90 |
|  4 | 成都   |     4 | 4 测试 char  | 8731919.55 |
|  5 | 杭州   |     5 | 5 测试 char  | 2073324.31 |
|  6 | 南昌   |     6 | 6 测试 char  | 3258837.89 |
|  7 | 苏州   |     7 | 7 测试 char  | 2735011.35 |
|  8 | 德清   |     8 | 8 测试 char  |  145889.60 |
|  9 | 杭州   |     9 | 9 测试 char  | 2028916.63 |
| 10 | 北京   |    10 | 10 测试 char | 3222960.80 |
+----+--------+-------+--------------+------------+
10 rows in set (0.00 sec)
```

（2）在 session 2 中，执行另一条 SQL：

```
mysql> select * from test.t1
    -> where id >= 5
    -> for update;
```

（3）在 session 2 的 SQL 等待获取锁的过程中，在 session 3 中查询锁的情况：

```
mysql> select * from information_schema.innodb_lock_waits;
+-------------------+-------------------+-----------------+------------------+
| requesting_trx_id | requested_lock_id | blocking_trx_id | blocking_lock_id |
+-------------------+-------------------+-----------------+------------------+
| 263231            | 263231:473:3:6    | 263229          | 263229:473:3:6   |
+-------------------+-------------------+-----------------+------------------+
1 row in set, 1 warning (0.04 sec)

mysql> select
    ->  lock_id, lock_trx_id, lock_table, lock_data
    -> from information_schema.innodb_locks;
+----------------+-------------+------------+-----------+
| lock_id        | lock_trx_id | lock_table | lock_data |
+----------------+-------------+------------+-----------+
```

```
| 263231:473:3:6 | 263231        | `test`.`t1` | 5          |
| 263229:473:3:6 | 263229        | `test`.`t1` | 5          |
+----------------+---------------+-------------+------------+
2 rows in set, 1 warning (0.01 sec)
```

从 innodb_lock_waits 的查询结果可以看到，事务 263231 申请持有锁被事务 263229 阻塞了。

innodb_locks 表中有 2 条记录：

• lock_trx_id=263231、lock_data=5 的记录表示事务 263231 正在申请对 id=5 的记录加锁。

• lock_trx_id=263229、lock_data=5 的记录表示事务 263229 正在持有 id=5 的记录上的锁，阻塞了事务 263231 对 id=5 的记录加锁。

这和官方文档对 innodb_locks 表行为的描述一致（前面已介绍过）。

6.3.2 MySQL 8.0 测试

（1）在 session 1 中执行一条 SQL，锁住全表记录：

```
mysql> begin;
Query OK, 0 rows affected (0.00 sec)

mysql> select * from test.t1
    -> for update;
+----+--------+-------+---------------+------------+
| id | e1     | i1    | c1            | d1         |
+----+--------+-------+---------------+------------+
|  1 | 长春   | 99999 | 1 测试 char   | 1760407.11 |
|  2 | 沈阳   |     2 | 2 测试 char   | 3514530.95 |
|  3 | 福州   |     3 | 3 测试 char   | 2997310.90 |
|  4 | 成都   |     4 | 4 测试 char   | 8731919.55 |
|  5 | 杭州   |     5 | 5 测试 char   | 2073324.31 |
|  6 | 南昌   |     6 | 6 测试 char   | 3258837.89 |
|  7 | 苏州   |     7 | 7 测试 char   | 2735011.35 |
|  8 | 德清   |     8 | 8 测试 char   |  145889.60 |
|  9 | 杭州   |     9 | 9 测试 char   | 2028916.63 |
| 10 | 北京   |    10 | 10 测试 char  | 3222960.80 |
+----+--------+-------+---------------+------------+
10 rows in set (0.00 sec)
```

（2）在 session 2 中，执行另一条 SQL：

```
mysql> select * from test.t1
    -> where id >= 5
    -> for update;
```

（3）在 session 2 的 SQL 等待获取锁的过程中，在 session 3 中查询锁的情况：

```
mysql> select
    ->   engine_transaction_id as trx_id,
    ->   lock_status, lock_data
    -> from performance_schema.data_locks
    -> where lock_type = 'RECORD';
+--------+-------------+-----------+
| trx_id | lock_status | lock_data |
+--------+-------------+-----------+
| 19540  | WAITING     | 5         |
| 19522  | GRANTED     | 1         |
| 19522  | GRANTED     | 2         |
| 19522  | GRANTED     | 3         |
| 19522  | GRANTED     | 4         |
| 19522  | GRANTED     | 5         |
| 19522  | GRANTED     | 6         |
| 19522  | GRANTED     | 7         |
| 19522  | GRANTED     | 8         |
| 19522  | GRANTED     | 9         |
| 19522  | GRANTED     | 10        |
+--------+-------------+-----------+
11 rows in set (0.00 sec)
```

从以上查询结果可以看到，data_locks 表里包含事务 19522 正在持有的 10 把锁（对应 10 条锁记录），以及事务 19540 已申请但未获得的 id=5 的记录上的锁，这个行为也和官方文档的描述一致（前面介绍过）。

6.4 总结

performance_schema.data_locks 表会记录所有事务正在持有的锁，如果某些 SQL 写得有问题，锁定记录非常多，这个表里的锁记录数量就会非常多。

如果 data_locks 表里的锁记录数量非常多，读取这个表的线程就会长时间持有 trx_sys->mutex 互斥量，这会阻塞其他 SQL 执行。

如果只想要获取锁的阻塞情况，可以查询 performance_schema.data_lock_waits。

7 MySQL 管理端口登录异常排查及正确使用技巧

作者：吕虎桥

7.1 背景描述

MySQL 8.0.14 版本中引入了 admin_port 参数，用于提供一个管理端口来处理"too many connections"报错。最近一个 MySQL 8.0 实例中出现"too many connections"报错，笔者尝试通过管理端口登录，但是仍然提示该报错。跟业务部门协商之后，调大了连接数，重启数据库恢复业务。为什么配置了 admin_port 却没有生效呢，笔者带着疑问做了如下测试。

7.2 场景复现

管理端口相关参数：

```
-- 创建一个单独的 listener 线程来监听 admin 的连接请求
create_admin_listener_thread    = 1


-- 监听地址
admin_address = localhost


-- 监听端口，默认为 33062，也可以自定义端口
admin_port = 33062


-- 配置好参数，重启数据库生效
systemctl restart mysqld_3306


-- 测试 root 账号是否可以通过 33062 端口登录
[root@mysql ~]# mysql -uroot -p -S /data/mysql/data/3306/mysqld.sock -P33062 -e 'select version()'
Enter password:
+-----------+
| version() |
```

```
+----------+
| 8.0.33   |
+----------+
```

模拟故障现象：调小 max_connections 参数，模拟出现 "too many connections" 报错。

```
-- 更改 max_connections 参数为 1
mysql> set global max_connections = 1;


-- 模拟连接数被打满
[root@mysql ~]# mysql -uroot -p -S /data/mysql/data/3306/mysqld.
sock -e 'select version()'
Enter password:
ERROR 1040 (HY000): Too many connections


--root 账号使用 33062 端口登录依然报错
[root@mysql ~]# mysql -uroot -p -S /data/mysql/data/3306/mysqld.sock -P33062 -
e 'select version()'
Enter password:
ERROR 1040 (HY000): Too many connections
```

7.3 故障分析

7.3.1 疑问

为什么连接数没打满的情况下，root 账号可以通过 33062 端口登录？

```
[root@mysql ~]# mysql -uroot -p -S /data/mysql/data/3306/mysqld.sock -P33062
Enter password:
Welcome to the MySQL monitor.  Commands end with ; or \g.
Your MySQL connection id is 16
Server version: 8.0.33 MySQL Community Server - GPL

Copyright (c) 2000, 2023, Oracle and/or its affiliates.

Oracle is a registered trademark of Oracle Corporation and/or its
affiliates. Other names may be trademarks of their respective
owners.

Type 'help;' or '\h' for help. Type '\c' to clear the current input statement.

mysql> \s
```

```
--------------
mysql  Ver 8.0.33 for Linux on x86_64 (MySQL Community Server - GPL)

Connection id:          16
Current database:
Current user:           root@localhost
SSL:                    Not in use
Current pager:          stdout
Using outfile:          ''
Using delimiter:        ;
Server version:         8.0.33 MySQL Community Server - GPL
Protocol version:       10
Connection:             Localhost via UNIX socket        -- 使用的 socket 连接
Server characterset:    utf8mb4
Db     characterset:    utf8mb4
Client characterset:    utf8mb4
Conn.  characterset:    utf8mb4
UNIX socket:            /data/mysql/data/3306/mysqld.sock
Binary data as:         Hexadecimal
Uptime:                 1 hour 6 min 54 sec

Threads: 3  Questions: 25  Slow queries: 0  Opens: 142  Flush tables: 3  Open
tables: 74  Queries per second avg: 0.006
```

socket 连接会忽略指定的端口，即便是指定一个不存在的端口也是可以登录的，也就是说，socket 连接并没有通过管理端口登录，所以在连接数打满的情况下，使用 socket 登录依然会报错。

```
[root@mysql ~]# netstat -nlp |grep 33063
[root@mysql ~]# mysql -uroot -p -S /data/mysql/data/3306/mysqld.sock -P33063 -
e 'select version()'
Enter password:
+-----------+
| version() |
+-----------+
| 8.0.33    |
+-----------+
```

7.3.2 登录地址

netstat 查看 33062 端口是在监听 127.0.0.1，并不是监听参数里边配置的 localhost。

```
[root@mysql ~]# netstat -nlp |grep 33062
tcp        0      0 127.0.0.1:33062        0.0.0.0:*              LISTEN      2204/mysqld
```

查看 MySQL 官方文档，发现 admin_address 支持设置为 IPv4、IPv6 或者 hostname。如果该值是主机名，则服务器将该名称解析为 IP 地址并绑定到该地址。如果一个主机名可以解析多个 IP 地址，若有 IPv4 地址，则服务器使用第一个 IPv4 地址，否则使用第一个 IPv6 地址，所以这里把 localhost 解析为 127.0.0.1。

If admin_address is specified, its value must satisfy these requirements:The value must be a single IPv4 address, IPv6 address, or host name.The value cannot specify a wildcard address format (*, 0.0.0.0, or ::).

As of MySQL 8.0.22, the value may include a network namespace specifier. An IP address can be specified as an IPv4 or IPv6 address. If the value is a host name, the server resolves the name to an IP address and binds to that address. If a host name resolves to multiple IP addresses, the server uses the first IPv4 address if there are any, or the first IPv6 address otherwise.

指定 admin_address 为主机名，测试效果。

```
-- 修改 admin_address 值为主机名 mysql

vim /data/mysql/etc/3306/my.cnf
admin_address                                  = mysql


--hosts 配置
[root@mysql ~]# grep -i mysql /etc/hosts
192.168.100.82 mysql


-- 重启数据库
systemctl restart mysql_3306


-- 查看管理端口监听的地址，监听地址变更为主机名 mysql 对应的 IP 地址
[root@mysql ~]# netstat -nlp |grep 33062
tcp        0      0 192.168.100.82:33062    0.0.0.0:*              LISTEN      1790/mysqld
```

7.3.3 再次尝试

尝试使用 127.0.0.1 地址登录。

```
--root 账号无法通过 127.0.0.1 地址登录，因为没有授权 root 账号从 127.0.0.1 地址登录
```

```
[root@mysql ~]# mysql -uroot -p -h127.0.0.1 -P33062 -e 'select version()'
Enter password:
ERROR 1130 (HY000): Host '127.0.0.1' is not allowed to connect to this MySQL s
erver


-- 默认 root 账号只允许从 localhost 登录
mysql> select user,host from mysql.user where user='root';
+------+-----------+
| user | host      |
+------+-----------+
| root | localhost |
+------+-----------+
```

7.4 故障解决

设置 admin_address 为 127.0.0.1，并添加管理账号。

```
-- 创建一个单独的 listener 线程来监听 admin 的连接请求
create_admin_listener_thread = 1


-- 监听地址，建议设置为一个固定的 IP 地址
admin_address = 127.0.0.1


-- 监听端口，默认为 33062，也可以自定义端口
admin_port = 33062


-- 新建管理账号
create user root@'127.0.0.1' identified by 'xxxxxxxxx';
grant all on *.* to root@'127.0.0.1' with grant option;
flush privileges;


-- 测试登录成功
[root@mysql ~]# mysql -uroot -p -h127.0.0.1 -P33062 -e 'select version()'
Enter password:
+-----------+
| version() |
+-----------+
| 8.0.33    |
+-----------+
```

7.5 管理端口配置总结

（1）通过 admin_address 设置固定的 IP 地址，例如 127.0.0.1，避免设置为 hostname 引起的不确定因素。

（2）MySQL 部署好之后，新建可以通过 admin_address 地址登录的管理员账号，例如 root@'127.0.0.1'。

7.6 一些优化建议

（1）最小化权限配置，除管理员之外，其他账号一律不允许配置 super 或者 service_connection_admin 权限。

（2）应用端（Tomcat、JBoss、Wildfly 等）配置数据源连接池，声明 initialSize、maxActive 属性值，控制连接数的无限增长。

（3）及时优化 SQL，防止因性能问题引起的并发操作导致数据库连接数打满。

8 MySQL：我的从库竟是我自己

作者：秦福朗

8.1 背景

有人反馈装了一个数据库，来做现有库的从库。做好主从复制关系后，在现有主库上使用 show slave hosts 管理命令去查询从库的信息时，发现从库的 IP 地址竟是自己的 IP 地址，这是为什么呢？

因生产环境涉及 IP 地址、端口等保密信息，下文以本地环境来还原现象。

8.2 本地复现

8.2.1 基本信息

基本信息见表1。

表1

类别	主库	从库
IP 地址	10.186.65.33	10.186.65.34
端口	6607	6607
版本	8.0.18	8.0.18

8.2.2 问题现象

在主库执行 show slave hosts\G 时出现了以下现象：

```
mysql> show slave host\G
*************************** 1. row ***************************
        Server_id: 816978516
             Host: 10.186.65.33
             Port: 6607
        Master_id: 114279914
       Slave_UUID: 4d728ec2-1b00-11ee-a675-02000aba4122
```

可以看到这里的 Host 是主库的 IP 地址。

我们登录从库查看一下 show slave status\G：

```
mysql> show slave status\G
*************************** 1. row ***************************
               Slave_IO_State: Waiting for master to send event
                  Master_Host: 10.186.65.33
                  Master_User: universe_op
                  Master_Port: 6607
                Connect_Retry: 60
              Master_Log_File: mysql-bin.000002
          Read_Master_Log_Pos: 74251749
               Relay_Log_File: mysql-relay.000008
                Relay_Log_Pos: 495303
        Relay_Master_Log_File: mysql-bin.000002
             Slave_IO_Running: Yes
            Slave_SQL_Running: Yes
```

我们看到从库确实是在正常运行的，且复制的源就是主库。但为什么执行 show 命令看到的 Host 和实际的情况对不上呢？

8.3 查阅资料

首先查阅官方文档，关于 show slave hosts 语句的解释，见图1。

13.7.7.33 SHOW REPLICAS Statement

```
{SHOW REPLICAS}
```

Displays a list of replicas currently registered with the source. From MySQL 8.0.22, use `SHOW REPLICAS` in place of `SHOW SLAVE HOSTS`, which is deprecated from that release. In releases before MySQL 8.0.22, use `SHOW SLAVE HOSTS`. `SHOW REPLICAS` requires the `REPLICATION SLAVE` privilege.

`SHOW REPLICAS` should be executed on a server that acts as a replication source. The statement displays information about servers that are or have been connected as replicas, with each row of the result corresponding to one replica server, as shown here:

```
mysql> SHOW REPLICAS;
+-----------+-----------+------+-----------+--------------------------------------+
| Server_id | Host      | Port | Source_id | Replica_UUID                         |
+-----------+-----------+------+-----------+--------------------------------------+
|        10 | iconnect2 | 3306 |         3 | 14cb6624-7f93-11e0-b2c0-c80aa9429562 |
|        21 | athena    | 3306 |         3 | 07af4990-f41f-11df-a566-7ac56fdaf645 |
+-----------+-----------+------+-----------+--------------------------------------+
```

- `Server_id`: The unique server ID of the replica server, as configured in the replica server's option file, or on the command line with `--server-id=value`.
- `Host`: The host name of the replica server, as specified on the replica with the `--report-host` option. This can differ from the machine name as configured in the operating system.
- `User`: The replica server user name, as specified on the replica with the `--report-user` option. Statement output includes this column only if the source server is started with the `--show-replica-auth-info` or `--show-slave-auth-info` option.
- `Password`: The replica server password, as specified on the replica with the `--report-password` option. Statement output includes this column only if the source server is started with the `--show-replica-auth-info` or `--show-slave-auth-info` option.
- `Port`: The port on the source to which the replica server is listening, as specified on the replica with the `--report-port` option.

  A zero in this column means that the replica port (`--report-port`) was not set.
- `Source_id`: The unique server ID of the source server that the replica server is replicating from. This is the server ID of the server on which `SHOW REPLICAS` is executed, so this same value is listed for each row in the result.
- `Replica_UUID`: The globally unique ID of this replica, as generated on the replica and found in the replica's `auto.cnf` file.

图 1

图 1 说明 8.0.22 之后版本的 show slave hosts 语句被废弃（可执行），改为 show replicas，具体机制还是一样的。这里说明了各个数据的来源，多数来源于 report-xxxx 相关参数，其中 Host 的数据来自从库的 report_host 参数。

然后，我们测试在从库执行 show variables like "%report%"。

```
mysql> show variables like "%report%";
+-----------------+--------------+
| Variable_name   | Value        |
+-----------------+--------------+
| report_host     | 10.186.65.33 |
| report_password |              |
| report_port     | 6607         |
| report_user     |              |
+-----------------+--------------+
4 rows in set (0.01 sec)
```

可以看到这里显示的就是主库的 IP 地址。

我们再查询 report_host 的参数基本信息，见图 2。

* `report_host`

Command-Line Format	--report-host=host_name
System Variable	report_host
Scope	Global
Dynamic	No
SET_VAR Hint Applies	No
Type	String

The host name or IP address of the replica to be reported to the source during replica registration. This value appears in the output of SHOW REPLICAS on the source server. Leave the value unset if you do not want the replica to register itself with the source.

图 2

可以看到该参数非动态配置，在从库注册时会上报给主库，所以主库上执行 show slave hosts 看到的是 IP 地址是从这里来的，且无法在线修改。

最后通过查看从库 my.cnf 上的 report_port 参数，证实确实是主库的 IP 地址：

```
log_error = /opt/mysql/data/6607/mysql-error.log
report_host = 10.186.65.33
default_authentication_plugin=mysql_native_password
mysqlx=0
```

8.4 总结

经了解，生产上的从库是复制了主库的配置文件来部署的，部署时没有修改 report_host 这个值，导致启动建立复制后将 report_host 这个 IP 地址传递给主库，然后主库查询 show slave hosts 时就出现了自己的 IP 地址，让主库"怀疑"自己的从库竟然是自己。

生产上大部分人知道，复制主库的配置文件建立新库要修改 server_id 等相关 ID 信息，但比较容易忽略掉 report_ip、report_port 等参数的修改，这个需要引起注意，即使犯错之后看起来对复制运行没有影响。

⑨ 当 USAGE 碰到 GRANT OPTION

作者：佟宇航

9.1 背景

近期有客户反映数据库有些诡异，原本应该有部分库表访问权限的 MySQL 用户，现在可以看到权限外的一些库表信息。

笔者猜测可能是因为权限设置有冲突，先了解一下客户环境的权限：

```
mysql> show grants;
+-----------------------------------------------------------------------+
| Grants for ttt@%                                                      |
+-----------------------------------------------------------------------+
| GRANT USAGE ON *.* TO 'ttt'@'%'                                       |
| GRANT USAGE ON `austin`.* TO 'ttt'@'%' WITH GRANT OPTION              |
| GRANT USAGE ON `file`.* TO 'ttt'@'%' WITH GRANT OPTION                |
| GRANT ALL PRIVILEGES ON `redmoonoa9`.* TO 'ttt'@'%' WITH GRANT OPTION |
| GRANT ALL PRIVILEGES ON `nacos`.* TO 'ttt'@'%' WITH GRANT OPTION      |
| GRANT ALL PRIVILEGES ON `data_center`.* TO 'ttt'@'%' WITH GRANT OPTION |
| GRANT ALL PRIVILEGES ON `xxl_job`.* TO 'ttt'@'%' WITH GRANT OPTION    |
+-----------------------------------------------------------------------+
7 rows in set (0.01 sec)

mysql> show databases;
+--------------------+
| Database           |
+--------------------+
| information_schema |
| austin             |
| data_center        |
| file               |
| nacos              |
| redmoonoa9         |
| xxl_job            |
+--------------------+
7 rows in set (0.00 sec)
```

在分析问题之前，先简单介绍一下 MySQL 权限相关的知识点。

9.2 权限介绍

众所周知，MySQL 的权限有很多种，权限又可以分为全局权限（即整个数据库）和特定权限（即特定库表），并且同一用户可以具备多种权限，部分常用权限如表 1：

表 1

权限	说明
ALL	代表所有权限（与 USAGE 相反）
ALTER	代表允许使用 ALTER TABLE 来改变表结构，ALTER TABLE 同时也需要有 CREATE 和 INSERT 权限
CREATE	代表允许创建新的数据库和表
DROP	代表允许删除数据库、表、视图
SELECT	代表允许从数据库中查询表数据
INSERT	代表允许向数据库中插入表数据
UPDATE	代表允许更新数据库中的表数据
DELETE	代表允许删除数据库中的表数据
GRANT OPTION	代表允许向其他用户授权或移除权限
USAGE	代表没有任何权限（相反于 ALL）

查看客户环境权限后，初步判断大概率是该用户对一个数据库同时具备 USAGE 和 GRANT OPTION 权限导致。

9.3 本地测试

当用户同时拥有 UASGE 和 GRANT OPTION 权限时会发生什么？

9.3.1 准备环境

创建一个用户对 test 库下所有表具有查询权限。

```
mysql> show grants;
+----------------------------------------------------------+
| Grants for hjm@%                                         |
+----------------------------------------------------------+
| GRANT USAGE ON *.* TO 'hjm'@'%'                          |
| GRANT SELECT ON `test`.* TO 'hjm'@'%' WITH GRANT OPTION  |
+----------------------------------------------------------+
2 rows in set (0.00 sec)

mysql> show databases;
+--------------------+
| Database           |
+--------------------+
| information_schema |
| test               |
+--------------------+
```

```
2 rows in set (0.00 sec)
mysql> use test
Reading table information for completion of table and column names
You can turn off this feature to get a quicker startup with -A

Database changed
mysql> show tables;
+----------------+
| Tables_in_test |
+----------------+
| t1             |
| t2             |
| t3             |
| y1             |
+----------------+
4 rows in set (0.00 sec)

mysql> select * from y1;
+------+------+
| id   | name |
+------+------+
|    1 | a    |
|    2 | b    |
+------+------+
2 rows in set (0.00 sec)
```

如上测试可以证明：

• 当用户只对库拥有 UASGE 权限时，对该权限下数据库没有任何权限，也无法查看，符合预期。

• 当用户只对库拥有 GRANT OPTION 权限时，结果表明也是一切正常，符合预期。

9.3.2 修改权限

对该用户新增权限，对 test 库既有 UASGE 权限也有 GRANT OPTION 权限。

先撤回 SELECT 权限。

```
mysql> revoke SELECT ON `test`.* from 'hjm'@'%' ;
Query OK, 0 rows affected (0.00 sec)

mysql> show grants for hjm;
+---------------------------------------------------------+
```

```
| Grants for hjm@%                                              |
+--------------------------------------------------------------+
| GRANT USAGE ON *.* TO 'hjm'@'%'                              |
| GRANT USAGE ON `test`.* TO 'hjm'@'%' WITH GRANT OPTION |
+--------------------------------------------------------------+
2 rows in set (0.00 sec)
```

登录 hjm 用户查看。

```
mysql> show grants;
+--------------------------------------------------------------+
| Grants for hjm@%                                              |
+--------------------------------------------------------------+
| GRANT USAGE ON *.* TO 'hjm'@'%'                              |
| GRANT USAGE ON `test`.* TO 'hjm'@'%' WITH GRANT OPTION |
+--------------------------------------------------------------+
2 rows in set (0.01 sec)

mysql> show databases;
+--------------------+
| Database           |
+--------------------+
| information_schema |
| test               |
+--------------------+
2 rows in set (0.00 sec)

mysql> use test;
Database changed
mysql> show tables;
+----------------+
| Tables_in_test |
+----------------+
| t1             |
+----------------+
1 row in set (0.00 sec)

mysql> show create table t1;
+-------+-------------------------------------------------------------
-------------------------------------------------------------------------
-------------+
| Table | Create Table                                                 |
```

```
+-------+--------------------------------------------------------
--------------------------------------------------------------------
-------------+
| t1    | CREATE TABLE `t1` (
  `id` int(11) DEFAULT NULL,
  `name` varchar(10) COLLATE utf8mb4_bin DEFAULT NULL
) ENGINE=InnoDB DEFAULT CHARSET=utf8mb4 COLLATE=utf8mb4_bin |
  +-------+--------------------------------------------------------
--------------------------------------------------------------------
-------------+
1 row in set (0.00 sec)

mysql> select * from t1;
ERROR 1142 (42000): SELECT command denied to user 'hjm'@'10.186.62.91' for tab
le 't1'
```

无法查看表数据。

9.4 总结

当用户对同一数据库同时具备 USAGE 和 GRANT OPTION 两种权限时，就会出现
冲突。此时便可以查看到该数据库以及库下所有表的信息，但无法查看表内具体数据。

> 在通过 REVOKE 回收权限时，若该用户同时具备 GRANT OPTION 权限，一定要记
> 得通过 REVOKE GRANT OPTION 语句进行收回，这样权限才能回收得干净彻底。

⑩ 从 Insert 并发死锁分析 Insert 加锁源码逻辑

作者：李锡超

10.1 前言

死锁是数据库一个常见的并发问题。此类问题具有以下特点。

（1）触发原因往往与应用的逻辑相关，参与的事务可能是两个、三个，甚至更多。

（2）由于不同数据库的锁实现机制几乎完全不同且实现逻辑复杂，故存在多种锁

类型。

（3）数据库发生死锁后，会立即终止部分事务，事后无法看到死锁前的等待状态。

即死锁问题具有业务关联、机制复杂、类型多样等特点，当数据库发生死锁问题时，不是那么容易就能分析出原因。

本文以 MySQL 数据库一则并发 Insert 导致的死锁为例，从发现问题、重现问题、根因分析、解决问题 4 个步骤出发，期望能提供一套应对死锁的科学有效方案，供读者朋友参考。

10.2 问题现象

某系统在进行上线前压测时，发现应用日志存在如下日志提示，触发死锁问题：

```
Deadlock found when trying to get lock; try restarting transaction
```

好在压测时，就发现了问题，避免上线后影响生产。

随后，执行 show engine innodb status，有如下内容（脱敏后）：

```
------------------------
LATEST DETECTED DEADLOCK
------------------------
2023-03-24 19:07:50 140736694093568
*** (1) TRANSACTION:
TRANSACTION 56118, ACTIVE 6 sec inserting
mysql tables in use 1, locked 1
LOCK WAIT 2 lock struct(s), heap size 1192, 1 row lock(s), undo log entries 1
MySQL thread id 9, OS thread handle 140736685700864, query id 57 localhost
root update
insert into dl_tab(id,name) values(30,10)

*** (1) HOLDS THE LOCK(S):
RECORD LOCKS space id 11 page no 5 n bits 72 index ua of table `testdb`.`dl_
tab` trx id 56118 lock mode S waiting
Record lock, heap no 6 PHYSICAL RECORD: n_fields 2; compact format; info bits 0
 0: len 4; hex 8000000a; asc      ;; # 十进制：10
 1: len 4; hex 8000001a; asc      ;; # 十进制：26

*** (1) WAITING FOR THIS LOCK TO BE GRANTED:
RECORD LOCKS space id 11 page no 5 n bits 72 index ua of table `testdb`.`dl_
tab` trx id 56118 lock mode S waiting
```

```
Record lock, heap no 6 PHYSICAL RECORD: n_fields 2; compact format; info bits 0
 0: len 4; hex 8000000a; asc    ;; # 十进制：10
 1: len 4; hex 8000001a; asc    ;; # 十进制：26


*** (2) TRANSACTION:
TRANSACTION 56113, ACTIVE 12 sec inserting
mysql tables in use 1, locked 1
LOCK WAIT 3 lock struct(s), heap size 1192, 2 row lock(s), undo log entries 2
MySQL thread id 8, OS thread handle 140736952903424, query id 58 localhost
root update
 insert into dl_tab(id,name) values(40,8)


*** (2) HOLDS THE LOCK(S):
RECORD LOCKS space id 11 page no 5 n bits 72 index ua of table `testdb`.`dl_
tab` trx id 56113 lock_mode X locks rec but not gap
 Record lock, heap no 6 PHYSICAL RECORD: n_fields 2; compact format; info bits 0
  0: len 4; hex 8000000a; asc    ;; # 十进制：10
  1: len 4; hex 8000001a; asc    ;; # 十进制：26


*** (2) WAITING FOR THIS LOCK TO BE GRANTED:
RECORD LOCKS space id 11 page no 5 n bits 72 index ua of table `testdb`.`dl_
tab` trx id 56113 lock_mode X locks gap before rec insert intention waiting
 Record lock, heap no 6 PHYSICAL RECORD: n_fields 2; compact format; info bits 0
  0: len 4; hex 8000000a; asc    ;; # 十进制：10
  1: len 4; hex 8000001a; asc    ;; # 十进制：26


*** WE ROLL BACK TRANSACTION (1)
------------
```

10.2.1 死锁信息梳理

根据以上信息，发现是 dl_tab 执行 insert 操作导致死锁。初步梳理如下（版本：8.0.27；隔离级别：Read-Commited）。

表结构如下：

```
*************************** 1. row ***************************
      Table: dl_tab
Create Table: CREATE TABLE `dl_tab` (
  `id` int NOT NULL AUTO_INCREMENT,
  `name` int NOT NULL,
  PRIMARY KEY (`id`),
```

```
        UNIQUE KEY `ua` (`name`)
   ) ENGINE=InnoDB AUTO_INCREMENT=41 DEFAULT CHARSET=utf8mb4 COLLATE=utf8mb4_0900_
ai_ci
```

注意，以上 innodb status 输出，不同的数据库版本会有差异。主要有以下几点。

（1）在 MySQL 8.0.18 版本及之后，输出结果包括两个事务各自持有的锁、等待的锁，对分析死锁问题很有帮助。在 8.0.18 版本之前，只包括事务 T1 等待的锁，事务 T2 持有的锁、等待的锁，而不包括事务 T1 持有的锁信息。

（2）以上示例还包括具体的索引记录值（如 {10,26}：第一个字段为索引记录的值，第二个字段为对应的主键记录）。如果没有索引记录值，可能只有 heap no，该编号作为内部实现锁机制非常关键，但无法和具体的索引记录对应起来。此外，笔者找了其他几个 MySQL 版本发现，原生版本高于 5.7.21 以及 8.0 及以后版本都有这个功能，Percona MySQL 5.7.21 居然没有这个功能。

（3）事务 T1 等待的锁从输出结果看到的是 lock s，但其实获取的锁是 lock s next key lock，这点从后面的源码分析结果中会进一步说明。

innodb status 日志梳理如表 1 所示。

表 1

事务	事务 T1	事务 T2
操作	insert into dl_tab(id,name) values(40,8)	insert into dl_tab(id,name) values(30,10)
关联的对象	testdb.dl_tab 的唯一索引 ua	testdb.dl_tab 的唯一索引 ua
持有的锁	lock_mode X locks rec but not gap heap no 6 10,26	lock mode S waiting heap no 6 10（16 进制为 a），26（16 进制为 1a）
等待的锁	lock_mode X locks gap before rec insert intention waiting heap no 6 10,26	lock mode S waiting heap no 6 10,26

从以上 innodb status 输出可以看到死锁发生在唯一索引 ua 上。这的确也是在 RC 隔离级别配置下，比较常见的死锁场景。进一步梳理死锁过程如下。

（1）首先事务 T1 获取到了 ua 中记录 10 的 lock x rec not not gap 锁。

（2）事务 T2 尝试获取 ua 中记录 10 的 lock s next key lock，由于事务 T1 持有了记录的独占锁，因此被事务 T1 堵塞。

（3）事务 T1 尝试获取 ua 中记录 10 的 lock x gap before rec insert intention，但被堵塞。

10.2.2 提出问题

除了以上现象外，无法从输出结果得到更多的信息，比如：

- 问题 1：T1 为什么会持有 ua 中记录 10 的锁？
- 问题 2：T1 既然持有了锁，为什么又会等待锁？
- 问题 3：T2 持有和等待相同的锁，到底是持有还是在等待？
- 问题 4：死锁到底是如何产生的？

为此，笔者与研发同事沟通，了解了死锁发生的业务场景，并对问题进行了复现。

10.3 重现问题

研发同事发现该问题是在某业务的定时任务进行并发处理时触发的，并很快在对应的开发环境中复现了该问题。问题复现后，可以在应用日志和 innodb status 输出中看到对应日志，确认是同一问题。

10.3.1 尝试解决

问题是在唯一索引 ua 并发时产生的，本着解决问题优先的原则，是否可以将唯一索引改为普通索引？如果不可以，是否可以降低并发（或者直接改为单并发）？不过很快研发同事就进行了确认，uname 的唯一索引是核心框架依赖的，改不了。该功能的实时性要求很高，上线后业务量比较大，不能降低或调小并发。既然无法避免，那只能进一步分析死锁发生的原因，并据此确认解决方案。

研发同事在复现问题后，除了能看到应用日志和 innodb status 输出，还是没有更多的信息。此外，研发同事是参考测试环境，生造了一批数据，然后进行模拟复现的。也就是说，虽然能复现这个死锁，但无法回答最初提出的问题。

10.3.2 跟踪死锁发生过程

随后笔者找到 Percona 写的一篇文章（*How to deal with MySQL deadlocks*），大致对死锁问题的分析提供了思路：以应用日志和 innodb status 提供的数据为基础，结合 events_statements_history、binlog（最好是 statement 格式）、slow log、general log 进行分析。

根据文章利用已有的功能（events_statements_history/slow log/general log），去找到数据库连接运行过那些 SQL 语句。随后，总结了如下脚本：

```
-- 将 events_statements_history 中的启动时间转换为标准时间
create database IF NOT EXISTS perf_db;
```

```
use perf_db;
DELIMITER //
create function f_convert_timer_to_utc(pi_timer bigint) returns timestamp(6)
DETERMINISTIC
begin
    declare value_utc_time timestamp(6);
     select FROM_UNIXTIME( (unix_timestamp(sysdate()) - variable_value) + pi_
timer/1000000000000 )  from performance_schema.global_status where variable_name =
'Uptime' into value_utc_time;
    return value_utc_time;
end;
//
DELIMITER ;

-- innodb status 输出中，死锁信息中的 MySQL thread id 实际表示是 PROCESSLIST ID。执行
语句找到 thread_id 与 PROCESSLIST_ID 的对应关系
select PROCESSLIST_ID,THREAD_ID,PROCESSLIST_INFO from performance_schema.
threads where PROCESSLIST_ID in (8,10);

-- 通过上一步找到的线程 ID 找到运行过的 SQL 语句
select THREAD_ID,
 perf_db.f_convert_timer_to_utc(TIMER_START) run_start_time,
 perf_db.f_convert_timer_to_utc(TIMER_END) run_end_time,
 TIMER_WAIT/1000000000000 wait_time_s,
 'False' is_current,
 CURRENT_SCHEMA,
 SQL_TEXT
 from performance_schema.events_statements_history where thread_id=51
union
select THREAD_ID,
 perf_db.f_convert_timer_to_utc(TIMER_START) run_start_time,
 perf_db.f_convert_timer_to_utc(TIMER_END) run_end_time,
 TIMER_WAIT/1000000000000 wait_time_s,
 'True' is_current,
 CURRENT_SCHEMA,
 SQL_TEXT
 from performance_schema.events_statements_current where thread_id=51
    and (THREAD_ID,EVENT_ID,END_EVENT_ID) not in (select THREAD_ID,EVENT_ID,END_
EVENT_ID from performance_schema.events_statements_history )
 order by run_start_time;
```

以上脚本中加粗文字，需要根据实际情况替换。

整理脚本后，研发同事再次尝试进行了复现死锁。查询得到如下结果：

```
select PROCESSLIST_ID,THREAD_ID,PROCESSLIST_INFO from performance_schema.
threads where PROCESSLIST_ID in (8,10);


+----------------+-----------+------------------+
| PROCESSLIST_ID | THREAD_ID | PROCESSLIST_INFO |
+----------------+-----------+------------------+
|              8 |        49 | NULL             |
|             10 |        51 | NULL             |
+----------------+-----------+------------------+
```

thread_id=49 的 sql 运行情况如下：

```
|               49 | 2023-03-25 02:15:59.173352 | 2023-03-25 02:15:59.173612 |
0.0003 | False      | testdb          | begin                                    |
|               49 | 2023-03-25 02:16:08.349311 | 2023-03-25 02:16:08.350678 |
0.0014 | False      | testdb          | insert into dl_tab(id,name) values(26,10) |
|               49 | 2023-03-25 02:16:26.824176 | 2023-03-25 02:16:26.826121 |
0.0019 | False      | testdb          | insert into dl_tab(id,name) values(40,8) |
      +----------+----------------------------+-----------------------------+-------
------+-----------+----------------+-----------------------------------------------+
```

thread_id=51 的 sql 运行情况如下：

```
|               51 | 2023-03-25 02:15:58.040749 | 2023-03-25 02:15:58.041057 |
0.0003 | False      | testdb          | begin                                    |
|               51 | 2023-03-25 02:16:17.408110 | 2023-03-25 02:16:26.828374 |
9.4203 | False      | testdb          | insert into dl_tab(id,name) values(30,10) |
```

梳理结果如表 2 所示。

表 2

事务 T1——thread 49	事务 T2——thread 51
begin;	begin;
insert into dl_tab(id,name) values(26,10);	
	insert into dl_tab(id,name) values(30,10);
insert into dl_tab(id,name) values(40,8);	

根据上述梳理结果，通过人工方式在开发环境执行上述 SQL 语句，再次发生死锁，且 innodb status 的死锁信息与测试环境基本相同。

至此，回答了最开始提出的问题 1：T1 为什么会持有 ua 中记录 10 的锁？因为该事务前面执行了如下语句，所以持有了记录 (26,10) 的锁：

```
insert into dl_tab(id,name) values(26,10);
```

10.3.3 关于跟踪死锁额外的思考

从这个死锁的发生过程可知，刚好是 innodb status 死锁信息输出结果中的两个会话导致了死锁。但参与死锁的可能涉及 3 个、4 个或者更多的事务，因此还有如下几个额外的问题：

- 问题 5：如果是 3 个或更多的事务参与死锁，如何跟踪？

- 问题 6：执行的 SQL 语句应该是导致死锁最直接的原因，其本质锁的是记录、锁类型及堵塞关系，如何查看？

- 问题 7：死锁发生后，由于 MySQL 死锁检测机制会自动发现死锁，并会挑选事务进行回退。事务被回退了之后，就破坏了死锁的第一现场。除了 innodb status 提供的最近一次死锁信息外（特别是 8.0.18 版本之前不包括事务 T1 持有的锁信息），再无其他可用的分析数据。

综合以上 3 个问题，总结了如下补充方案，以采集相关的性能数据：

针对问题 7，在测试环境临时关闭死锁检测，然后再次复现：

```
innodb_deadlock_detect = off
innodb_lock_wait_timeout = 10
innodb_rollback_on_timeout = on
```

针对问题 5、6，结合 MySQL 已有的实时锁与锁等待性能数据，总结了如下脚本：

```
-- 创建工作目录
cd <path-to-dir>
mkdir deadlock_data
cd deadlock_data

-- 创建死锁数据保存表
mysql -uroot -S /tmp/mysql.sock
create database IF NOT EXISTS perf_db;
use perf_db
CREATE TABLE `tab_deadlock_info` (
  `id` int primary key auto_incrment,
  `curr_dt` datetime(6) NOT NULL,
```

```
    `thread_id` bigint unsigned DEFAULT NULL,
    `conn_id` bigint unsigned DEFAULT NULL,
    `trx_id` bigint unsigned DEFAULT NULL,
    `object_name` varchar(64) DEFAULT NULL,
    `INDEX_NAME` varchar(64) DEFAULT NULL,
    `lock_type` varchar(32) NOT NULL,
    `lock_mode` varchar(32) NOT NULL,
    `lock_status` varchar(32) NOT NULL,
    `LOCK_DATA` varchar(8192) CHARACTER SET utf8mb4 DEFAULT NULL,
    `blk_trx_id` bigint unsigned DEFAULT NULL,
    `blk_thd_id` bigint unsigned DEFAULT NULL,
    index idx_curr_dt(curr_dt)
) ENGINE=InnoDB DEFAULT CHARSET=utf8mb4;


-- 查看当前存在的锁及锁堵塞信息
-- data_locks/data_lock_waits 自MySQL 8.0.1提供, 之前版本查询 information_schema.
innodb_locks/ information_schema.innodb_lock_waits 获取类似信息
    vi save_lock_data.sql
    insert into tab_deadlock_info(curr_dt,thread_id,conn_id,trx_id,object_
name,index_name,
        lock_type,lock_mode,lock_status,lock_data,blk_trx_id,blk_thd_id)
    select NOW(6) curr_dt,a.thread_id,b.PROCESSLIST_ID conn_id,
      ENGINE_TRANSACTION_ID trx_id, object_name,
      INDEX_NAME,lock_type,lock_mode,lock_status,LOCK_DATA,
      c.BLOCKING_ENGINE_TRANSACTION_ID blk_trx_id,
      c.BLOCKING_THREAD_ID blk_thd_id
    from performance_schema.data_locks a left join performance_schema.threads b
      on a.thread_id=b.thread_id
    left join performance_schema.data_lock_waits c
        on a.ENGINE_TRANSACTION_ID=c.REQUESTING_ENGINE_TRANSACTION_ID and
a.thread_id=c.REQUESTING_THREAD_ID
    where a.thread_id=b.thread_id order by thread_id,trx_id;


-- 查询脚本
mysql -uroot -S /tmp/mysql.sock perf_db -e "source save_lock_data.sql"


-- 定时查询脚本
vi run_save_lock.sh
while true
do
sleep 0.1 # 指定查询间隔时间, 结合实际需求调整
mysql -uroot -S /tmp/mysql.sock perf_db -e "source save_lock_data.sql" 2>>run_
```

```
save_lock.err
    done

    -- 执行查询
    sh run_save_lock.sh
```

10.3.4 说明

配置上述 innodb_deadlock_detect 参数关闭死锁检测，innodb status 将不会继续输出 LATEST DETECTED DEADLOCK 信息。

应用日志看到的告警为锁超时告警，可以据此找到锁超时发生时间。

再次复现后使用 tab_deadlock_info 查询锁数据如图 1 所示。

```
mysql> select * from tab_deadlock_info order by curr_dt;
+----------------------------+-----------+---------+--------+-------------+------------+-----------+------------------------+-------------+-----------+------------+------------+
| curr_dt                    | thread_id | conn_id | trx_id | object_name | INDEX_NAME | lock_type | lock_mode              | lock_status | LOCK_DATA | blk_trx_id | blk_thd_id |
+----------------------------+-----------+---------+--------+-------------+------------+-----------+------------------------+-------------+-----------+------------+------------+
| 2023-03-27 14:53:55.308605 |        50 |       9 |  62506 | dl_tab      | NULL       | TABLE     | IX                     | GRANTED     | NULL      |       NULL |       NULL |

| 2023-03-27 14:53:59.895795 |        49 |       8 |  62506 | dl_tab      | ua         | RECORD    | X,REC_NOT_GAP          | GRANTED     | 10, 26    |       NULL |       NULL |
| 2023-03-27 14:53:59.895795 |        49 |       8 |  62631 | dl_tab      | NULL       | TABLE     | IX                     | GRANTED     | NULL      |      62506 |         49 |
| 2023-03-27 14:53:59.895795 |        49 |       8 |  62631 | dl_tab      | ua         | RECORD    | S                      | WAITING     | 10, 26    |      62506 |         49 |
| 2023-03-27 14:53:59.895795 |        50 |       9 |  62506 | dl_tab      | NULL       | TABLE     | IX                     | GRANTED     | NULL      |       NULL |       NULL |

| 2023-03-27 14:54:04.652688 |        49 |       8 |  62506 | dl_tab      | ua         | RECORD    | X,REC_NOT_GAP          | GRANTED     | 10, 26    |       NULL |       NULL |
| 2023-03-27 14:54:04.652688 |        49 |       8 |  62631 | dl_tab      | NULL       | TABLE     | IX                     | GRANTED     | NULL      |      62506 |         49 |
| 2023-03-27 14:54:04.652688 |        49 |       8 |  62631 | dl_tab      | ua         | RECORD    | S                      | WAITING     | 10, 26    |      62506 |         49 |
| 2023-03-27 14:54:04.652688 |        50 |       9 |  62506 | dl_tab      | NULL       | TABLE     | IX                     | GRANTED     | NULL      |      62631 |         49 |
| 2023-03-27 14:54:04.652688 |        50 |       9 |  62506 | dl_tab      | ua         | RECORD    | X,GAP,INSERT_INTENTION | WAITING     | 10, 26    |      62631 |         49 |

| 2023-03-27 14:54:10.750942 |        49 |       8 |  62506 | dl_tab      | ua         | RECORD    | X,REC_NOT_GAP          | GRANTED     | 10, 26    |       NULL |       NULL |
| 2023-03-27 14:54:10.750942 |        50 |       9 |  62506 | dl_tab      | NULL       | TABLE     | IX                     | GRANTED     | NULL      |       NULL |       NULL |
| 2023-03-27 14:54:10.750942 |        50 |       9 |  62506 | dl_tab      | ua         | RECORD    | X,GAP,INSERT_INTENTION | GRANTED     | 10, 26    |       NULL |       NULL |
+----------------------------+-----------+---------+--------+-------------+------------+-----------+------------------------+-------------+-----------+------------+------------+
```

图 1

同时，使用步骤 2 查询的语句信息如图 2 所示。

```
-- thread 49
+-----------+----------------------------+----------------------------+-------------+------------+----------------+---------------------------------------------+
| THREAD_ID | run_start_time             | run_end_time               | wait_time_s | is_current | CURRENT_SCHEMA | SQL_TEXT                                    |
+-----------+----------------------------+----------------------------+-------------+------------+----------------+---------------------------------------------+
|        49 | 2023-03-27 14:53:49.570831 | 2023-03-27 14:53:49.571035 |      0.0002 | False      | testdb         | begin                                       |
|        49 | 2023-03-27 14:53:59.533194 | 2023-03-27 14:54:10.302213 |     10.7690 | False      | testdb         | insert into dl_tab(id,name) values(30,10)   |
+-----------+----------------------------+----------------------------+-------------+------------+----------------+---------------------------------------------+
-- thread 50
+-----------+----------------------------+----------------------------+-------------+------------+----------------+---------------------------------------------+
| THREAD_ID | run_start_time             | run_end_time               | wait_time_s | is_current | CURRENT_SCHEMA | SQL_TEXT                                    |
+-----------+----------------------------+----------------------------+-------------+------------+----------------+---------------------------------------------+
|        50 | 2023-03-27 14:53:50.665646 | 2023-03-27 14:53:50.665817 |      0.0002 | False      | testdb         | begin                                       |
|        50 | 2023-03-27 14:53:54.878870 | 2023-03-27 14:53:54.880164 |      0.0013 | False      | testdb         | insert into dl_tab(id,name) values(26,10)   |
|        50 | 2023-03-27 14:54:04.297189 | 2023-03-27 14:54:10.300571 |      6.0034 | False      | testdb         | insert into dl_tab(id,name) values(40,8)    |
+-----------+----------------------------+----------------------------+-------------+------------+----------------+---------------------------------------------+
```

图 2

综合上述查询结果，梳理得到的结果如表 3 所示。

表 3

时间	事务 T1	事务 T2
2023-03-27 14:53:49		begin;
2023-03-27 14:53:50	begin;	
2023-03-27 14:53:54	insert into dl_tab(id,name) values(26,10);	
2023-03-27 14:53:59	持有：ua 记录（10,26）的 lock x rec_not gap	insert into dl_tab(id,name) values(30,10); 等待：ua 记录（10,26）的 lock s

时间	事务 T1	事务 T2
2023-03-27 14:54:04	insert into dl_tab(id,name) values(40,8); 持有：ua 记录 (10,26) 的 lock x、rec not gap 等待：ua 记录 (10,26) 的 lock x、gap、insert intention	

表 3 再次梳理出了死锁的发生过程。

10.4 根因分析

通过上述过程，可以看到死锁发生的过程、获取的锁及其属性信息。但要分析出为什么会发生死锁，还需要结合 MySQL 的锁实现机制。由于以上死锁场景涉及唯一索引的插入实现逻辑，将结合源码进行解读。

10.4.1 单列唯一索引插入逻辑

图 3 中①号线表示 T1 第一次插入执行的逻辑，②号线表示 T2 第一次插入执行的逻辑；③号线表示 T1 第二次插入执行的逻辑，与唯一索引插入记录相关锁操作，使用了短箭头进行标记，竖线与短箭头交叉表示执行了函数，否则表示未执行。

图 3

213

10.4.2 最终死锁过程

以时间维度，结合以上的 MySQL 加锁逻辑进行分析。

第一步，T1、T2 开启了一个事务，随后 T1 执行了插入 (26,10) 的 insert 语句。T2 执行了插入 (30,10) 的 insert 语句。进行唯一性冲突检查，尝试获取 lock s lock、ordinary（第 15 行）。看到 lock s，是因为 lock ordinary 对应的数字表示为 0，任何数据与它进行"与"运算都等于本身，所以看不出来，如图 4 所示。

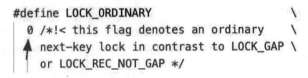

```
#define LOCK_ORDINARY                              \
    0 /*!< this flag denotes an ordinary          \
    next-key lock in contrast to LOCK_GAP \
    or LOCK_REC_NOT_GAP */
```

图 4

第二步，T2 所在的连接会将 T1 中的隐式锁转换为显示锁（第 17 行），此时 T1 将获取 lock rec、lock x、lock rec not gap，即看到的 lock x、rec not gap。由于是 T2 所在的线程为 T1 创建的锁，因此该锁对应的 thread_id 为 T2 的线程 ID，但 trx_id 为 T1 的事务 ID。

第三步，但由于 T1 的 lock x、lock rec rec not gap 与 T2 的 lock s、lock ordinary 不兼容（第 23 行），因此 T2 被堵塞。

第四步，当 T2 被堵塞时，内部函数 add_to_waitq 在处理时，同样会记录创建一个锁，并设置属性 lock s、lock ordinary、lock wait、lock rec，以指示锁等待（第 24 行）。随后 T2 返回上层函数，以等待锁资源（第 38 行）。

第五步，T1 又执行了 (40,8) 的 insert 语句。由于其插入的唯一索引值是 8（注意不是 10），因此不存在主键冲突，直接执行乐观插入操作（第 43 行）。

第六步，执行乐观插入时，需要检查其他事务是否堵塞 insert 操作。其核心是获取待插入记录的下一个值（第 46~47 行）（这里刚好是 10），并获取该记录上的所有锁，与需要添加的锁（lock x、lock gap、lock insert intention）判断是否存在冲突（第 51 行）。

第五步 T2 持有了记录 10 的 lock s、lock ordinary、lock wait、loc。

• K_REC 锁与 T1 的 lock x、lock gap、lock insert intention 不兼容，因此 T1 被 T2 堵塞（第 51 行）。

• 死锁形成。

如需了解更多实现细节，大家可以结合源码进一步确认。

至此，回答了最开始提出的问题 2、3、4。

- 问题 2：T1 既然持有了锁，为什么又会等待锁？

答：持有锁应该没有疑问，在分析类似问题注意隐式锁转换为显示锁的机制（lock_rec_convert_impl_to_expl）。等待锁主要是由于 T2 被堵塞后，会创建锁（lock s、lock ordinary、lock wait、lock rec）。然后 T1 在执行乐观插入时，需要遍历记录上存在的所有锁进行锁冲突判断，由于锁模式不兼容，因此被堵塞。

- 问题 3：T2 持有和等待相同的锁，到底是持有还是在等待？

答：虽然从 innodb status 看到 T2 持有和等待都是 lock s、next key lock。但实际上由于锁冲突，加入等待队列时会持有锁 lock s、lock ordinary、lock wait、lock rec。

- 问题 4：死锁到底是如何产生的？

答：见以上死锁过程分析。

10.5 解决问题

综合以上死锁发生的过程，总结原因如下：

- 原因 1：过度依赖唯一索引，插入的数据不符合唯一索引要求，需要进行唯一性冲突检查。

- 原因 2：批量插入的数据不是有序的。

两种情况同时存在，导致死锁发生。

原因 2 在并发场景下，控制起来较为复杂。对于原因 1，该场景为并发批量插入逻辑，可以在执行插入时，避免插入重复的 uname。随后，研发同事进行逻辑优化后，问题不再发生。

对于死锁问题，建议结合业务情况尽量选择 Read Committed 隔离级别，适当减少唯一索引。如确实发生死锁，读者朋友可以参考本次故障案例，合理利用性能数据来跟踪死锁问题，结合源码或者已有的案例分析死锁原因和解决方案。

11 数据库服务器内存不足一例分析

作者：付祥

11.1 现象

监控告警某台机器空闲内存低于 10%，执行 top 命令，按内存降序排序，部分输出如下：

```
[root@mysql-slaver ~]# top
top - 13:45:43 up 1835 days, 20:52,  2 users,  load average: 0.02, 0.03, 0.05
Tasks: 210 total,   1 running, 208 sleeping,   1 stopped,   0 zombie
%Cpu(s):  0.5 us,  0.6 sy,  0.0 ni, 98.9 id,  0.0 wa,  0.0 hi,  0.0 si,  0.0 st
KiB Mem : 32780028 total,   905684 free, 19957900 used, 11916444 buff/cache
KiB Swap:        0 total,        0 free,        0 used.  3448260 avail Mem

  PID USER      PR  NI    VIRT    RES    SHR S  %CPU %MEM     TIME+ COMMAND
 2677 mysql     20   0   20.1g  15.1g   3392 S   0.0 48.2 430:17.58 mysqld
10549 polkitd   20   0 3277476   3.1g    632 S   0.3  9.9 146:47.24 redis-server
18183 root      20   0  877308 215868   1892 T   2.7  0.7  2736:45 xxxxxx
  442 root      20   0  160244  93016  88552 S   0.3  0.3 314:14.86 systemd-
journal
32537 root      20   0  731620  58360  54588 S   0.3  0.2  29:09.61 rsyslogd
```

total=32G，used=19G，buff/cache=11G，available=3G，最耗内存进程为 MySQL、Redis，总计约 18.2G，其他进程占用内存都比较低，buff/cache 内存中只有 3G 是有效的，剩余 8G 内存去哪里了？

11.2 分析

执行 free 命令进一步查看：

```
[root@MySQL-slaver ~]# free -m
              total        used        free      shared  buff/cache   available
Mem:          32011       19490         881        8762       11639        3366
Swap:             0           0           0
```

其中 shared 竟然占用了 8G 内存，通过 man 查看帮助：

```
shared Memory used (mostly) by tmpfs (Shmem in /proc/meminfo, available on
kernels 2.6.32, displayed as zero  if  not  avail-able)
```

shared Memory 来源于 /proc/meminfo 中的 Shmem，被 tmpfs 使用，通过 df -h 查看：

```
[root@MySQL-slaver ~]# df -h
Filesystem       Size  Used Avail Use% Mounted on
devtmpfs          16G     0   16G   0% /dev
tmpfs             16G   16K   16G   1% /dev/shm
tmpfs             16G  8.6G  7.1G  55% /run
tmpfs             16G     0   16G   0% /sys/fs/cgroup
```

目录 /run 使用了 8.6G 内存，和 shared 占用内存一致，内存都消耗到了哪些子目录？

```
[root@MySQL-slaver ~]# du -am /run|sort -rn -k1|head -10
8761    /run
7137    /run/systemd
7126    /run/systemd/users
1624    /run/log/journal/89308070e0c04c6a86bf577f4064efca
1624    /run/log/journal
1624    /run/log
```

内存主要消耗在 /run/systemd/users 和 /run/log/journal 目录，占用内存分别为 7126M、1624M，较为异常的是 /run/systemd/users 占用内存过高，继续分析这个目录下有哪些文件：

```
[root@MySQL-slaver ~]# ls -l /run/systemd/users
total 44
-rw-r--r-- 1 root root 41056 Mar 23 14:14 0
```

乍一看，只有一个文件占用约 40KB，这和 du 统计的差异巨大，查看是否有隐藏文件：

```
[root@MySQL-slaver ~]# find /run/systemd/users|less
/run/systemd/users
/run/systmd/users/0
/run/systemd/users/.#0kRUlqC
/run/systemd/users/.#0Qxvu5J
/run/systemd/users/.#03DvfrF
......

[root@MySQL-slaver ~]# find /run/systemd/users|wc -l
```

```
337632

[root@MySQL-slaver ~]# ls -l /run/systemd/users/.#00009iJ
-rw-r--r-- 1 root root 20480 Sep 26  2018 /run/systemd/users/.#00009iJ
[root@MySQL-slaver ~]# ll /run/systemd/users/.#0SEEqoi
-rw-r--r-- 1 root root 20480 Mar 23 14:34 /run/systemd/users/.#0SEEqoi

[root@MySQL-slaver ~]# uptime
 14:45:13 up 1835 days, 21:51,  2 users,  load average: 0.02, 0.08, 0.12
```

不看不知道，一看吓一跳，隐藏文件数超过 30 万，最早的文件有 2018 年的，最新的文件是当天产生的，随便打开一个文件看看：

```
[root@MySQL-slaver ~]# less /run/systemd/users/.#03DvfrF

# This is private data. Do not parse.

NAME=root
STATE=active
RUNTIME=/run/user/0
SLICE=user-0.slice
DISPLAY=4231719
REALTIME=1521010223727718
MONOTONIC=79029110787
SESSIONS=4232100 4232099 4232098 ......
```

保存的是 root 用户 session 信息，使用 loginctl 查看 session 信息：

```
[root@MySQL-slaver ~]# loginctl list-sessions
   SESSION        UID USER           SEAT
    24597          0 root
   146401          0 root
   133160          0 root
    82494          0 root
    82514          0 root
   106049          0 root
......
[root@MySQL-slaver ~]# loginctl list-sessions|awk '{print $3}'|sort|uniq -c
      1
      1 listed.
   2131 root
      1 USER
```

root 用户 session 数竟然高达 2131 个，随便拿一个 session 看看：

```
[root@MySQL-slaver ~]# loginctl session-status 24597
24597 - root (0)
           Since: Tue 2018-03-27 08:35:01 CST; 4 years 11 months ago
          Leader: 25599
         Service: crond; type unspecified; class background
           State: active
            Unit: session-24597.scope
[root@MySQL-slaver ~]#
```

crond 产生的 session 都没有分配相关进程，当前状态为 active，按 session 排序后，挑选最近的 session 查看，都是 2018 年产生的：

```
[root@MySQL-slaver ~]# loginctl session-status 243335
243335 - root (0)
           Since: Sat 2018-07-14 03:29:01 CST; 4 years 8 months ago
          Leader: 28376
         Service: crond; type unspecified; class background
           State: active
            Unit: session-243335.scope
[root@MySQL-slaver ~]#
```

做了一个定时任务测试，session 能正常分配进程，任务完成后 session 关闭：

```
Mar 23 15:20:01 [localhost] CROND[12334]: (root) CMD (sleep 1200)

[root@MySQL-slaver ~]# loginctl session-status 4232206
4232206 - root (0)
           Since: Thu 2023-03-23 15:20:01 CST; 19min ago
          Leader: 12330 (crond)
         Service: crond; type unspecified; class background
           State: opening
            Unit: session-4232206.scope
                  ├─12330 /usr/sbin/CROND -n
                  └─12334 sleep 1200
[root@MySQL-slaver ~]# loginctl session-status 4232206
Failed to get session: No session '4232206' known


[root@MySQL-slaver ~]# lsof -p `pidof dbus-daemon`|grep sessions|wc -l
2126
```

```
[root@MySQL-slaver ~]# lsof -p `pidof dbus-daemon`|tail -5
dbus-daem 560 dbus 2139w      FIFO              0,18      0t0  416861417 /run/
systemd/sessions/156582.ref
dbus-daem 560 dbus 2140w      FIFO              0,18      0t0  417383549 /run/
systemd/sessions/156774.ref
dbus-daem 560 dbus 2141w      FIFO              0,18      0t0  417291412 /run/
systemd/sessions/156740.ref
dbus-daem 560 dbus 2142w      FIFO              0,18      0t0  620267085 /run/
systemd/sessions/242902.ref
dbus-daem 560 dbus 2143w      FIFO              0,18      0t0  621086290 /run/
systemd/sessions/243335.ref
[root@MySQL-slaver ~]#
```

11.3 解决

笔者觉得可选解决方案如下：

（1）服务器上主要服务为 MySQL 和 Redis，MySQL 作为从库使用，未承载业务读流量，Redis 近期将会迁移，/run/systemd/users 目录占用内存虽然在增长，5 年了也只占用 8G，增量很缓慢，故可以在线收缩 MySQL innodb_buffer_pool_size 使用内存，释放一部分内存给操作系统，等 Redis 迁移了再做机器重启处理。

（2）假设主机不可以重启，通过 lsof 可知这些隐藏文件当前未被使用，故可以迁移到其他磁盘目录，看看是否能达到释放内存目的，且这些 session 都是 crond 2018 年产生的，并未分配相关进程，故通过 loginctl kill-session ID 删掉。

目前采取方案 1 处理。

12 MySQL 备份文件静默损坏一例分析

作者：付祥

12.1 背景

线上一套 MySQL 计划升级到 8.0 版本，通过备份还原搭建一个测试环境，用于升级测试。数据库采用 XtraBackup 每天进行全备，压缩备份文件约 300G，解压到一半就报错了：

```
gzip: stdin: invalid compressed data--format violated
tar: Unexpected EOF in archive
tar: Unexpected EOF in archive
tar: Error is not recoverable: exiting now
```

刚开始以为只是这个备份文件不完整，又找了前一天的备份文件，解压过程中也报了同样的错误，备份文件比较大，无疑增加了排障时间。

12.2 故障分析

备份脚本通过 crontab 每天凌晨执行，线上都是同一套备份脚本，不同项目时常做备份数据还原，还是头一次遇到备份文件解压失败的现象，笔者查看了脚本，每个关键阶段都做了状态码判断是否成功，若失败就告警，同时对 XtraBackup 备份日志最后一行是否包含 completed OK 关键词也做了判断，关键备份脚本如下：

```
xtrabackup xxx --stream=tar  --no-timestamp $bkdir 2> xxx.log | gzip - > xxx.
tar.gz
```

近期也没收到失败告警，说明备份脚本执行成功，感觉太奇怪了，查看定时任务日志，发现同一任务同一时间点竟然启动了 2 次：

```
[root@localhost backup]# grep backup /var/log/cron
  Mar  6 00:00:01 localhost CROND[6212]: (root) CMD (sh xxx/mysql_ftp_backup.sh
|| echo 1 > xxx/err.log)
  Mar  6 00:00:01 localhost CROND[6229]: (root) CMD (sh xxx/mysql_ftp_backup.sh
|| echo 1 > xxx/err.log)
  Mar  7 00:00:01 localhost CROND[5387]: (root) CMD (sh xxx/mysql_ftp_backup.sh
|| echo 1 > xxx/err.log)
  Mar  7 00:00:01 localhost CROND[5420]: (root) CMD (sh xxx/mysql_ftp_backup.sh
|| echo 1 > xxx/err.log)
```

crond 服务每次同时拉起 2 个进程执行备份，并发地去往同一个压缩文件。xxx.tar.gz 写数据，备份数据相互覆盖，导致备份文件损坏，每天看似备份成功的任务，其实都是无效的，这也说明了定期备份恢复演练的重要性。为何定时任务同一时间点会启动 2次？查看 crond 进程：

```
[root@localhost backup]# ps -ef|grep crond |grep -v grep
root 2883  1 0 2018 ? 01:42:46 crond
root 17293 1 0 2022 ? 00:43:22 crond
```

原来是因为系统启动了 2 个 crond 进程，结束 crond 进程后重启，再次查看只有一个 crond 进程：

```
[root@localhost backup]# service crond stop
Stopping crond:                                          [  OK  ]

[root@localhost backup]# ps -ef|grep crond
root      2883     1  0  2018 ?         01:42:46 crond
root     31486 31856  0 10:59 pts/2     00:00:00 grep crond

[root@localhost backup]# kill 2883
[root@localhost backup]# ps -ef|grep crond
root     31572 31856  0 10:59 pts/2     00:00:00 grep crond

[root@localhost backup]# service crond start
Starting crond:                                          [  OK  ]
[root@localhost backup]# ps -ef|grep crond
root     31632     1  0 10:59 ?         00:00:00 crond
root     31639 31856  0 11:00 pts/2     00:00:00 grep crond
```

12.3 总结

为了确保备份有效，需要做如下改进：

（1）flock 给脚本执行加互斥锁，确保一个时间点只有 1 个进程运行。

（2）定期做备份恢复演练。

（3）增加 crond 进程监控，不等于 1 则告警。

13 一条本该记录到慢日志的 SQL 是如何被漏掉的

作者：吴斯亮

13.1 背景

生产环境中 select count(*) from table 语句执行很慢，已经远超 long_query_time 参数

定义的慢查询时间值，但是却没有记录到慢日志中。在测试环境中也很容易复现该问题，慢查询日志确实没有记录 select count(*) 语句。

慢查询相关参数设置如下：

```
slow_query_log = 1                                    # 开启慢查询日志
slow_query_log_file = /mydata/3306/log/mysql.slow.log  # 慢查询日志文件目录
log_queries_not_using_indexes = 1                     # 开启记录未使用索引的 SQL
log_slow_admin_statements = 1                         # 开启记录管理语句
log_slow_slave_statements = 1                         # 开启主从复制中从库的慢查询
log_throttle_queries_not_using_indexes = 10# 限制每分钟写入慢日志的未用索引 SQL 数量
long_query_time = 2                                   # 定义慢查询的 SQL 执行时长
min_examined_row_limit = 100      # 该 SQL 检索的行数小于 100 则不会记录到慢日志
```

select count(*) 执行原理可以总结如下：InnoDB 存储引擎在执行 select count(*) 时，Server 层遍历读取 InnoDB 层的二级索引或主键，然后按行计数。

因此，慢查询日志不应该没有记录到执行时间超过 long_query_time 的 select count(*) 语句。

13.2 慢查询日志源码剖析

为了一探到底，笔者在 MySQL 源码中找到了以下记录慢查询日志的相关函数，本文所涉及的 MySQL 数据库版本为 8.0.32。

```
sql_class.cc 文件中的 update_slow_query_status 函数：
void THD::update_slow_query_status() {
  if (my_micro_time() > start_utime + variables.long_query_time)
    server_status |= SERVER_QUERY_WAS_SLOW;
}
```

my_micro_time 函数返回的是当前时间，如果当前时间大于这条 SQL 执行的开始时间加 long_query_time 参数定义的时长，则更新这条 SQL 的 server_status 为 SERVER_QUERY_WAS_SLOW。

log.cc 文件中的 log_slow_applicable 和 log_slow_statement 函数如下：

```
bool log_slow_applicable(THD *thd) {
......

  bool warn_no_index =
      ((thd->server_status &
```

```
           (SERVER_QUERY_NO_INDEX_USED | SERVER_QUERY_NO_GOOD_INDEX_USED)) &&
           opt_log_queries_not_using_indexes &&
           !(sql_command_flags[thd->lex->sql_command] & CF_STATUS_COMMAND));
  bool log_this_query =
       ((thd->server_status & SERVER_QUERY_WAS_SLOW) || warn_no_index) &&
       (thd->get_examined_row_count() >= thd->variables.min_examined_row_limit);

  // The docs say slow queries must be counted even when the log is off.
  if (log_this_query) thd->status_var.long_query_count++;

  /*
    Do not log administrative statements unless the appropriate option is
    set.
  */
  if (thd->enable_slow_log && opt_slow_log) {
    bool suppress_logging = log_throttle_qni.log(thd, warn_no_index);

    if (!suppress_logging && log_this_query) return true;
  }
  return false;
}
```

判断该 SQL 是否满足记录慢查询日志的条件如下：

（1）server_status 标记为 SERVER_QUERY_WAS_SLOW 或 warn_no_index（没有使用索引）。

（2）该 SQL 检索的行数 ≥ min_examined_row_limit 参数定义的行数。

如果该 SQL 同时满足以上记录慢查询日志的条件，则调用 log_slow_do 函数写慢查询日志。

```
void log_slow_statement(THD *thd) {
  if (log_slow_applicable(thd)) log_slow_do(thd);
}
```

13.3 MySQL 源码调试

在 MySQL 源码的 debug 环境中，开启 gdb 调试，对相关函数打下断点，这样便可以通过跟踪源码弄清楚一条 SQL 记录慢查询日志过程中函数和变量的情况。

```
(gdb) b THD::update_slow_query_status
```

```
(gdb) b log_slow_applicable
// 在客户端执行一条 SQL：select count(*) from user_test，跟踪源码执行到 update_
slow_query_status 函数时，可以发现这时候这条 SQL 的执行时长已经超过了 long_query_time 参数值，
并且把这条 SQL 的 server_status 更新为 SERVER_QUERY_WAS_SLOW。
```

查看堆栈信息如下：

```
(gdb) bt
#0   THD::update_slow_query_status (this=0x7f7d6000dcb0) at /root/gdb_mysql/
mysql-8.0.32/sql/sql_class.cc:3217
#1   0x000000000329ddaa in dispatch_command (thd=0x7f7d6000dcb0, com_data=0x
7f7dc43f1a00, command=COM_QUERY) at /root/gdb_mysql/mysql-8.0.32/sql/sql_parse.
cc:2422
#2   0x000000000329a7d3 in do_command (thd=0x7f7d6000dcb0) at /root/gdb_mysql/
mysql-8.0.32/sql/sql_parse.cc:1439
#3   0x00000000034b925f in handle_connection (arg=0xc966100) at /root/gdb_
mysql/mysql-8.0.32/sql/conn_handler/connection_handler_per_thread.cc:302
#4   0x00000000051e835c in pfs_spawn_thread (arg=0xc9c0940) at /root/gdb_mysql/
mysql-8.0.32/storage/perfschema/pfs.cc:2986
#5   0x00007f7ddff35ea5 in start_thread () from /lib64/libpthread.so.0
#6   0x00007f7dde95db0d in clone () from /lib64/libc.so.6
(gdb) n
3218          server_status |= SERVER_QUERY_WAS_SLOW;
(gdb) n
3219      }
```

跟踪源码执行到 log_slow_applicable 函数时，可以发现函数 thd → get_examined_
row_count() 的返回值为 0。也就是说这条 SQL 检索的行数为 0 行，小于当前设置的
min_examined_row_limit 参数值 100，所以这条 SQL 没有记录到慢查询日志中。堆栈信
息及打印变量输出如下：

```
(gdb) bt
#0   log_slow_applicable (thd=0x7f7d6000dcb0) at /root/gdb_mysql/mysql-8.0.32/
sql/log.cc:1592
#1   0x00000000038ce8c5 in log_slow_statement (thd=0x7f7d6000dcb0) at /root/
gdb_mysql/mysql-8.0.32/sql/log.cc:1661
#2   0x000000000329dff7 in dispatch_command (thd=0x7f7d6000dcb0, com_data=0x
7f7dc43f1a00, command=COM_QUERY) at /root/gdb_mysql/mysql-8.0.32/sql/sql_parse.
cc:2456
#3   0x000000000329a7d3 in do_command (thd=0x7f7d6000dcb0) at /root/gdb_mysql/
mysql-8.0.32/sql/sql_parse.cc:1439
```

```
    #4   0x00000000034b925f in handle_connection (arg=0xc966100) at /root/gdb_
mysql/mysql-8.0.32/sql/conn_handler/connection_handler_per_thread.cc:302
    #5   0x00000000051e835c in pfs_spawn_thread (arg=0xc9c0940) at /root/gdb_mysql/
mysql-8.0.32/storage/perfschema/pfs.cc:2986
    #6   0x00007f7ddff35ea5 in start_thread () from /lib64/libpthread.so.0
    #7   0x00007f7dde95db0d in clone () from /lib64/libc.so.6

    (gdb) p thd->get_examined_row_count()    // 打印 thd->get_examined_row_count() 当
前返回值
    $4 = 0
    (gdb) p thd->variables.min_examined_row_limit // 打印 min_examined_row_limit 变量值
    $5 = 100
```

13.4 原因

通过跟踪源码，可以查明 select count(*) from table 语句没有写入慢日志中是因为 MySQL 把此类 SQL 的检索行数计算为 0 行，小于 min_examined_row_limit 参数值。因此，把 min_examined_row_limit 参数设置为 0 后，再次执行 select count(*)，可以看到在慢查询日志中，这条 SQL 执行完成后就被记录了。且慢查询日志中的信息显示，这条 SQL 检索的行数为 0 行，返回的行数为 1 行。

所以要想把慢的 select count(*) 记录到慢查询日志中，min_examined_row_limit 这个参数必须保持为默认值 0。但是生产环境中一般会开启 log_queries_not_using_indexes 参数，为了避免慢查询日志记录检索行数较少的全表扫描 SQL，需要将 min_examined_row_limit 设置为某个大于 0 的值。

```
# User@Host: root[root] @ localhost [] Id:       8
# Query_time: 2.833550  Lock_time: 0.000013 Rows_sent: 1  Rows_examined: 0
use testdb;
SET timestamp=1681844004;
select count(*) from user_test;
```

13.5 提交 Bug

在 InnoDB 存储引擎中，每次执行 select count(*) from table 都会遍历全表或二级索引然后统计行数，不应该把 Rows_examined 计算成 0。因此笔者在官网上提交了此

bug，官方也证实了这个 bug（#110804），见图 1。

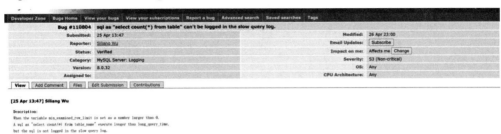

图 1

13.6 结语

虽然现在的 MySQL 数据库大多数都部署在云上或者使用了数据库管理平台收集慢查询，慢查询日志可能不是首选的排查问题 SQL 的方法。但是对于没有额外配置慢查询监控的 MySQL，慢查询日志仍然是一个非常好的定位慢 SQL 的方法，配合 pt-query-digest 工具使用分析某段时间的 TOP SQL 也十分方便。并且数据库管理平台收集的慢查询数据需要额外的数据库存放，一般都会设置保留一段时间，如果要回溯更早的慢SQL，就只能通过慢查询日志了。

14 innodb_thread_concurrency 导致数据库异常的问题分析

作者：李锡超

14.1 问题现象

某研发同事反馈某测试应用系统存在异常，分析应用的错误日志、CPU、内存和磁盘 IO 等指标后，未发现相关异常，请求配合确认数据库运行情况。

关键配置如表 1 所示：

表1

配置项	值
数据库版本	MySQL 8.0
数据库架构	单机
CPU 个数	8C
内存	16G
参数 innodb_thread_concurrency	16
参数 innodb_concurrency_tickets	5000

14.2 初步分析

此类问题一般是由于 SQL 的效率低下，导致服务器的 CPU、IO 等资源耗尽，应用发起新的 SQL 请求时，会由于无法获取系统资源而导致 SQL 请求被堵塞。

故先检查 CPU、IO 等资源，发现 CPU 使用率约 5%，IO 几乎没有压力。登录数据库检查连接状态，发现很多连接的状态都为 executing（执行中）。部分结果如图 1 所示：

```
+----------+-----------------+------+----------+----------------------------------------------------------+
| Id       | Host            | Time | State    | Info                                                     |
+----------+-----------------+------+----------+----------------------------------------------------------+
| 70736441 | 10.x.y.z:53554  | 7366 | executing | SELECT e.everity,... FROM t01 e WHERE e.source='0' AND e.ob |
| 70736602 | 10.x.y.z:47622  | 7273 | executing | SELECT e.everity,... FROM t01 e WHERE e.source='0' AND e.ob |
| 70736648 | 10.x.y.z:47676  | 7242 | executing | SELECT e.everity,... FROM t01 e WHERE e.source='0' AND e.ob |
| 70736696 | 10.x.y.z:47726  | 7212 | executing | SELECT e.everity,... FROM t01 e WHERE e.source='0' AND e.ob |
| 70736922 | 10.x.y.z:54078  | 7066 | executing | SELECT e.everity,... FROM t01 e WHERE e.source='0' AND e.ob |
| 70737018 | 10.x.y.z:54188  | 6995 | executing | SELECT e.everity,... FROM t01 e WHERE e.source='0' AND e.ob |
| 70737059 | 10.x.y.z:54244  | 6965 | executing | SELECT e.everity,... FROM t01 e WHERE e.source='0' AND e.ob |
| 70737093 | 10.x.y.z:48142  | 6908 | executing | SELECT e.everity,... FROM t01 e WHERE e.source='0' AND e.ob |
| 70737129 | 10.x.y.z:48168  | 6891 | executing | SELECT e.everity,... FROM t01 e WHERE e.source='0' AND e.ob |
| 70737272 | 10.x.y.z:54428  | 6753 | executing | SELECT e.everity,... FROM t01 e WHERE e.source='0' AND e.ob |
| 70737327 | 10.x.y.z:48348  | 6709 | executing | SELECT e.everity,... FROM t01 e WHERE e.source='0' AND e.ob |
| 70737336 | 10.x.y.z:54482  | 6683 | executing | SELECT e.everity,... FROM t01 e WHERE e.source='0' AND e.ob |
| 70737365 | 10.x.y.z:54508  | 6528 | executing | SELECT e.everity,... FROM t01 e WHERE e.source='0' AND e.ob |
| 70737390 | 10.x.y.z:54524  | 6580 | executing | SELECT e.everity,... FROM t01 e WHERE e.source='0' AND e.ob |
| 70737415 | 10.x.y.z:54544  | 6540 | executing | SELECT e.everity,... FROM t01 e WHERE e.source='0' AND e.ob |
| 70737546 | 10.x.y.z:48516  | 6423 | executing | SELECT e.everity,... FROM t01 e WHERE e.source='0' AND e.ob |
| 70737603 | 10.x.y.z:54678  | 6245 | executing | SELECT e.everity,... FROM t01 e WHERE e.source='0' AND e.ob |
| 70737611 | 10.x.y.z:48566  | 6385 | executing | SELECT e.everity,... FROM t01 e WHERE e.source='0' AND e.ob |
| 70737645 | 10.x.y.z:48594  | 6223 | executing | SELECT e.everity,... FROM t01 e WHERE e.source='0' AND e.ob |
| 70737670 | 10.x.y.z:48616  | 6215 | executing | SELECT e.everity,... FROM t01 e WHERE e.source='0' AND e.ob |
| 70743221 | 10.x.y.z:44484  | 99   | executing | SELECT c.* FROM t03 c                                    |
| 70743235 | 10.x.y.z:45578  | 39   | executing | SELECT c.* FROM t03 c                                    |
| 70743403 | 10.x.y.z:44536  | 121  | updating  | DELETE FROM sessions WHERE status='1' AND userid='2'     |
| 70743415 | 10.x.y.z:44544  | 98   | executing | SELECT NULL FROM t03 c                                   |
| 70743459 | 10.x.y.z:44556  | 1    | executing | SELECT NULL FROM t03 c                                   |
| 70743460 | 10.x.y.z:44558  | 20   | executing | SELECT NULL FROM t03 c                                   |
| 70743466 | 10.x.y.z:44560  | 22   | executing | SELECT dv.mandat FROM t02 dv                             |
| 70743467 | 10.x.y.z:45650  | 5    | executing | SELECT NULL FROM t03 c                                   |
| 70743468 | 10.x.y.z:44562  | 22   | executing | SELECT dv.mandat FROM t02 dv                             |
+----------+-----------------+------+----------+----------------------------------------------------------+
```

图 1

根据上述结果分析：有 28 个会话状态为 executing（执行中），1 个会话状态为 updating（更新中）。如果这些会话都真的在执行，CPU 压力应该会很高，但实际情况仅占用了很少的 CPU。

14.2.1 系统是否有报错或者其他异常？

随后，笔者对 MySQL 错误日志、磁盘使用率、磁盘 Inode 使用率、系统 messages 等信息进行确认，都未发现异常。

14.2.2 SQL 语句是否存在特殊性？

笔者对连接中的 SQL 进行了初步分析，发现除了表 t01 所在的 SQL 较为复杂，其他 SQL 都非常简单，且访问的都是数据表（不是视图）。表 t02、t03 的数据仅 1 行，应该瞬间执行完成。

由于是测试环境，且问题导致测试阻断，于是执行如下命令收集了诊断数据（见表 2）：

表 2

诊断项	执行 SQL
连接状态	show processlist;
线程状态	select * from performance_schema.threads where processlist_info\G
事务信息	select * from information_schema.innodb_trx\G
InnoDB status	show engine innodb status\G
堆栈信息	pstack <mysqld-pid>

随后对数据库执行了重启，重启完成后，应用系统恢复正常。

14.3 堆栈与源码分析

笔者综合收集的信息，对连接状态、线程状态和堆栈信息进行关联分析，发现被堵塞的 29 个连接中，有 13 个都被卡在函数 nanosleep 中，比较奇怪。其堆栈关键信息如下：

```
#0   in nanosleep from /lib64/libpthread.so.0
#1   in srv_conc_enter_innodb
#2   in ha_innobase::index_read
#3   in ha_innobase::index_first
#4   in handler::ha_index_first
#5   in IndexScanIterator<false>::Read
#6   in Query_expression::ExecuteIteratorQuery
#7   in Query_expression::execute
#8   in Sql_cmd_dml::execute
#9   in mysql_execute_command
#10  in dispatch_sql_command
#11  in dispatch_command
#12  in do_command
#13  in handle_connection
```

其中 index_read 一般是首次访问 index，去找 WHERE 里的记录。更关键的是，笔者看到了 srv_conc_enter_innodb 函数，并由它调用了 nanosleep，执行了类似"睡眠"的操作。为此，结合对应版本的源码进行分析。总结如下：

```
|-index_read(buf, nullptr, 0, HA_READ_AFTER_KEY) // 入口函数
  |-ret = innobase_srv_conc_enter_innodb(m_prebuilt)
    |-err = DB_SUCCESS
    // STEP-1: 判断 innodb_thread_concurrency 是否为 0，不为 0 则进一步判断。否则直接
返回（即不限制进入 innodb 的线程数）
    |-if (srv_thread_concurrency):
      // STEP-2: 判断事务拥有的 ticket（该值初始为 0）个数是否大于 0，如成立则 --ticket，
然后返回 DB_SUCCESS 至上层函数；否则继续判断
      |-if (trx->n_tickets_to_enter_innodb > 0):  --trx->n_tickets_to_enter_
innodb
      |-else: err = srv_conc_enter_innodb(prebuilt)
        |-return srv_conc_enter_innodb_with_atomics(trx)
          |-for (;;):
            |-ulint sleep_in_us
            |-if (srv_thread_concurrency == 0): return DB_SUCCESS // 再次判断
innodb_thread_concurrency 是否为 0，满足则直接返回 DB_SUCCESS
            /* STEP-3: 判断进入 innodb 的事务是否小于 innodb_thread_concurrency 。
                    如小于（进入 innodb）：则调整 innodb 中活动线程个数、标记事务进入了
innodb、设置事务的 ticket 个数，然后返回 DB_SUCCESS 至上层函数；
                    */
            |-if (srv_conc.n_active.load(std::memory_order_relaxed) < srv_
thread_concurrency):
              |-n_active = srv_conc.n_active.fetch_add(1, std::memory_order_
acquire) + 1
              |-if (n_active <= srv_thread_concurrency):
                |-srv_enter_innodb_with_tickets(trx): // Note that a user thre
ad is entering InnoDB.
                  |-trx->declared_to_be_inside_innodb = TRUE
                  |-trx->n_tickets_to_enter_innodb = srv_n_free_tickets_to_enter
                |- // 调整 srv_thread_sleep_delay/
                |-return DB_SUCCESS
              |-srv_conc.n_active.fetch_sub(1, std::memory_order_release)
            /* STEP-4: 否则（未进入 innodb），执行：
                    a. 设置事务的状态 (information_schema.innodb_trx.trx_
operation_state) 为 "sleeping before entering InnoDB"
                    b. 根据 innodb_thread_sleep_delay 设置 sleep 时间
```

```
                              c. 判断 sleep 时间是否超过上限 innodb_adaptive_max_sleep_
delay, 如超过则设置睡眠时间为 innodb_adaptive_max_sleep_delay(1.5s)
                        d. 调用 nanosleep 进行指定时间的 sleep
                        e. 设置事务状态为 ""
                        f. 自增 sleep 此时
                        h. 自增睡眠时间
                        i. 进行下一次 for 循环     ------------------ > for
          */
          |-trx->op_info = "sleeping before entering InnoDB"
          |-sleep_in_us = srv_thread_sleep_delay
              |-if (srv_adaptive_max_sleep_delay > 0 && sleep_in_us > srv_
adaptive_max_sleep_delay):
                |-sleep_in_us = srv_adaptive_max_sleep_delay
                |-srv_thread_sleep_delay = sleep_in_us
          |-std::this_thread::sleep_for(std::chrono::microseconds(sleep_in_us))
              |-nanosleep
          |-trx->op_info = ""
          |-++n_sleeps
          |-if (srv_adaptive_max_sleep_delay > 0 && n_sleeps > 1):
              |-++srv_thread_sleep_delay
          |-if (trx_is_interrupted(trx)):
              |-return DB_INTERRUPTED
      |-return err
  |-ret = row_search_mvcc(buf, mode, m_prebuilt, match_mode, 0) // 执行查询操作
  |-innobase_srv_conc_exit_innodb(m_prebuilt);
    // STEP-5: 判断是否进入了 innodb, 且 ticket 为 0(ticket 被耗尽)
    |-if (trx->declared_to_be_inside_innodb && trx->n_tickets_to_enter_
innodb == 0):
      |-srv_conc_force_exit_innodb(trx)
      // STEP-6: 标记事务为未进入 innodb 状态。以避免不必要的函数调用
      |-srv_conc_exit_innodb_with_atomics(trx)
        |-trx->n_tickets_to_enter_innodb = 0
        |-trx->declared_to_be_inside_innodb = FALSE
        |-srv_conc.n_active.fetch_sub(1, std::memory_order_release)
```

为便于理解，将以上源码逻辑总结为 4 个场景：

（1）innodb_thread_concurrency == 0, 执行逻辑如图 2 所示。

图 2

（2）innodb_thread_concurrency != 0、事务拥有 ticket，执行逻辑如图 3 所示。

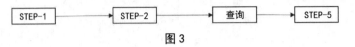

图 3

（3）innodb_thread_concurrency != 0、事务没有 ticket、进入 innodb 的事务小于 innodb_thread_concurrency，执行逻辑如图 4 所示。

图 4

（4）innodb_thread_concurrency != 0、事务没有 ticket、进入 innodb 的事务大于 innodb_thread_concurrency，执行逻辑如图 5 所示。

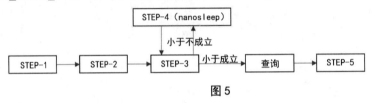

图 5

根据堆栈信息，受影响的会话都被堵塞在 nanosleep 函数；同时，通过事务信息，看到对应的会话 ticket 为 0、事务状态为 sleeping before entering InnoDB，与上述第 4 个场景基本相符。

故障数据库配置 innodb_thread_concurrency=16，问题发生时，由于数据库中慢 SQL 持有并发资源，且并发较高（超过 innodb_thread_concurrency），导致其他事务需要进行 nanosleep 以等待 InnoDB 并发资源。

同时，结合源码不难看出，慢 SQL 也需要频繁从 innodb 中进出，而当其拥有的 ticket（5000）用完之后，也需要重新进入排队并等待并发资源，导致执行 SQL 性能进一步降低，形成恶性循环。

14.4 问题解决

问题发生后，已通过重启的方式临时解决。但与研发同事沟通后，发现还存在如下问题。

14.4.1 如何根本解决问题？

综合以上分析过程，我们可以看到导致此次故障的根本原因就是发生问题时数据库存在慢 SQL，耗尽了 InnoDB 的并发资源，因此需要对问题 SQL 进行优化（由于篇幅有限，不在此讨论）。

此外，测试数据库设置了 innodb_thread_concurrency=16 是导致发生该现象的直接原因。对于该参数设置建议，简要总结如下（完整说明参考 MySQL 官方文档）：

（1）如果数据库的活动并发用户线程数小于 64，则设置 innodb_thread_concurrency=0。

（2）如果压力一直很重或偶尔出现峰值，首先设置 innodb_thread_concurrency=128，然后将该值降低到 96、80、64，以此类推，直到找到提供最佳性能的线程数。

（3）Innodb_thread_concurrency 值过高会导致性能下降，因为这会增加系统内部资源的争用。

因此，建议将 innodb_thread_concurrency=0 从数据库层面解决。该参数为动态参数，发生问题后可立即修改，并会立即生效，以避免不必要的重启操作。同时，需要尽快对慢 SQL 进行优化，以从根本解决该问题。

14.4.2 是否会影响到其他本身执行很快的 SQL？

根据源码分析结果，由于耗尽的是 InnoDB 全局并发线程资源，类似于进入 InnoDB "连接"被耗尽了一样。因此会影响其他所有的线程。

14.4.3 若有影响的会话到底会被堵塞多久？

对于线上系统，当 InnoDB 并发资源被耗尽后，新发起的 SQL 会进入 nanosleep，直至已进入 InnoDB 事务的 ticket 被耗尽后，才有可能进入 InnoDB（而且是最后新发起的 SQL 请求，sleep 时间越短，越容易进入），除非源头的慢 SQL 快速执行完成。但由于慢 SQL 在此状态下，当 ticket 用完后也需要参与排队，因此其执行时间会进一步加长，导致源头 SQL 无法快速完成。故大多数 SQL 请求都需要参与堵塞，且堵塞的时间会越来越长。问题发生后，建议尽快处理。

14.4.4 再次发生后，如何快速确认是该问题？

（1）对于该数据库版本，可检查是否有大量的数据库会话处于 executing 状态，且部分会话执行的 SQL 可能非常简单。

（2）检查数据库事务的状态，判断是否有处于 sleeping before entering InnoDB 的事务，且基本满足：sleeping before entering InnoDB 的事务个数 = 总的事务个数 -innodb_thread_concurrency。

（3）检查 innodb 输出，示例输出结果如下：

```
---------------
ROW OPERATIONS
---------------
16 queries inside InnoDB, 22 queries in queue
....
------------------------------
```

（4）根据前面提供的信息采集步骤，保存相关信息，并结合堆栈和源码进行确认。

04 **OceanBase 篇**

OceanBase 是由蚂蚁集团完全自主研发的国产原生分布式数据库，始创于 2010 年，已连续 10 年平稳支撑"双 11"，技术实力受到业界广泛认可。2021 年 6 月，OceanBase 宣布开源，让国内 DBA 们有机会一睹 OceanBase 的风采并参与其中。

爱可生开源社区近一年有非常多的 OceanBase 技术内容的积累，希望对正在学习 OceanBase 的读者有所帮助。

1 OceanBase 数据处理之控制文件

作者：杨文

1.1 问题描述

我们在导入导出数据时，有时需要对数据进行处理，来满足业务上的数据需求，此时需要使用控制文件配合导数工具来满足业务上不同数据的需求。

1.2 控制文件模板

控制文件模板如下：

```
lang=java(
  列名 字节偏移位置(可选)"预处理函数"映射定义(可选),
  列名 字节偏移位置(可选)"预处理函数"映射定义(可选),
  列名 字节偏移位置(可选)"预处理函数"映射定义(可选)
);
```

简单示例：

```
lang=java
server=mysql/oracle
(
    c1 "nvl(c1,'not null')" map(field_position),
    c2 "none" map(field_position)
);
```

参数说明：

（1）field_position 为导入的数据文件中预处理数据的列位置。

（2）控制文件的命名规范：table_name.ctl，大小写与数据库中保持一致。

（3）控制文件的内容要求列名的顺序与表中定义的列顺序保持一致，且列名大小写与表中的列名大小写保持一致。

1.3 使用案例

1.3.1 测试数据

测试数据如下:

```
cat /data/test/TABLE/test.dat
1@##oceanbase@##2023-01-12 15:00:00.0@##1@##ob@##1@##ob
2@##oceanbase@##2023-01-12 15:00:00.0@##2@##ob@##2@##ob
3@##oceanbase@##2023-01-12 15:00:00.0@##3@##ob@##3@##ob


create table test01 (
id int(10) not null primary key,
name varchar(10),
time timestamp not null default '1971-01-01 01:01:01',
blank varchar(255) null
);


create table test02 (
id int(10) not null primary key,
name varchar(10) not null,
time timestamp not null,
bar varchar(255) default null,
blank varchar(255) default null,
line varchar(255) default null,
mark  varchar(255) default null,
test  varchar(255) not null
);
```

1.3.2 案例展示

1.3.2.1 案例 1 表列少于文本列:表全列导入

控制文件:

```
vi /data/test01.ctl
lang=java(
id "none" map(1),
name "none" map(2),
time "none" map(3),
blank "none" map(5)
);
```

导入语句:

```
./obloader -h 10.186.60.94 -P 2883 -u root -p rootroot \
-c ywob -t mysql_yw_tent -D ywdb --table test01 --cut \
-f /data/test/TABLE/test.dat --log-path /data/ --external-data \
--replace-data --column-splitter '@##' --ctl-path /data/test01.ctl
```

输出结果：

```
All Dump Tasks Finished:
    -----------------------------------------------------------------------
--------------------
            No.#       |        Type       |        Name       |     Count
|    Status
    -----------------------------------------------------------------------
--------------------
             1         |        TABLE      |        test01     |         3
|    SUCCESS
    -----------------------------------------------------------------------
--------------------
```

可以看到是成功的。此时，我们进库再进行 select 查询数据进行验证，可以看到的确是成功的。

1.3.2.2 案例 2 表列少于文本列：表部分列导入

控制文件：

```
vi /data/test01.ctl
lang=java(
id "none" map(1)
);
```

导入数据，可以看到报错信息：

```
Error:"Field 'id' doesn't have a default value"
```

修改控制文件：

```
vi /data/test01.ctl
lang=java(
id "none" map(1),
name "none" map(2)
);
```

此时再导入是成功的，说明：

（1）插入部分列时，需要为插入的每列在参数文件中指定对应的文本列。

（2）not null 列必须有对应的插入数据，或者是有缺省值。

1.3.2.3 案例 3 表列多于文本列：全列导入

控制文件：

```
vi /data/test02.ctl
lang=java(
id "none" map(1),
name "none" map(2),
time "none" map(3),
bar "none" map(4),
blank "none" map(5),
line "none" map(6),
mark "none" map(7)
);
```

导入语句：

```
./obloader -h 10.186.60.94 -P 2883 -u root -p rootroot \
-c ywce -t mysql_yw_tent -D ywdb --table test02 --cut \
-f /data/test/TABLE/test.dat --log-path /data/ --external-data \
--replace-data --column-splitter '@##' --ctl-path /data/test02.ctl
```

输出结果：

```
All Dump Tasks Finished:
-------------------------------------------------------------------
--------------------
          No.#      |      Type      |      Name      |      Count
|    Status
-------------------------------------------------------------------
--------------------
          1       |      TABLE      |      test02      |          3
|    SUCCESS
-------------------------------------------------------------------
--------------------
```

可以看到是成功的。但是今天在另一个同版本的 OB 环境下意外发现了一个怪事，竟然报错了（报错信息：列数不匹配）：

```
Error: Column count doesn't match value count at row 1
```

针对这种情况进行分析，发现是因为 JDK 版本不一致。并且可以看到导入的数据文件比表结构少一列，数据文件以"@##"作为列分隔符，并且最后一列结尾没有分隔符。

解决方式如下：

方式 1：修改控制文件。

```
vi /data/test02.ctl
lang=java(
id "none" map(1),
name "none" map(2),
time "none" map(3),
bar "none" map(4),
blank "none" map(5),
line "none" map(6),
mark "none" map(7),
test "none" map(1)
);
```

方式 2：修改表结构，最后一个字段可以为 null。

方式 3：修改数据文件，在最后面添加"@##"后缀。

1.3.3 报错信息

在使用"obdumper+ 控制文件"导出数据时，也有可能会出现该报错信息：

```
Error: Column count doesn't match value count at row 1
```

可能的原因：数据库名大小写敏感，即数据库中的库名是小写，但是导出命令中写成了大写，导致控制文件中的配置内容不生效。

1.3.4 补充

其实，还可以使用 SUBSTR(char,position[,length]) 进行截取处理数据。

小建议：数据导入后简单查看每个字段导入的数据是否是对应的。可能在某些情况下导入了数据，但实际数据和字段并没有对齐，只是恰巧数据能存入对应字段。还要查看中文是否正常显示。

② OceanBase 资源及租户管理

作者: 何文超

租户首次使用的步骤如表 1 所示。

表 1

步骤	作用
1. 创建资源单元	指定每个单元要使用 CPU（逻辑限制）、Memory（硬限制）、IOPS（不限制）、DISK（不限制）
2. 创建资源池	资源池需要指定资源单元以及要使用的 zone
3. 创建租户	创建租户指定副本数量，指定资源池，执行租户类型 Oracle、MySQL。社区版仅支持 MySQL 版
4. 在租户上创建用户	用户是最终提交给终端用户使用的账号
5. 提供使用	将账号提供给终端用户，视实际情况赋予相应权限

2.1 创建 wms_tenant 租户（MySQL 类型）

创建资源单元:

```
create resource unit wms_unit1 max_cpu=5,min_cpu=2,memory_size='2G';
```

创建资源池:

```
create resource pool wms_pool1 unit 'wms_unit1',unit_num 1;
```

创建 wms_tenant 租户（MySQL 类型，三副本）:

```
CREATE TENANT IF NOT EXISTS wms_tenant charset='utf8mb4',replica_num=3, zone_
list=('zone1','zone2','zone3'), primary_zone='RANDOM',comment 'mysql tenant/
instance', resource_pool_list=('wms_pool1') set ob_tcp_invited_nodes='%',ob_
compatibility_mode='mysql';
```

创建完租户后，查看现在的资源单元配置数据: sys_unit_config（sys 租户资源单元）和 wms_unit1 一共占用 4G，加上之前 500 租户（系统租户）的 1G，已经达到 memory_limit 的设置。

```
obclient [oceanbase]> select svr_ip,svr_port,zone,round((cpu_capacity_max-
cpu_assigned_max),2) 'cpu_free_num',cpu_capacity_max 'cpu_total_num',round((mem_
capacity-mem_assigned)/1024/1024/1024,2) 'mem_free_GB', round(memory_
limit/1024/1024/1024,2) 'mem_total_GB' from gv$ob_servers;
+-----------+----------+-------+--------------+---------------+-------------+--------------+
| svr_ip    | svr_port | zone  | cpu_free_num | cpu_total_num | mem_free_GB | mem_total_GB |
+-----------+----------+-------+--------------+---------------+-------------+--------------+
| 127.0.0.1 |     2882 | zone1 |        24.00 |            30 |       15.00 |        20.00 |
+-----------+----------+-------+--------------+---------------+-------------+--------------+
1 row in set (0.002 sec)

obclient [oceanbase]> SELECT * FROM oceanbase.DBA_OB_UNIT_CONFIGS;
+----------------+----------------+----------------------------+----------------------------+---------+---------+-------------+---------------+----------+----------+------------+
| UNIT_CONFIG_ID | NAME           | CREATE_TIME                | MODIFY_TIME                | MAX_CPU | MIN_CPU | MEMORY_SIZE | LOG_DISK_SIZE | MAX_IOPS | MIN_IOPS | IOPS_WEIGHT |
+----------------+----------------+----------------------------+----------------------------+---------+---------+-------------+---------------+----------+----------+------------+
|              1 | sys_unit_config | 2023-02-14 16:41:47.535108 | 2023-02-14 16:41:47.535108 |       1 |       1 |  2147483648 |    2147483648 |    10000 |    10000 |          1 |
|           1006 | wms_unit1      | 2023-02-17 15:28:49.420064 | 2023-02-17 15:28:49.420064 |       5 |       2 |  2147483648 |    6442450944 |    20000 |    20000 |          2 |
+----------------+----------------+----------------------------+----------------------------+---------+---------+-------------+---------------+----------+----------+------------+
```

2.2 创建资源单元

2.2.1 查看资源单元

默认已经有了一个 sys 资源单元，新建的单元为 wms_unit1。

```
obclient [oceanbase]> SELECT * FROM oceanbase.__all_unit_config;
```

```
+-----------------------------+-----------------------------+----------------+--
---------------+---------+---------+-------------+--------------+---------+
-----+-------------+
    | gmt_create                  | gmt_modified                | unit_config_id |
name            | max_cpu | min_cpu | memory_size | log_disk_size | max_iops |
min_iops | iops_weight |
    +-----------------------------+-----------------------------+----------------+--
---------------+---------+---------+-------------+--------------+---------+
-----+-------------+
    | 2023-02-14 16:41:47.535108 | 2023-02-14 16:41:47.535108 |              1
| sys_unit_config |       1 |       1 | 2147483648  |   2147483648 |   10000 |
10000 |           1 |
    | 2023-02-17 15:28:49.420064 | 2023-02-17 15:28:49.420064 |           1006
| wms_unit1       |       5 |       2 | 2147483648  |   6442450944 |   20000 |
20000 |           2 |
    +-----------------------------+-----------------------------+----------------+--
---------------+---------+---------+-------------+--------------+---------+
-----+-------------+
    2 rows in set (0.002 sec)

obclient [oceanbase]> SELECT * FROM oceanbase.DBA_OB_UNIT_CONFIGS;
    +----------------+-----------------+-----------------------------+--------------
---------------+---------+---------+-------------+--------------+----------+
-----+-------------+
    | UNIT_CONFIG_ID | NAME            | CREATE_TIME                 | MODIFY_TIME
| MAX_CPU | MIN_CPU | MEMORY_SIZE | LOG_DISK_SIZE | MAX_IOPS | MIN_IOPS | IOPS_
WEIGHT |
    +----------------+-----------------+-----------------------------+--------------
---------------+---------+---------+-------------+--------------+----------+
-----+-------------+
    |              1 | sys_unit_config | 2023-02-14 16:41:47.535108 | 2023-02-
14 16:41:47.535108 |       1 |       1 | 2147483648  |   2147483648 |   10000 |
10000 |           1 |
    |           1006 | wms_unit1       | 2023-02-17 15:28:49.420064 | 2023-02-
17 15:28:49.420064 |       5 |       2 | 2147483648  |   6442450944 |   20000 |
20000 |           2 |
    +----------------+-----------------+-----------------------------+--------------
---------------+---------+---------+-------------+--------------+----------+
-----+-------------+
```

2.2.2 修改资源单元

修改多个资源：

```
ALTER RESOURCE UNIT wms_unit1 MAX_CPU 8,MIN_CPU=3,MAX_IOPS=30000;
```

修改某一个资源：

```
ALTER RESOURCE UNIT wms_unit1 MAX_CPU 5;
```

修改资源时 MAX 资源不能小于 MIN 资源。

2.2.3 删除资源单元

删除未被使用的资源单元：

```
MySQL [oceanbase]> drop resource unit wms_unit1;
Query OK, 0 rows affected (0.004 sec)
```

删除已经被分配的资源单元：

```
obclient [oceanbase]> DROP RESOURCE UNIT wms_unit1;
ERROR 4634 (HY000): resource unit 'wms_unit1' is referenced by some resource pool
```

如果 ut1 被分配且需要删除，可以先创建资源单元 wms_unit2，并将 wms_unit2 指定给 wms_pool1 后，再删除 wms_unit1。

```
obclient [oceanbase]> create resource unit wms_unit2 max_cpu=5,min_
cpu=3,memory_size='2G';
Query OK, 0 rows affected (0.012 sec)

obclient [oceanbase]> alter resource pool wms_pool1  unit 'wms_unit2';
Query OK, 0 rows affected (0.009 sec)

obclient [oceanbase]> drop resource unit wms_unit1;
Query OK, 0 rows affected (0.005 sec)
```

或者先删租户，再删资源池，再删资源单元。

2.3 创建资源池

创建资源池：

```
MySQL [oceanbase]> create resource pool wms_pool2 unit 'wms_unit2',unit_num 1;
Query OK, 0 rows affected (0.012 sec)
```

删除资源池：

```
MySQL [oceanbase]> drop resource pool wms_pool2;
```

2.4 创建租户

2.4.1 新建租户

创建名为 test_tenant 的一个 3 副本的租户。

```
 CREATE TENANT IF NOT EXISTS wms_tenant charset='utf8mb4',replica_num=3, zone_
list=('zone1','zone2','zone3'), primary_zone='RANDOM',comment 'mysql tenant/
instance', resource_pool_list=('wms_pool1') set ob_tcp_invited_nodes='%',ob_
compatibility_mode='mysql';
```

白名单这个最好设上，否则首次登录报错。

ob_tcp_invited_nodes='%'

ERROR 1227 (42501): Access denied。

不过也可以用命令改一下这个参数。

ALTER TENANT test_tenant SET VARIABLES ob_tcp_invited_nodes='%';

社区版只支持 MySQL 用户。

ob_compatibility_mode='mysql'。

2.4.2 删除租户

（1）当系统租户开启回收站功能时，表示删除的租户会进入回收站。

```
obclient> DROP TENANT tenant_name;
```

（2）当系统租户关闭回收站功能时，表示延迟删除租户。

```
obclient> DROP TENANT tenant_name;
```

（3）无论系统租户是否开启回收站功能，删除的租户均不进入回收站，仅延迟删除租户。

```
obclient> DROP TENANT tenant_name PURGE;
```

（4）无论系统租户是否开启回收站功能，均可以立刻删除租户。

```
obclient> DROP TENANT tenant_name FORCE;
```

2.4.3 切换租户

不退出 sys 租户，切换到 wms_tenant 租户。

```
obclient [oceanbase]> alter system change tenant wms_tenant;
Query OK, 0 rows affected (0.002 sec)


obclient [oceanbase]> SHOW TENANT;
+---------------------+
| Current_tenant_name |
+---------------------+
| wms_tenant          |
+---------------------+
1 row in set (0.025 sec)
```

切换回 sys 租户。

```
obclient [oceanbase]> alter system change tenant sys;
Query OK, 0 rows affected (0.001 sec)


obclient [oceanbase]> SHOW TENANT;
+---------------------+
| Current_tenant_name |
+---------------------+
| sys                 |
+---------------------+
```

2.4.4 修改租户

修改租户资源，修改租户 tenant1 的 Primary Zone 为 zone2。

```
ALTER TENANT tenant1 primary_zone='zone2';
```

其中 F 表示副本类型为全功能型副本，B_4 为新增的 Zone 名称。

```
ALTER TENANT tenant1 locality="F@B_1,F@B_2,F@B_3,F@B_4";
```

不支持修改租户资源池。

```
ALTER TENANT tenant1 resource_pool_list=('pool2');
ERROR 1210 (HY000): Incorrect arguments to resource pool list
```

修改租户变量。

```
ALTER TENANT test_tenant SET VARIABLES ob_tcp_invited_nodes='%';
```

2.4.5 查看租户参数

登录或切换到 test_tenant 租户，查看所有参数。

```
MySQL [oceanbase]> show variables ;

MySQL [oceanbase]> show variables like 'ob_tcp_invited_nodes';
+----------------------+-------+
| Variable_name        | Value |
+----------------------+-------+
| ob_tcp_invited_nodes | %     |
+----------------------+-------+
1 row in set (0.002 sec)
```

2.5 在租户上创建用户

使用 root 登录到新建的 test_tenant 租户中。

```
[admin@dbdriver ~]$ obclient -h127.0.0.3 -P2881 -uroot@wms_tenant -c
-Doceanbase -p
```

只要登录的租户正确，那么创建用户的操作基本就和 MySQL 道理相同。

```
MySQL [(none)]> CREATE USER 'user1'@'%' IDENTIFIED BY 'welcome1';
Query OK, 0 rows affected (0.011 sec)
MySQL [oceanbase]> grant select on test.* to user1;
Query OK, 0 rows affected (0.014 sec)
```

新建用户测试登录。

```
[root@localhost ~]# obclient -h127.0.0.1 -P2881 -uuser1@wms_tenant  -p -A
Enter password:
Welcome to the OceanBase.  Commands end with ; or \g.
Your OceanBase connection id is 3221703464
Server version: OceanBase_CE 4.0.0.0 (r103000022023011215-05bbad0279302d7274e1
b5ab79323a2c915c1981) (Built Jan 12 2023 15:28:27)

Copyright (c) 2000, 2018, OceanBase and/or its affiliates. All rights reserved.

Type 'help;' or '\h' for help. Type '\c' to clear the current input statement.

obclient [(none)]> show databases;
+--------------------+
| Database           |
+--------------------+
| information_schema |
| test               |
+--------------------+
```

2.6 数据字典

数据字典如表 2 所示。

表 2

数据库	字典	描述
OceanBase	__all_unit_config	资源单元分配使用情况
OceanBase	__all_virtual_server_stat	虚拟服务器资源，资源单元分配要考虑服务器资源使用率
OceanBase	__all_resource_pool	资源池信息
OceanBase	__all_tenant	租户信息基表
OceanBase	gv$tenant	租户信息视图基表是 __all_tenant

3 OceanBase 租户延迟删除

作者：杨涛涛

OceanBase 关于租户的删除设计了以下三种方式：

（1）正常删除：租户里的各种对象也被删除，具体表现形式依赖 sys 租户回收站功能是否开启。

（2）延迟删除：保留一段时间的租户数据，等时间到期后，再删除租户。

（3）立即删除：彻底丢弃租户。

对于第二种方式，之前同事们内部讨论过 OceanBase 的设计初衷：有可能是以防租户被误删，或者是给费用到期并且不续租的租户一段缓冲的时间，让其能在到期前备份自己的数据。

租户的删除语法为：

```
DROP TENANT [IF EXISTS] tenant_name [PURGE|FORCE];
```

DROP TENANT：依赖 sys 租户回收站是否开启，有两种表现形式。

（1）回收站开启，删除的租户会进入回收站，后续可以通过回收站还原此租户。

（2）回收站关闭，此操作租户被删除，但是可以让租户数据保留一段时间（由配置参数 schema_history_expire_time 来设定）。在此期间租户仍然可以进行 DML 操作，保证遗留业务的正常运行。OceanBase 会有一个后台垃圾清理线程在到期后彻底删除租户。

DROP TENANT PURGE：此操作仅延迟删除租户，且具体表现形式和回收站是否开启无关。即无论回收站开启与否，删除的租户都不会进入回收站，而是到期后，由后台垃圾清理线程删除租户。

DROP TENANT FORCE：此操作立刻删除租户。

那我们接下来用几个简单例子诠释一下这些删除操作。

先来创建两个新租户 tenant1、tenant2。

```
mysql:5.6.25:oceanbase>create resource unit mini1 max_cpu 1,max_
memory '1G',max_disk_size '1G',max_session_num 1200,max_iops 1000;
Query OK, 0 rows affected (0.015 sec)

<mysql:5.6.25:oceanbase>create resource pool p3 unit 'mini1',unit_num=1;
Query OK, 0 rows affected (0.038 sec)

<mysql:5.6.25:oceanbase>create resource pool p4 unit 'mini1',unit_num=1;
Query OK, 0 rows affected (0.062 sec)

<mysql:5.6.25:oceanbase>create tenant tenant1 resource_pool_list=('p3');
Query OK, 0 rows affected (2.660 sec)

<mysql:5.6.25:oceanbase>create tenant tenant2 resource_pool_list=('p4');
```

回收站开启，删除租户 tenant1。查询系统表 __all_tenant，租户 tenant1 已经被删除，但是租户数据存放在 sys 租户回收站里，可以随时被恢复。

```
mysql:5.6.25:oceanbase>set recyclebin=on;
Query OK, 0 rows affected (0.000 sec)

<mysql:5.6.25:oceanbase>drop tenant tenant1;
Query OK, 0 rows affected (0.040 sec)

<mysql:5.6.25:oceanbase>show recyclebin;
+----------------------------------+---------------+--------+-------------------
--------+
| OBJECT_NAME                      | ORIGINAL_NAME | TYPE   | CREATETIM
E        |
+----------------------------------+---------------+--------+-------------------
```

```
---------+
    | __recycle_$_1_1678073859469312 | tenant1        | TENANT | 2023-03-
06 12:07:21.626602 |
    +--------------------------------+----------------+--------+--------------------
---------+
    1 row in set (0.012 sec)

    <mysql:5.6.25:oceanbase>select tenant_name from __all_tenant where tenant_
name = 'tenant1';
    Empty set (0.001 sec)
```

从回收站恢复租户 tenant1。再次查询系统表 __all_tenant，租户 tenant1 恢复正常。

```
mysql:5.6.25:oceanbase>flashback tenant tenant1 to before drop;
Query OK, 0 rows affected (0.044 sec)

<mysql:5.6.25:oceanbase>show recyclebin;
Empty set (0.003 sec)

<mysql:5.6.25:oceanbase>select tenant_name from __all_tenant where tenant_name
= 'tenant1';
+-------------+
| tenant_name |
+-------------+
| tenant1     |
+-------------+
1 row in set (0.002 sec)
```

回收站关闭，删除租户 tenant1。删除后，依然可以通过系统表 __all_tenant 查询到租户信息。

```
mysql:5.6.25:oceanbase>set recyclebin=off;
Query OK, 0 rows affected (0.001 sec)

<mysql:5.6.25:oceanbase>drop tenant tenant1;
Query OK, 0 rows affected (0.041 sec)

<mysql:5.6.25:oceanbase>select tenant_name from __all_tenant where tenant_name
= 'tenant1';
+-------------+
| tenant_name |
+-------------+
| tenant1     |
```

```
+-------------+
1 row in set (0.001 sec)
```

直到配置项 schema_history_expire_time 设定的时间到期前，租户 tenant1 都可以对其内部对象进行正常操作，比如 DQL 语句、DML 语句等。

```
[root@ytt-pc obytt111]# obclient -uroot@tenant1#ob-
ytt -P 2883 -cA -h 127.1 -D ytt -e "select * from t1;"
+----+
| id |
+----+
| 1 |
| 2 |
+----+

[root@ytt-pc obytt111]# obclient -uroot@tenant1#ob-
ytt -P 2883 -cA -h 127.1 -Dytt -e "insert into t1 values (10)"
```

但是无法执行 DDL 语句，比如新建表 t2 则会报错。

```
[root@ytt-pc obytt111]# obclient -uroot@tenant1#ob-ytt -P 2883 -cA -h 127.1
-Dytt -e "create table t2 like t1;"
ERROR 4179 (HY000) at line 1: ddl operation during dropping tenant not allowed
```

DROP TENANT tenant2 PURGE：延迟删除租户，同样是等配置项 schema_history_expire_time 设定的时间到期后，彻底将租户删除，和上面例子类似。

```
<mysql:5.6.25:oceanbase>drop tenant tenant2 purge;
Query OK, 0 rows affected (0.055 sec)

<mysql:5.6.25:oceanbase>select tenant_name from __all_tenant where tenant_name
='tenant2';
+-------------+
| tenant_name |
+-------------+
| tenant2     |
+-------------+
1 row in set (0.002 sec)
```

DROP TENANT tenant2 FORCE：后续不再需要租户 tenant2，可以立即删除。

```
mysql:5.6.25:oceanbase>drop tenant tenant2 force;
Query OK, 0 rows affected (0.050 sec)
```

```
    <mysql:5.6.25:oceanbase>select tenant_name from __all_tenant where tenant_name
= 'tenant2';
    Empty set (0.002 sec)
```

4 LSM-Tree 和 OceanBase 分层转储

作者：金长龙

先前学习 OB 存储引擎时，对 OceanBase 的分层转储和 SSTable 的某些细节就不太明白，比如 L0 层的 mini SSTable 每次生成是否都计入转储次数，L0 层到 L1 层转储的时机以及和 minor_compact_trigger 之间的关系等。本文就这部分内容进行更细致的探究，试图更深入地理解 OceanBase 的分层转储。

4.1 LSM-Tree

当下许多较新的数据库都会选择 LSM-Tree（Log-Structured Merge Tree，日志结构合并树）作为存储结构，比如 TiDB、Cassandra、OceanBase 等。LSM-Tree 的优势是顺序写，提升了整体写入性能（见图 1）。

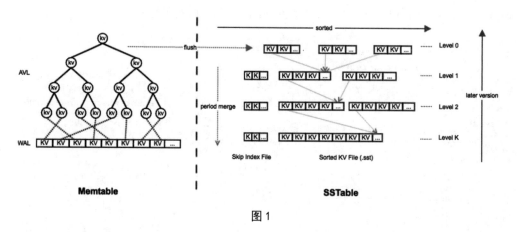

图 1

LSM-Tree 大致可以分为两部分：

- Memtable：常驻内存的 KV 查找树 + 无序的 WAL 文件。
- SSTable（Sorted String Table）：一组存储在磁盘的不可变文件，存储有序的键值对。

4.1.1 写入流程

4.1.1.1 同步写 Memtable

先将数据写入 WAL 文件，然后修改内存中的 AVL，因此最优情况下，每次写操作只有一次磁盘 I/O。

删除操作并不会直接删除磁盘中的内容，而是将删除标记（tombstone）写入 Memtable。当 Memtable 增大到一定程度后，则会转换为 Immutable Memtable 并产生一个新的 Memtable 接受写操作。

4.1.1.2 异步写 SSTable

后台会启动一个合并线程，当 Immutable Memtable 达到一定数量时，合并线程会将其写入磁盘（Flush），生成 Level 0 的 SSTable 文件。当 Level N 的 SSTable 文件数量到达阈值之后，会进行合并压缩（compaction）操作，在 Level N+1 生成新的 SSTable 文件。

SSTable 分为多层，单个文件的大小通常是上一层的 10 倍，每层可以同时包含多个 sst file，每个文件由多个 block 组成，其大小约为 32KB，是磁盘 I/O 的基本单位。

第 Level i（i > 0）层的 SSTable 满足：

- 第 i 层所有文件均由 i-1 层的 SSTable 合并排序而来，可以通过设定阈值（文件个数）来控制合并的行为。

- 文件之间是有序的，且每个文件的 key 集合不会与其他文件有交集（Level 0 的 SSTable 除外）。

4.1.2 Compaction 策略

常用的 Compaction 策略有 Classic Leveled、Tiered、Tiered & Leveled、FIFO 等，下面简单介绍一下前 3 种。

（1）Classic Leveled 模式下每一层都是独立的 Sorted Run，代表是按 key 排序且同层 sst file 之间的 key 值没有重合，数量大小是逐层增大。相邻的两层 sst file 之比称为 fanout（扇出），每次做 Compaction 的条件是 Ln（Level N）层大小达到了阈值，将 Ln 层数据与 Ln+1 层数据进行合并。由于每次做 Compaction 都将 Ln 层数据写入 Ln+1 中，写放大情况会比较严重，比如 L1、L2 两层 fanout 是 10，那么 L1 层写满后与 L2 层做排序合并，重写生成新的 L2 层，那么写放大在最坏情况下等于 fanout。

（2）Tiered 模式与 Classic Leveled 的区别在于每一层的 sst file 之间 key 有重合，每层有多个 Sorted Run，每次做 Compaction 都是同层先做合并，生成一个新的 sst file 写入下一层中，这里与 Leveled 最重要的区别是写入下一层后不再需要排序合并、重写，因为 Tiered 每层存在多个 Sorted Run，那么写放大在最坏情况下为 1。但是与 Leveled 相比，读放大和空间放大会比较严重。

（3）Tiered & Leveled 模式是指对于层级较小的 Level，数据量比较小，写入的数据较新，被更新的可能性比较大，可使用 Size-Tiered 模式减少写放大问题；对于层级较大的 Level，SSTable 的数据量较大，数据比较旧不太容易被更新，可使用 Leveled 模式减少空间放大问题。

4.2 OceanBase 的分层转储

OceanBase 数据库的存储引擎就是基于 LSM-Tree 架构的设计，也划分为内存中的 MemTable 和磁盘上的 SSTable。OceanBase 将磁盘上的 SSTable 划分为三层，使用的是 Tiered & Leveled 的 Compaction 策略，在 L0 层使用 Tiered 模式，在 L1 层、L2 层使用 Leveled 模式（见图 2）。

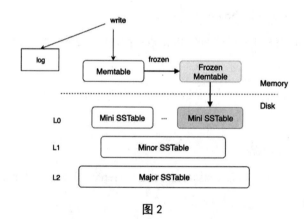

图 2

OceanBase 中的 Compaction 分为三种类型：Mini Compaction、Minor Compaction、Major Compaction。其中 Major Compaction 指的是大合并，我们先不谈，本文只讲解 Mini Compaction 和 Minor Compaction。

4.2.1 Mini Compaction

Mini Compaction（见图 3）是一种 Tiered 类型的 Compaction，核心就是释放内存和数据日志，内存中的 Frozen MemTable 通过 Mini Compaction 变成磁盘上的 Mini SSTable。Mini Compaction 在 OceanBase 设计里代表的就是一次转储，对应的类型是 MINI_MERGE。

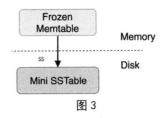

图 3

4.2.2 Minor Compaction

随着用户数据的写入，Mini SSTable 的数量会逐渐增多，在查询时需要访问的 SSTable 数量增多，就会影响查询的性能。Minor Compaction 就是将多个 Mini SSTable 合成一个，主要目的是减少 SSTable 的数量，减少读放大问题。当 Mini SSTable 的数量超过阈值时，后台会自动触发 Minor Compaction。

Minor Compaction 细分为两类：

（1）L0 → L0：Tiered 类型的 Compaction。将若干个 Mini SSTable 合成一个 Mini SSTable，放置于 L0 层。对应的类型是 MINI_MINOR_MERGE（见图 4）。

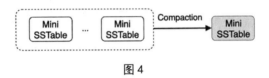

图 4

（2）L0 → L1：Leveled 类型的 Compaction。将若干个 Mini SSTable 与 Minor SSTable 合成一个新的 Minor SSTable，放置于 L1 层。对应的类型是 MINOR_MERGE（见图 5）。

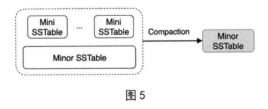

图 5

4.3 实验（使用社区版 OceanBase 4.0.0）

测试创建的租户 ob_bench，内存 2G。将几个主要参数设置为：

- memstore_limit_percentage=50

- freeze_trigger_percentage=20

- minor_compact_trigger=2

- _minor_compaction_amplification_factor=25

- major_compact_trigger=9999（本次实验仅是想探索 L0、L1 级的 Compaction，不希望触发大合并，所以该参数设置一个极大值）

4.3.1 实验一：在持续数据流的情况下，观测 L0、L1 层转储的时机

（1）创建测试库 sysbench，用 sysbench 工具创建 1 张表 sbtest1、100 万数据。租户每触发一次转储 memtable dump flush 的数据必然是包含许多表的，这里只创建 1 张业务表，仅是希望后续测试时业务变更相对集中。

```
sysbench /usr/share/sysbench/oltp_insert.lua --mysql-host=172.30.134.1
--mysql-db=sysbench  --mysql-port=2881 --mysql-user=root@ob_bench  --tables=1
--table_size=1000000 --report-interval=10 --db-driver=mysql --skip-trx=on --db-ps-
mode=disable --create-secondary=off --mysql-ignore-errors=6002,6004,4012,2013,4016
--threads=10 --time=600  prepare


// 建表完毕
Creating table 'sbtest1'...
Inserting 1000000 records into 'sbtest1'
```

（2）先通过视图 DBA_OB_TABLE_LOCATIONS 找到 sbtest1 对应的 TABLET_ID，然后通过 GV$OB_TABLET_COMPACTION_HISTORY 查询到在创建 100 万数据过程中，已经触发了 4 次 MINI_MERGE 和 1 次 MINI_MINOR_MERGE。

```
obclient oceanbase> SELECT count(*), type FROM oceanbase.GV$OB_TABLET_
COMPACTION_HISTORY where tenant_id = 1002 AND TABLE_ID = 20001 and svr_ip =
'172.30.134.1' group by type;
+-----------+------------------+
| count(*)  | type             |
+-----------+------------------+
|         4 | MINI MERGE       |
|         1 | MINI MINOR MERGE |
+-----------+------------------+
2 rows in set (0.003 sec)
```

（3）对 sbtest1 持续写数据，观测 sbtest1 表级的转储情况。

```
sysbench /usr/share/sysbench/oltp_insert.lua --mysql-host=172.30.134.1
--mysql-db=sysbench  --mysql-port=2881 --mysql-user=root@ob_bench  --tables=1
--table_size=1000000 --report-interval=10 --db-driver=mysql --skip-trx=on --db-ps-
mode=disable --create-secondary=off --mysql-ignore-errors=6002,6004,4012,2013,4016
--threads=10 --time=600  run
```

```
obclient oceanbase> SELECT count(*), type FROM oceanbase.GV$OB_TABLET_
COMPACTION_HISTORY where tenant_id = 1002 AND TABLE_ID = 20001 and svr_ip =
'172.30.134.1' group by type;
    +-----------+-------------------+
    | count(*)  | type              |
    +-----------+-------------------+
    |         4 | MINI MERGE        |
    |         1 | MINI MINOR MERGE  |
    +-----------+-------------------+
    2 rows in set (0.003 sec)

    ...

obclient oceanbase> SELECT count(*), type FROM oceanbase.GV$OB_TABLET_
COMPACTION_HISTORY where tenant_id = 1002 AND TABLE_ID = 20001 and svr_ip =
'172.30.134.1' group by type;
    +-----------+-------------------+
    | count(*)  | type              |
    +-----------+-------------------+
    |        16 | MINI_MERGE        |
    |         5 | MINI_MINOR_MERGE  |
    |         2 | MINOR_MERGE       |
    +-----------+-------------------+
    2 rows in set (0.003 sec)
```

官方对于参数 minor_compact_trigger 的解释：minor_compact_trigger 用于控制分层转储触发向下一层下压的阈值。当该层的 Mini SSTable 总数达到设定的阈值时，所有 SSTable 都会被下压到下一层，组成新的 Minor SSTable。

如上测试时我们设置的 minor_compact_trigger=2，按理解在每两次触发 MINI_MERGE 之后，就会触发一次 MINOR_MERGE，把 L0 层的 SSTable 下压到 L1 层。实际测试下来发现未必如此，当达到 minor_compact_trigger 的阈值后，必然会触发 Minor Compaction，但它可能是 L0 层上的 MINI_MINOR_MERGE（同层数据合并），也可能是 L0→L1 层的 MINOR_MERGE（数据下压到下一层）。但是具体什么情况下，触发哪种 Minor Compaction，在官方文档中并未详细介绍，只是介绍了其结果会受隐藏参数 _minor_compaction_amplification_factor 控制，但具体是如何影响的，并没有给到相应的观测手法。

官网对参数 _minor_compaction_amplification_factor 的解释：_minor_compaction_amplification_factor 控制 L0 层内部多个 Mini SSTable 转储的时机，默认为 25。当所有

Mini SSTable 的总行数达到 Minor SSTable 的写放大系数比例后，才会触发 L1 层转储，否则触发 L0 层转储。当 L1 层不存在 Minor SSTable 时，所有 Mini SSTable 行数到指定阈值（由 minor_compact_trigger 控制）后才会触发 L1 层转储。

4.3.2 实验二：alter system minor freeze 是否真的在 L1 层做一个 MINOR_MERGE 类型的 Compaction？

4.3.2.1 同实验一的参数配置，且 minor_compact_trigger=2

先对 sbtest1 表记录做一次 update，然后手动执行 alter system minor freeze（因为我们实验观测的是指定表的 merge 情况，所以在 minor freeze 之前要做一次 update 操作，主要是保证 memtable 中有对该表操作的记录）（见图 6）。

图 6

如上我们看到，alter system minor freeze 之后只是做了一次 MINI_MERGE，并没有到 L1 层。我们再执行一次 alter system minor freeze（见图 7）。

图 7

这一次我们发现在做了一次 MINI_MERGE 之后，触发了 MINI_MINOR_MERGE。我们可以继续这样做下去，最终发现 alter system minor freeze 实际上做的是 MINI_

MERGE，在 MINI_MERGE 之后具体是否会触发 MINI_MINOR_MERGE 或 MINOR_MERGE，还是会受实验一里面所提到的参数 minor_compact_trigger 和 _minor_compaction_amplification_factor 的控制。

4.3.2.2 同实验一的参数配置，但设置 minor_compact_trigger=0

同样是多次执行 alter system minor freeze，每次执行后观察 merge 情况（见图 8）。

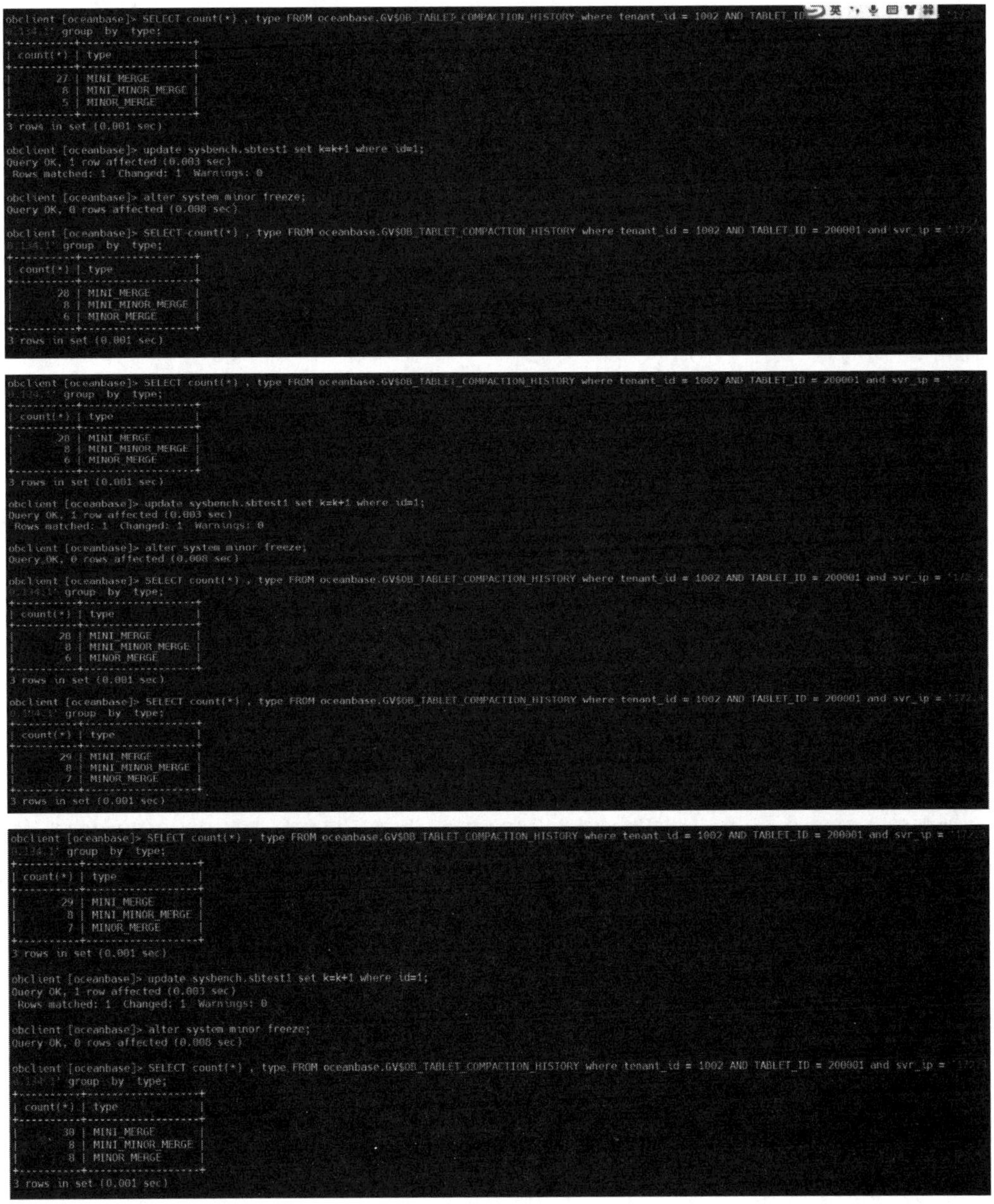

图 8

可以看到在 minor_compact_trigger=0 时，当内存中的 memtable dump flush 到 L0 层后，会立刻下压到 L1 层，这点同官方文档中的解释是一致的。

4.3.2.3 测试总结

通过实验二的测试我们发现，alter system minor freeze 真正做的是形成一个 Mini SSTable（MINI_MERGE），在 MINI_MERGE 之后是否还会触发其他的 merge，同样受参数 minor_compact_trigger 和 _minor_compaction_amplification_factor 的控制。并且指令中的 minor freeze 实际上并不是特别准确，因为看到 minor 总会让人想到 L1 层，如果改成 mini freeze 会更合适一些。

5 OceanBase 里的 BUFFER 表

作者：杨涛涛

什么是 BUFFER 表（OceanBase 里也叫 Queuing 表）？ 之前笔者以为 BUFFER 表就是全局临时表或者说是类似 MySQL 一次性整体导入的 MyISAM 表，对这类表的操作无非是划出一块内存区域对其进行读写，来避免频繁的 IO 操作。查阅 OceanBase 官方文档后，发现这个 BUFFER 表并非笔者理解的那样（笔者的理解完全错误）。

所谓 BUFFER 表指的是某张表（表记录数可能并不多）被频繁地全量更新（所有记录被执行批量 DML 操作）、按一定比率更新（比如 20% 的记录被执行批量 DML 操作），短时间又对这张表进行全量检索，性能急剧下降或者说比之前性能有明显降低的一种现象。对于 OceanBase 来讲，对表的 DML 操作都是只打标记（比如 UPDATE，变为 DELETE 打标记 +INSERT），后台再慢慢异步清理旧的数据。所以必然会因更新频率过快并且后台线程清理数据不及时，导致严重的读写放大问题，或者因为统计信息严重不准确（OceanBase 统计信息在合并时触发）而导致执行计划非最优，最终影响检索性能。

可以通过如下操作来进行补救：

（1）绑定执行计划，人为引导优化器选择最优执行路径。比如创建 OUTLINE 让 SQL 语句绑定固定执行计划。

（2）手工进行转储或者合并来清理无用数据。

（3）给表加属性 table_mode='queuing'。这个属性是 OceanBase 专门为 BUFFER 表做的优化，具体流程简单概述为：当 BUFFER 表更新记录数超过一定阈值时，自动对这张表进行单独转储以消除大量无效检索，从而实现对 BUFFER 表的快速检索。这个表属性针对 MySQL 租户和 Oracle 租户都有效。Oracle 租户可以自定义 BUFFER 表转储阈值，一个是触发基于全量数据的转储百分比（_ob_queuing_fast_freeze_min_threshold），另外一个是触发快速转储的记录数（_ob_queuing_fast_freeze_min_count）。MySQL 租户目前没看到对应配置项，但是其对 BUFFER 表的批量更新请求，后台也会有对应的转储操作（对应表 gv$merge_info）。

比如在 MySQL、Oracle 租户下都创建一张表 t2，指定表 table_mode='queuing'。

```
<mysql:5.6.25:ytt>create table t2 (id int primary key, r1 int,r2 varchar(100))
table_mode='queuing';
Query OK, 0 rows affected (0.032 sec)
```

MySQL 租户下执行以下语句：

```
<mysql:5.6.25:ytt>insert into t2 with recursive tmp(a,b,c) as (select
1,1,'mysql' union all select a+1,ceil(rand()*200),'actionsky' from tmp where a <
20000) select * from tmp;
Query OK, 20000 rows affected (0.916 sec)
Records: 20000  Duplicates: 0  Warnings: 0


<mysql:5.6.25:ytt>delete from t2;
Query OK, 20000 rows affected (0.056 sec)
```

Oracle 租户下可以执行以下语句：

```
<mysql:5.6.25:SYS>insert into t2 select level,100,'oracle' from dual connect b
y level <=20000;delete from t2;
Query OK, 20000 rows affected (0.070 sec)
Records: 20000  Duplicates: 0  Warnings: 0


Query OK, 20000 rows affected (0.088 sec)
```

多次执行上面这些语句后，可以在 sys 租户下查看 MySQL 租户、Oracle 租户后台针对表 t2 的单独转储记录，字段 action 为 buf minor merge 的行。

```
<mysql:5.6.25:oceanbase>SELECT *
    -> FROM
```

```
    ->        (SELECT c.tenant_name,
    ->            a.table_name,
    ->            d.type,
    ->            d.action,
    ->            d.version,
    ->            d.start_time
    ->        FROM __all_virtual_table a
    ->        JOIN __all_virtual_meta_table b using(table_id)
    ->        JOIN __all_tenant c
    ->            ON (b.tenant_id=c.tenant_id)
    ->                AND c.tenant_name in ('mysql','oracle')
    ->        JOIN gv$merge_info d
    ->            ON d.table_id =a.table_id
    -> where d.action like 'buf minor merge'
    ->        ORDER BY  d.start_time DESC limit 2 ) T
    -> ORDER BY  start_time asc;
+-------------+------------+-------+----------------+------------------+-----------------------------+
| tenant_name | table_name | type  | action         | version          | start_time                  |
+-------------+------------+-------+----------------+------------------+-----------------------------+
| mysql       | t2         | minor | buf minor merge | 1678867962096191 | 2023-03-15 16:13:14.774809 |
| oracle      | T2         | minor | buf minor merge | 1678871458311991 | 2023-03-15 17:11:38.426437 |
+-------------+------------+-------+----------------+------------------+-----------------------------+
2 rows in set (0.008 sec)
```

6 tenant 删除租户的流程设计

作者：姚嵩

6.1 背景

OceanBase 中的租户相当于我们平常认知的数据库集群，对外提供数据库服务。当需要删除 OceanBase 中的租户时，会删除该租户下的所有对象，包含数据库、表等。数据是非常重要的，为了避免意外情况，可能需要设置多种策略，以便确认并处理一些异常场景：

（1）确认该租户删除后，业务是否会有异议。

（2）删除租户后，如果业务需要，也可以恢复该租户。

6.2 环境说明

- OceanBase 版本：5.7.25-OceanBase-v3.2.3.2。
- 租户类型：MySQL 租户。
- 待删租户名：obcp_t1。

6.3 操作步骤

下面是使用 sys 租户下的 root 账户进行的操作。建议直接连接 observer，因为执行 kill 的操作需要直连 observer 执行（kill 的 session_id 来源于 oceanbase.__all_virtual_processlist 表）。

（1）设置用户变量存储租户名。

```
set @tenant_name='obcp_t1';
```

（2）确定租户当前是否正被使用。如果存在非 Sleep 状态的会话，需要确认是否正在执行 SQL，如果存在，需要和业务沟通租户是否正确。

```
select user,tenant,host,db,command,svr_ip,user_client_ip,
  trans_id,thread_id,total_time,info
from oceanbase.__all_virtual_processlist
where tenant=@tenant_name and command!='Sleep'
order by total_time desc ;
```

（3）如果租户当前无业务执行，则锁定租户。锁定租户后，就不能在该租户上创建新的连接，已有连接保持不变。

```
alter tenant obcp_t1 lock ; -- 锁定是幂等操作，可以重复执行
select tenant_name,locked from __all_tenant ; -- 1表示锁定, 0表示未锁定
```

（4）生成 kill 租户会话的语句。

```
select concat('kill ',id,';') from oceanbase.__all_virtual_processlist
where tenant=@tenant_name;
```

（5）（直连 observer）执行上一个步骤生成的 kill 语句，关闭租户已有的连接。

```
kill xxx;
.....
```

（6）N 天后，业务反馈无影响，再继续租户删除步骤。（MySQL 租户可选）删除
租户时，将租户放入回收站，可以恢复回收站中的租户。

```
set recyclebin=1; DROP TENANT obcp_t1 ;
show parameters like 'recyclebin_object_expire_time'; -- 查看自动清理回收站的时间
```

（7）直接删除租户。

```
drop tenant ${object_name} force ; -- 删除回收站中的租户，object_name 可由 show
recyclebin 获取
drop tenant obcp_t1 force ; -- 直接删除租户
```

7 OceanBase 使用全局索引的必要性

作者：杨涛涛

从索引和主表的关系来讲，OceanBase 有两种索引：局部索引和全局索引。

局部索引等价于我们通常说的本地索引，与主表的数据结构保持一对一的关系。局部索引没有单独分区的概念，一般来讲，主表的分区方式决定局部索引的分区方式，也就是说，假设主表有 10 个分区，那么对于每个分区来讲，都有一个对应的局部索引。

全局索引区别于局部索引，与主表数据结构保持一对多、多对多的关系，全局索引主要应用于分区表。对于分区表来讲，一个非分区全局索引对应主表的多个分区；一个分区全局索引也对应主表的多个分区，同时主表每个分区也对应多个全局索引的索引分区。

引入全局索引的目的就是弥补局部索引在数据过滤上的一些不足，比如避免分区表的全分区扫描，把过滤条件下压到匹配的表分区中。

针对查询过滤条件来讲，局部索引和全局索引的简单使用场景总结如下。

264

7.1 带分区键的查询

带分区键的查询，适合用局部索引。这也是分区表设计的初衷，以过滤条件来反推分区表的设计。比如语句：select * from p1 where id = 9，id 为分区键，可以直接定位到具体的表分区 partitions(p9)，仅须扫描一行记录。

```
<mysql:5.6.25:ytt>explain select  * from p1 where id = 9\G
*************************** 1. row ***************************
Query Plan: ===================================
|ID|OPERATOR |NAME|EST. ROWS|COST|
-----------------------------------
|0 |TABLE GET|p1  |1        |46  |
===================================


Outputs & filters:
-----------------------------------
0 - output([p1.id], [p1.r1], [p1.r2]), filter(nil),
access([p1.id], [p1.r1], [p1.r2]), partitions(p9)


1 row in set (0.005 sec)
```

7.2 不带分区键的查询

不带分区键的查询有两个考虑方向，主要在于能否克服全局索引的缺点。全局索引势必会带来查询的分布式执行。

- 表的并发写不大，可以考虑用全局索引。

- 表的并发写很大，是否使用全局索引就有待商榷，可以根据当前的业务模型做个压力测试，取一个折中点。

比如以下语句，全局索引 idx_r2_global 基于非分区字段 r2，执行计划如下：算子 1 需要去底层各个节点分布式扫描。

```
<mysql:5.6.25:ytt>explain select * from p1 where r2 = 30\G
*************************** 1. row ***************************
Query Plan: ==================================================

|ID|OPERATOR         |NAME           |EST. ROWS|COST|
-----------------------------------------------------------------
```

```
|0  |TABLE LOOKUP            |p1                  |101      |395 |

|1  | DISTRIBUTED TABLE SCAN|p1(idx_r2_global)|101      |48  |
=================================================================
...
```

7.3 在非主键、非分区键字段上建立唯一索引

对于需要在非主键、非分区键的字段上建立唯一索引的业务来讲，可以有两个考虑方向：

（1）给这个字段创建局部索引，但是需要带上完整的分区键。不推荐这种方式，一来是需要更改过滤条件，增加分区键，二来增加索引本身的数据冗余。比如在MySQL 租户下创建这样的索引会报错：

```
<mysql:5.6.25:ytt>create unique index udx_r1 on p1(r1) local;
ERROR 1503 (HY000): A UNIQUE INDEX must include all columns in the table's par
titioning function
```

如果创建本地索引，则需要加上完整分区键：

```
<mysql:5.6.25:ytt>create unique index udx_r1_local on p1(r1,id) local;
Query OK, 0 rows affected (3.012 sec)
```

（2）给这个字段创建全局索引，不需要带上完整的分区键。强烈推荐这种方式。

```
<mysql:5.6.25:ytt>create unique index udx_r1_global on p1(r1) global;
Query OK, 0 rows affected (1.950 sec)
```

8 OceanBase 手滑误删了数据文件怎么办

作者：张乾

当手滑误删了数据文件，并且没有可替换的节点时，先别急着提桶跑路，可以考虑利用参数 server_permanent_offline_time 来重建受影响的节点。

8.1 原理

server_permanent_offline_time 是 OceanBase 数据库中用于控制节点永久下线时长的参数。当集群中的某个节点宕机后，系统会根据该参数的设置值来进行相应操作。

如果节点宕机时间小于该参数设置的值，系统会暂时不做处理，以避免频繁地进行数据迁移；如果宕机时间超过该参数设置的值，该节点会被标记为永久下线，RootService 会将该 OBServer 上包含的数据副本从 Paxos 成员组中删除，并在同 zone 内其他可用 OBServer 上补充数据，以保证数据副本 Paxos 成员组完整。该参数默认值是 3600 秒，一般设置较大，以避免不必要的副本复制。此外，当永久下线的节点重新被拉起后，其上的全部数据都需要从其他副本重新拉取。

在这一场景下，即通过调低该参数，让故障节点快速永久下线再重新上线，达到数据重建的目的。

请注意，此过程会占用集群一定的资源，可能会影响性能，因此建议在业务低峰期进行。

8.2 官方建议

关于 server_permanent_offline_time 的适用场景和建议值，官方提供如下信息：

（1）OceanBase 数据库版本升级场景：建议将该配置项的值设置为 72h。

（2）OBServer 硬件更换场景：建议将该配置项的值设置为 4h。

（3）OBServer 清空上线场景：建议将该配置项的值设置为 10min，使集群快速上线。

8.3 准备过程

8.3.1 预备一套环境

使用 OBD 工具快速部署一套 3 节点 OB（OceanBase）以及一个 OBProxy，再创建好一个租户 sysbench_tenant，primary_zone 为 RANDOM。

本文基于 OB 3.1.2 版本，其他版本需注意另作验证（见表 1）。

表 1

数据库	版本	IP 地址
OceanBase	3.1.2	10.186.64.74
		10.186.64.75
		10.186.64.79
OBProxy	3.2.3	10.186.60.3

8.3.2 准备一些数据

使用 sysbench 创建一个表 sbtest1 并插入 1 万条数据。

```
    sysbench ./oltp_insert.lua --mysql-host=10.186.60.3 --mysql-port=2883
--mysql-db=sysbenchdb --mysql-user="sysbench@sysbench_tenant"  --mysql-
password=sysbench --tables=1 --table_size=10000 --threads=1 --time=600 --report-
interval=10 --db-driver=mysql --db-ps-mode=disable --skip-trx=on --mysql-ignore-
errors=6002,6004,4012,2013,4016,1062,5157,4038 prepare
```

这里改写了 sysbench 的建表语句，分了 3 个区，查询 sbtest1 表分区副本分布如下。

```
MySQL [oceanbase]> select tenant.tenant_name, zone, svr_ip,svr_port, case when
role=1 then 'leader' when role=2 then 'follower' else NULL end as role, count(1) as
partition_cnt from __all_virtual_meta_table meta  inner join __all_tenant tenant
on meta.tenant_id=tenant.tenant_id inner join __all_virtual_table tab  on meta.
tenant_id=tab.tenant_id and meta.table_id=tab.table_id where tenant.tenant_id=1001
and tab.table_name='sbtest1' group by  tenant.tenant_name,zone, svr_ip,svr_port, 5
order by  tenant.tenant_name, zone, svr_ip, role desc;
+-----------------+-------+---------------+----------+----------+---------------+
| tenant_name     | zone  | svr_ip        | svr_port | role     | partition_cnt |
+-----------------+-------+---------------+----------+----------+---------------+
| sysbench_tenant | zone1 | 10.186.64.74  |     2882 | leader   |             1 |
| sysbench_tenant | zone1 | 10.186.64.74  |     2882 | follower |             2 |
| sysbench_tenant | zone2 | 10.186.64.75  |     2882 | leader   |             1 |
| sysbench_tenant | zone2 | 10.186.64.75  |     2882 | follower |             2 |
| sysbench_tenant | zone3 | 10.186.64.79  |     2882 | leader   |             1 |
| sysbench_tenant | zone3 | 10.186.64.79  |     2882 | follower |             2 |
+-----------------+-------+---------------+----------+----------+---------------+
```

8.4 开始实验

使用 sysbench 持续写入数据，维持一定的流量，便于在节点重建后对比各节点数据是否一致。

```
    sysbench ./oltp_insert.lua --mysql-host=10.186.60.3 --mysql-port=2883
--mysql-db=sysbenchdb --mysql-user="sysbench@sysbench_tenant"  --mysql-
password=sysbench --tables=1 --table_size=10000 --threads=1 --time=300 --report-
interval=10 --db-driver=mysql --db-ps-mode=disable --skip-trx=on --mysql-ignore-
errors=6002,6004,4012,2013,4016,1062,5157,4038 run
```

8.4.1 删除某节点的数据文件

选择 zone3 下的 10.186.64.79 节点，将数据文件删除。

```
[root@localhost data]# rm -rf 1/sstable/block_file
```

```
[root@localhost data]# cd 1/sstable/
[root@localhost sstable]# ll
total 0
```

8.4.2 永久下线故障节点

8.4.2.1 调小参数 server_permanent_offline_time，缩短节点永久下线时间

server_permanent_offline_time 默认值 3600s。

```
MySQL [oceanbase]> alter system set server_permanent_offline_time='60s';
Query OK, 0 rows affected (0.030 sec)


MySQL [oceanbase]> SHOW PARAMETERS LIKE "%server_permanent_offline_time%";
+--------+----------+--------------+----------+----------------------------
+-----------+-------+------------------------------------------------------
--------------------------------------------------------------+-----------
---+----------+---------+------------------+
| zone   | svr_type | svr_ip       | svr_port | name
| data_type | value | info
| section    | scope   | source  | edit_level      |
+--------+----------+--------------+----------+----------------------------
+-----------+-------+------------------------------------------------------
--------------------------------------------------------------+-----------
---+----------+---------+------------------+
| zone3  | observer | 10.186.64.79 |     2882 | server_permanent_offline_time
| NULL      | 60s   | the time interval between any two heartbeats beyond which
a server is considered to be \'permanently\' offline. Range: [20s,+∞)    | ROOT_
SERVICE | CLUSTER | DEFAULT | DYNAMIC_EFFECTIVE |
| zone1  | observer | 10.186.64.74 |     2882 | server_permanent_offline_time
| NULL      | 60s   | the time interval between any two heartbeats beyond which
a server is considered to be \'permanently\' offline. Range: [20s,+∞)    | ROOT_
SERVICE | CLUSTER | DEFAULT | DYNAMIC_EFFECTIVE |
| zone2  | observer | 10.186.64.75 |     2882 | server_permanent_offline_time
| NULL      | 60s   | the time interval between any two heartbeats beyond which
a server is considered to be \'permanently\' offline. Range: [20s,+∞)    | ROOT_
SERVICE | CLUSTER | DEFAULT | DYNAMIC_EFFECTIVE |
+--------+----------+--------------+----------+----------------------------
+-----------+-------+------------------------------------------------------
--------------------------------------------------------------+-----------
---+----------+---------+------------------+
```

8.4.2.2 停止故障节点对外提供服务

在 kill OBServer 进程前，建议使用隔离（ISOLATE SERVER）或者停止（STOP SERVER）节点的命令，停掉发往该节点的请求，转移副本 leader 角色。在节点重建恢复后，再开启流量。

```
# 停掉79节点服务
MySQL [oceanbase]> ALTER SYSTEM STOP SERVER '10.186.64.79:2882' ZONE='zone3';

# 或者隔离
ALTER SYSTEM ISOLATE SERVER '10.186.64.79:2882' ZONE='zone3';
```

8.4.2.3 kill observer 进程

执行 kill -9 $observer_pid，等待 server_permanent_offline_time 的时间，该 OBServer 进入"永久下线"状态。判断 OBServer 是否已经永久下线，可以查询表 __all_rootservice_event_history，储存在名为 permanent_offline 的 event 记录，确认时间和 IP 地址都一致后，即可认为 OBServer 已经永久下线。

```
MySQL [oceanbase]> select * from __all_rootservice_event_history where
event='permanent_offline' ;
+----------------------------+--------+-------------------+--------+---------
----------+-------+--------+-------+--------+-------+--------+-------+--------+--
------+--------+------------+--------------+-------------+
| gmt_create                 | module | event             | name1  | value1
| name2 | value2 | name3 | value3 | name4 | value4 | name5 | value5 | name6 |
value6 | extra_info | rs_svr_ip    | rs_svr_port |
+----------------------------+--------+-------------------+--------+---------
----------+-------+--------+-------+--------+-------+--------+-------+--------+--
------+--------+------------+--------------+-------------+
| 2023-03-29 17:34:09.596035 | server | permanent_offline | server |
"10.186.64.79:2882" |        |        |       |        |       |        |       |
|        |        |            | 10.186.64.74 |        2882 |
+----------------------------+--------+-------------------+--------+---------
----------+-------+--------+-------+--------+-------+--------+-------+--------+--
------+--------+------------+--------------+-------------+
```

查询分区副本分布如下，已不存在 79 节点的分区副本信息，进一步确认了 79 节点已永久下线。zone2 下的 75 节点有一个从副本升级为 leader 角色，此时集群仍可以继续对外服务。

270

```
MySQL [oceanbase]> select tenant.tenant_name, zone, svr_ip,svr_port, case when
role=1 then 'leader' when role=2 then 'follower' else NULL end as role, count(1) as
partition_cnt from __all_virtual_meta_table meta  inner join __all_tenant tenant
on meta.tenant_id=tenant.tenant_id inner join __all_virtual_table tab  on meta.
tenant_id=tab.tenant_id and meta.table_id=tab.table_id where tenant.tenant_id=1001
and tab.table_name='sbtest1' group by  tenant.tenant_name,zone, svr_ip,svr_port, 5
order by  tenant.tenant_name, zone, svr_ip, role desc;
    +-----------------+-------+--------------+----------+----------+---------------+
    | tenant_name     | zone  | svr_ip       | svr_port | role     | partition_cnt |
    +-----------------+-------+--------------+----------+----------+---------------+
    | sysbench_tenant | zone1 | 10.186.64.74 |     2882 | leader   |             1 |
    | sysbench_tenant | zone1 | 10.186.64.74 |     2882 | follower |             2 |
    | sysbench_tenant | zone2 | 10.186.64.75 |     2882 | leader   |             2 |
    | sysbench_tenant | zone2 | 10.186.64.75 |     2882 | follower |             1 |
    +-----------------+-------+--------------+----------+----------+---------------+
    4 rows in set (0.005 sec)
```

8.4.3 拉起故障节点，触发数据自动重建

8.4.3.1 启动 79 节点的 OBServer 进程

进程启动后会自动触发重建，为防止 OBServer 启动失败或存在其他问题，建议启动前将数据文件和事务日志均清空。

```
[root@localhost data]# rm -rf log1/clog/*
[root@localhost data]# rm -rf log1/ilog/*
[root@localhost data]# rm -rf log1/slog/*
[root@localhost data]# rm -rf 1/sstable/block_file
[root@localhost data]# cd 1/sstable/
[root@localhost sstable]# ll
total 0
[root@localhost sstable]# su admin
bash-4.2$ cd /home/admin/ && ./bin/observer
./bin/observer
```

进程启动后，确认 OBServer 心跳恢复状态为 active，然后查看分区正在不断补足中。

```
MySQL [oceanbase]> select svr_ip,zone,with_rootserver,status,stop_time,start_
service_time,build_version from __all_server;
    +--------------+-------+----------------+--------+------------------+--------
------------+------------------------------------------------------------------
------------------+
```

```
   | svr_ip        | zone  | with_rootserver | status | stop_time  | start_service_time
| build_version                                                                    |
   +--------------+-------+-----------------+--------+-----------+----------------
------------+----------------------------------------------------------------
------------------+
   | 10.186.64.74 | zone1 |               1 | active |         0 |
1679984798650860 | 3.1.2_10000392021123010-d4ace121deae5b81d8f0b40afbc4c02705b7fc1
d(Dec 30 2021 02:47:29) |
   | 10.186.64.75 | zone2 |               0 | active |         0 |
1679984801289281 | 3.1.2_10000392021123010-d4ace121deae5b81d8f0b40afbc4c02705b7fc1
d(Dec 30 2021 02:47:29) |
   | 10.186.64.79 | zone3 |               0 | active | 1680082329964975 |
1680082511964975 | 3.1.2_10000392021123010-d4ace121deae5b81d8f0b40afbc4c02705b7fc1
d(Dec 30 2021 02:47:29) |
   +--------------+-------+-----------------+--------+-----------------+--------
------------+----------------------------------------------------------------
------------------+
   3 rows in set (0.002 sec)

   MySQL [oceanbase]> select count(*),zone from gv$partition group by zone;
   +----------+-------+
   | count(*) | zone  |
   +----------+-------+
   |     1322 | zone1 |
   |     1322 | zone2 |
   |      152 | zone3 |
   +----------+-------+
   3 rows in set (0.228 sec)

   MySQL [oceanbase]> select count(*),zone from gv$partition group by zone;
   +----------+-------+
   | count(*) | zone  |
   +----------+-------+
   |     1322 | zone1 |
   |     1322 | zone2 |
   |      664 | zone3 |
   +----------+-------+
   3 rows in set (0.113 sec)
   MySQL [oceanbase]> select count(*),zone from gv$partition group by zone;
   +----------+-------+
   | count(*) | zone  |
   +----------+-------+
```

```
|     1322 | zone1 |
|     1322 | zone2 |
|     1179 | zone3 |
+----------+-------+
3 rows in set (0.112 sec)

MySQL [oceanbase]> select count(*),zone from gv$partition group by zone;
+----------+-------+
| count(*) | zone  |
+----------+-------+
|     1322 | zone1 |
|     1322 | zone2 |
|     1322 | zone3 |
+----------+-------+
3 rows in set (0.116 sec)
```

当 3 个 zone 内的分区个数一致后，同时查看 zone3 已存在副本信息，认为重建完毕。由于 79 节点处于隔离状态，所以还没有 leader 副本。

```
MySQL [oceanbase]> select tenant.tenant_name, zone, svr_ip,svr_port, case when
role=1 then 'leader' when role=2 then 'follower' else NULL end as role, count(1) as
partition_cnt from __all_virtual_meta_table meta  inner join __all_tenant tenant
on meta.tenant_id=tenant.tenant_id inner join __all_virtual_table tab  on meta.
tenant_id=tab.tenant_id and meta.table_id=tab.table_id where tenant.tenant_id=1001
and tab.table_name='sbtest1' group by  tenant.tenant_name,zone, svr_ip,svr_port, 5
order by  tenant.tenant_name, zone, svr_ip, role desc;
+-----------------+-------+--------------+----------+----------+---------------+
| tenant_name     | zone  | svr_ip       | svr_port | role     | partition_cnt |
+-----------------+-------+--------------+----------+----------+---------------+
| sysbench_tenant | zone1 | 10.186.64.74 |     2882 | leader   |             1 |
| sysbench_tenant | zone1 | 10.186.64.74 |     2882 | follower |             2 |
| sysbench_tenant | zone2 | 10.186.64.75 |     2882 | leader   |             2 |
| sysbench_tenant | zone2 | 10.186.64.75 |     2882 | follower |             1 |
| sysbench_tenant | zone3 | 10.186.64.79 |     2882 | follower |             3 |
+-----------------+-------+--------------+----------+----------+---------------+
6 rows in set (0.005 sec)
```

8.4.3.2 开启故障节点服务

执行命令解除 79 节点的隔离状态。

```
ALTER SYSTEM START SERVER '10.186.64.79:2882' ZONE='zone3';
```

查询分区副本分布如下，leader 角色已迁回 79 节点。

```
MySQL [oceanbase]> select tenant.tenant_name, zone, svr_ip,svr_port, case when
role=1 then 'leader' when role=2 then 'follower' else NULL end as role, count(1) as
partition_cnt from __all_virtual_meta_table meta  inner join __all_tenant tenant
on meta.tenant_id=tenant.tenant_id inner join __all_virtual_table tab  on meta.
tenant_id=tab.tenant_id and meta.table_id=tab.table_id where tenant.tenant_id=1001
and tab.table_name='sbtest1' group by  tenant.tenant_name,zone, svr_ip,svr_port, 5
order by  tenant.tenant_name, zone, svr_ip, role desc;
+----------------+-------+--------------+----------+----------+---------------+
| tenant_name    | zone  | svr_ip       | svr_port | role     | partition_cnt |
+----------------+-------+--------------+----------+----------+---------------+
| sysbench_tenant | zone1 | 10.186.64.74 |     2882 | leader   |             1 |
| sysbench_tenant | zone1 | 10.186.64.74 |     2882 | follower |             2 |
| sysbench_tenant | zone2 | 10.186.64.75 |     2882 | leader   |             1 |
| sysbench_tenant | zone2 | 10.186.64.75 |     2882 | follower |             2 |
| sysbench_tenant | zone3 | 10.186.64.79 |     2882 | leader   |             1 |
| sysbench_tenant | zone3 | 10.186.64.79 |     2882 | follower |             2 |
+----------------+-------+--------------+----------+----------+---------------+
```

8.4.3.3 把 server_permanent_offline_time 参数恢复为默认值 3600s

```
MySQL [oceanbase]> alter system set server_permanent_offline_time='3600s';
Query OK, 0 rows affected (0.028 sec)

MySQL [oceanbase]> SHOW PARAMETERS LIKE "%server_permanent_offline_time%";
+-------+----------+--------------+----------+-------------------------------
+----------+-------+-----+------------------------------------------------------
-------------------------------------------------------------------+-----------
---+--------+--------+-------------------+
| zone  | svr_type | svr_ip       | svr_port | name
                               | data_type | value | info
| section | scope | source | edit_level |
+-------+----------+--------------+----------+-------------------------------
+----------+-------+-----+------------------------------------------------------
-------------------------------------------------------------------+-----------
---+--------+--------+-------------------+
| zone2 | observer | 10.186.64.75 |     2882 | server_permanent_offline_time
| NULL      | 3600s | the time interval between any two heartbeats beyond which
a server is considered to be \'permanently\' offline. Range: [20s,+∞)    | ROOT_
SERVICE | CLUSTER | DEFAULT | DYNAMIC_EFFECTIVE |
| zone1 | observer | 10.186.64.74 |     2882 | server_permanent_offline_time
```

```
| NULL        | 3600s | the time interval between any two heartbeats beyond which
a server is considered to be \'permanently\' offline. Range: [20s,+∞)    | ROOT_
SERVICE | CLUSTER | DEFAULT | DYNAMIC_EFFECTIVE |
    | zone3 | observer | 10.186.64.79 |        2882 | server_permanent_offline_time
| NULL        | 3600s | the time interval between any two heartbeats beyond which
a server is considered to be \'permanently\' offline. Range: [20s,+∞)    | ROOT_
SERVICE | CLUSTER | DEFAULT | DYNAMIC_EFFECTIVE |
    +-------+----------+--------------+----------+-----------------------------
+----------+-------+-------------------------------------------------------------
------------------------------------------------------------------+----------
---+---------+---------+------------------+
3 rows in set (0.007 sec)
```

8.4.4 校验各 OBServer 节点数据量

sysbench 已运行结束，直连各 OBServer，校验数据量是一致的。

```
[root@localhost ~]# obclient -h10.186.64.74 -P2881 -usysbench@sysbench_tenant
-Dsysbenchdb -A -psysbench
Welcome to the OceanBase.  Commands end with ; or \g.
Your MySQL connection id is 3221545401
Server version: 5.7.25 OceanBase 3.1.2 (r10000392021123010-d4ace121deae5b81d8f
0b40afbc4c02705b7fc1d) (Built Dec 30 2021 02:47:29)

Copyright (c) 2000, 2018, Oracle, MariaDB Corporation Ab and others.

Type 'help;' or '\h' for help. Type '\c' to clear the current input statement.

MySQL [sysbenchdb]> select count(*) from sbtest1;
+----------+
| count(*) |
+----------+
|    53195 |
+----------+
1 row in set (0.036 sec)

MySQL [sysbenchdb]> exit
Bye
[root@localhost ~]# obclient -h10.186.64.75 -P2881 -usysbench@sysbench_tenant
-Dsysbenchdb -A -psysbench
Welcome to the OceanBase.  Commands end with ; or \g.
Your MySQL connection id is 3221823448
Server version: 5.7.25 OceanBase 3.1.2 (r10000392021123010-d4ace121deae5b81d8f
```

```
0b40afbc4c02705b7fc1d) (Built Dec 30 2021 02:47:29)

    Copyright (c) 2000, 2018, Oracle, MariaDB Corporation Ab and others.

    Type 'help;' or '\h' for help. Type '\c' to clear the current input statement.

    MySQL [sysbenchdb]> select count(*) from sbtest1;
    +----------+
    | count(*) |
    +----------+
    |    53195 |
    +----------+
    1 row in set (0.040 sec)

    MySQL [sysbenchdb]> exit
    Bye
    [root@localhost ~]#  obclient -h10.186.64.79 -P2881 -usysbench@sysbench_tenant
-Dsysbenchdb -A -psysbench
    Welcome to the OceanBase.  Commands end with ; or \g.
    Your MySQL connection id is 3222011907
    Server version: 5.7.25 OceanBase 3.1.2 (r10000392021123010-d4ace121deae5b81d8f
0b40afbc4c02705b7fc1d) (Built Dec 30 2021 02:47:29)

    Copyright (c) 2000, 2018, Oracle, MariaDB Corporation Ab and others.

    Type 'help;' or '\h' for help. Type '\c' to clear the current input statement.

    MySQL [sysbenchdb]> select count(*) from sbtest1;
    +----------+
    | count(*) |
    +----------+
    |    53195 |
    +----------+
    1 row in set (0.037 sec)

    MySQL [sysbenchdb]>
```

8.5 总结

数据文件损坏或者丢失时，可通过调整参数 server_permanent_offline_time 来重建受影响的节点。

（1）设小 server_permanent_offline_time 阈值。

（2）停止故障节点对外服务。

（3）终止该节点进程。

（4）超过阈值后，节点将被标记为永久下线，系统会自动清空副本并向同 zone 内其他节点迁移数据。

（5）启动 OBServer 进程，自动触发重建节点数据。

（6）开启故障节点服务。

（7）把 server_permanent_offline_time 参数改回原来的值。

9 OceanBase 慢查询排查思路

作者：任仲禹

本文汇总了项目实践中前辈的经验和笔者的理解，旨在帮助初学 OceanBase（以下简称 OB）的工程师，快速解决 SQL 执行缓慢等性能问题。当遇到性能问题时，很多工程师可能会感到无从下手，本文将根据关键日志提供多种分析方向，以加速问题排查。

9.1 背景

应用连接 OB 的生产架构，一般有两种：

（1）应用 → OBProxy → OBServer。

（2）应用 → OBProxy-Sharding → OBServer。

前者是大多数客户使用场景，后者是少数客户使用的单元化架构场景，后文将 OBProxy 和 OBProxy-Sharding 统称为 ODP（OceanBase Database Proxy）。

当我们发现某条语句耗时较长时，需要排查的点有：应用到 ODP 的网络时间、ODP 的执行时间、ODP 到 OBServer 的网络时间、OBServer 的执行时间。

9.2 从哪些信息入手

要诊断哪部分时间消耗长及其原因，大多数情况下会从如下几个组件获取信息。

9.2.1 ODP 组件

- obproxy_digest.log：审计日志，记录执行失败的 SQL 语句、执行时间大于参数 query_digest_time_threshold 阈值（默认是 2ms）的请求。

- obproxy_slow.log：慢 SQL 请求日志，记录执行时间大于参数 slow_query_time_threshold 阈值（默认是 500ms）的请求。

- obproxy.log：ODP 总日志。

在 obproxy_digest.log 和 obproxy_slow.log 中，第 15、16、17、18 列（即 8353μs、179μs、0μs、5785μs）分别表示：ODP 处理总时间、ODP 预处理时间、ODP 获取连接时间、OBServer 执行时间。示例如下：

```
    2023-05-04 16:46:03.513268,test_obproxy,,,,test:ob_mysql:sbtest,OB_
MYSQL,sbtest1,sbtest1,COM_QUERY,SELECT,failed,1064,select t1.*%2Ct2.* from sbtest
1 t1%2Csbtest2 t2 where t1.id = t2.id where id <10000,8353us,179us,0us,5785us,Y0-
7FA25BB4A2E0,YB420ABA3FAC-0005FA2415BE0F81-0-0,,,0,10.186.63.172:2881
```

- ODP 处理总时间的起点：ODP 接收到客户端请求的时间。

- ODP 处理总时间的终点：ODP 把所有的数据都写回给客户端。

- ODP 预处理时间：包含去 oceanbase.__all_virtual_proxy_schema 查询 Leader 的时间。

- ODP 获取连接时间：目前不做记录，看到的都是 0。

- OBServer 执行时间：起点是 ODP 发送请求给 OBServer，终点是收到 OBServer 返回的第一条记录。

从上面的原理可以看出，后三项时间相加并不等于第一项时间，比如 ODP 处理总时间比较长，但是预处理时间和 OBServer 执行时间都很短，有可能时间消耗在 OBServer 将第一条记录返回给 ODPServer 和 ODPServer 把所有数据写回给客户端之间，这在结果集较大的 SQL 语句中比较常见。

9.2.2 OBserver 组件

9.2.2.1 gv$audit_sql

该视图用于展示所有 OBServer 上每一次 SQL 请求的来源、执行状态等统计信息。该视图是按照租户拆分的,除了系统租户,其他租户不能跨租户查询。一般常用的字段有：request_time、sql_id、plan_id、plan_type、trace_id、svr_ip、client_ip、user_client_ip、user_name、db_name、elapsed_time、queue_time、get_plan_time、execute_time、retry_cnt、table_scan、ret_code、query_sql……

大致的归类如下。

- 标识信息：tenant_id、sql_id、trace_id、plan_id、sid、transaction_hash……
- 来自哪里：user_name、user_client_ip、client_ip(OBProxy)……
- 在哪执行：svr_ip、db_name、plan_type……
- 开始时间：request_time。
- 执行耗时：elapsed_time、get_plan_time、execute_time……
- 等待耗时：total_wait_time_micro、queue_time、net_time、user_io_wait_time……
- 数据扫描：table_scan（全表扫描）、disk_reads、memstore_read_row_count、sstable_read_row_count……
- 并行执行：expected_worker_count、used_worker_count、qc_id、sqc_id、worker_id……
- 请求类型：request_type……
- 强弱读：consistency_level。
- 数据量：affected_rows、return_rows、partition_cnt……
- 返回码：ret_code。

9.2.2.2 observer.log

OBServer 运行的主要日志，这里面的信息非常全面，外部用户不易解读，很多情况下会根据 trace_id 去搜索，例如通过 OCP 的 SQL 诊断功能获取到 TraceID，再进行查询（见图 1）。

SQL 明细

TraceID		请求时间		响应时间（ms）		执行时间（ms）	
YB4215205E31-00...		2023年1月9日 11:21:12.523		356.48		356.36	
YB4215205E31-00...		2023年1月9日 11:21:12.162		357.61		357.48	
YB4215205E31-00...		2023年1月9日 11:21:11.789		370.32		370.26	
YB4215205E31-00...		2023年1月9日 11:21:11.789		370.54		370.46	
YB4215205E31-00...		2023年1月9日 11:21:11.403		382.42		382.34	

图 1

9.3 常见 OB 慢查询分析思路

9.3.1 ODP 给应用回写数据耗时长

当 SQL 的结果集很大时，ODP 就需要较长时间将数据返回给应用，这时候会发现 OBServer 执行时间和 ODP 预处理时间相加，比 ODP 执行总时间要少，以下面的 obproxy.log 记录为例：

```
[2023-04-19 19:12:31.662602] WARN [PROXY.SM] update_cmd_stats (ob_mysql_
sm.cpp:8633)
[5628][Y0-7F820F6C7960] [lt=38] [dc=0] Slow Query: ((client_ip={x.
x.x.x:51555},
server_ip={x.x.x.x:2881}, obproxy_client_port={x.x.x.x:33584},
server_trace_id=YB420A97B009-0005F6EF28FSFS11-0-0, route_type=ROUTE_TYPE_
LEADER,
user_name=depo, tenant_name=su, cluster_name=cmcluster, logic_database_name=,
logic_tenant_name=, ob_proxy_protocol=0, cs_id=1077902,
proxy_sessid=1513983664671181892, ss_id=611834, server_sessid=3221841415, sm_
id=260155,
cmd_size_stats={client_request_bytes:87, server_request_bytes:122,
server_response_bytes:0, client_response_bytes:185002181}, cmd_time_stats=
{client_transaction_idle_time_us=0, client_request_read_time_us=11,
client_request_analyze_time_us=10, cluster_resource_create_time_us=0,
pl_lookup_time_us=4, pl_process_time_us=4, congestion_control_time_us=1,
congestion_process_time_us=0, do_observer_open_time_us=2, server_connect_time_
us=0,
server_sync_session_variable_time_us=0, server_send_saved_login_time_us=0,
server_send_use_database_time_us=0, server_send_session_variable_time_us=0,
server_send_all_session_variable_time_us=0, server_send_last_insert_id_time_
us=0,
server_send_start_trans_time_us=0, build_server_request_time_us=2,
plugin_compress_request_time_us=0, prepare_send_request_to_server_time_us=65,
server_request_write_time_us=20, server_process_request_time_us=337792,
server_response_read_time_us=2353609, plugin_decompress_response_time_
us=1299449,
server_response_analyze_time_us=17505, ok_packet_trim_time_us=0,
client_response_write_time_us=1130104, request_total_time_
us=5309727}, sql=SELECT x,x,x
FROM sbtest.sbtest1 where id =1)
```

其中：

- client_response_bytes:185002181

- client_response_write_time_us=1130104

该示例中，ODP 回写给应用的数据为 185MB，耗时 1.1s，可以通过该信息观测一下是否是 SQL 的结果集较大。

9.3.2 ODP 获取 location cache

ODP 要把 SQL 路由到准确的 OBServer 上，只需要知道每个 Table 的 Partition 的 Leader 所在位置，获取位置的过程叫作 get location cache。通常这个过程很快，并且获取后会缓存在本地，少数情况下，这个时间消耗会慢，以下面为例：

```
    [2023-05-07 00:01:04.506809] WARN [PROXY.SM] update_cmd_stats (ob_mysql_
sm.cpp:8607)
    [363][Y0-7F4521AA21A0] [lt=28] [dc=0] Slow Query: ((client_ip={x.x.x.x:36246},
    server_ip={x.x.x.x:2881}, obproxy_client_port={21.2.1
    92.29:40556}, server_trace_id=, route_type=ROUTE_TYPE_LEADER, user_
name=mY14OyQ1tF,
    tenant_name=bu06, cluster_name=cscluster2, logic_database_name=budb,
    logic_tenant_name=odp-h170kfw30w7l, ob_proxy_protocol=2, cs_id=2993079,
    proxy_sessid=15139836560807503373, ss_id=53737247, server_sessid=3223571471,
    sm_id=44290320, cmd_size_stats={client_request_bytes:342, server_request_
bytes:385,
    server_response_bytes:66, client_response_bytes:66}, cmd_time_stats=
    {client_transaction_idle_time_us=0, client_request_read_time_us=25,
    client_request_analyze_time_us=25, cluster_resource_create_time_us=0,
    pl_lookup_time_us=4998993, pl_process_time_us=126, congestion_control_time_us=2,
    congestion_process_time_us=0, do_observer_open_time_us=5, server_connect_time_us=0,
    server_sync_session_variable_time_us=0, server_send_saved_login_time_us=0,
    server_send_use_database_time_us=0, server_send_session_variable_time_us=0,
    server_send_all_session_variable_time_us=0, xxxxxxxx
```

其中 pl_lookup_time_us=4998993。

耗时 4s 明显有异常，获取到该日志后可以快速和 OB 研发同事缩小问题排查范围。

9.3.3 表的路由选择

在 OceanBase 数据库中，有 Local 计划、Remote 计划和 Distributed 计划三种表路由。Local 计划、Remote 计划均为单分区的路由。ODP 的作用就是尽量消除 Remote 计划，将路由尽可能地变为 Local 计划。

如果表路由类型为 Remote 计划的 SQL 过多，则表示该 SQL 性能可能不是最优，通常的原因有 ODP 路由问题、无法计算表分区 ID、使用了全局索引、需要开启二次路由等。

通过 gv$sql_audit 的 PLAN_TYPE 字段可以判断 SQL 的执行计划类型：

- 1：Local
- 2：Remote
- 3：Distributed

9.3.4 OBServer 写入限速

当 memstore 已 使 用 的 内 存 达 到 writing_throttling_trigger_percentage 时（默认100），触发写入限速。当该配置项的值为 100 时，表示关闭写入限速机制。在触发写入限速后，剩余 memstore 内存必须保证在 writing_throttling_maximum_duration（默认1h）内不会被分配完，也就是写入速度上限为 memstore * (1- writing_throttling_trigger_percentage) / writing_throttling_maximum_duration。

通过监控 gv$memstore 可以知道 memstore 使用的百分比。当发生写入限速时，observer.log 中会看到如下记录：

```
[2023-04-10 10:52:09.076066] INFO [COMMON] ob_fifo_arena.cpp:301 [68425][1739]
[YB420A830ADF-00058B41370AAF4F] [lt=85] [dc=0] report write throttle
info(cur_mem_hold=162644623360, throttle_info_={decay_
factor_:"0.000000005732",
alloc_duration_:2400000000, trigger_percentage_:70, memstore_
threshold_:231928233960,
period_throttled_count_:140, period_throttled_time_:137915965,
total_throttled_count_:23584, total_throttled_time_:27901629728})
```

关键字：report，write，throttle，info。

还有一种场景就是发现 QPS 异常下降时，尤其是包含大量写入，可以通过查询系统表的方式确认是否由于写入限速导致。

```
select * from v$session_event where EVENT='memstore memory page alloc wait' \G;
*************************** 94. row ***************************
CON_ID: 1
SVR_IP: x.x.x.x
SVR_PORT: 22882
SID: 3221487713
EVENT: memstore memory page alloc wait
```

```
TOTAL_WAITS: 182673
TOTAL_TIMEOUTS: 0
TIME_WAITED: 1004.4099
AVERAGE_WAIT: 0.005498403704981032
MAX_WAIT: 12.3022
TIME_WAITED_MICRO: 10044099
CPU: NULL
EVENT_ID: 11015
WAIT_CLASS_ID: 109
WAIT_CLASS#: 9
WAIT_CLASS: SYSTEM_IO
```

关键字：memstore，memory，page，alloc，wait。

9.3.5 访问执行计划

访问计划也是影响 SQL 耗时的一个因素，没有命中 plan cache、访问计划发生了预期外的变化都会造成 SQL 执行变慢。没有命中 plan cache 可以在 gv$sql_audit 中看到 IS_HIT_PLAN=0。

要查看 SQL 具体的执行计划有两种方式：一是执行 explain extended <query_sql>，但这时只能看到当前环境下该语句的执行计划，可能并不是现场缓慢 SQL 的执行计划；二是查看缓慢 SQL 正在使用的访问计划，需要首先记录下 gv$sql_audit 中的四个值：SVR_IP、SVR_PORT、TENANT_ID、PLAN_ID。并在 gv$plan_cache_plan_explain 中进行查询：

```
select SVR_IP, SVR_PORT, TENANT_ID, PLAN_ID from gv$sql_audit where query_
sql ...
    select * from gv$plan_cache_plan_explain where ip=<SVR_IP> and port=<SVR_
PORT> and
    tenant_id=<TENANT_ID> and plan_id=<PLAN_ID>
```

9.3.6 OBServer 锁等待

OceanBase 选择 MVCC 来实现事务并发性和一致性，支持读写不互斥。因此事务间的锁等待一般发生在写请求（lock_for_write）上，极少情况下也会发生在读请求（lock_for_shared）上。

当发生了锁等待时，SQL 执行耗时也会变长，通常的表现是：在 gv$sql_audit 中看到 elapsed_time 较大，execute_time 较小，retry_cnt 较大（>0），伴随 observer.log 可以观察到如下日志。

```
[2023-03-29 12:00:26.310172] WARN [STORAGE.TRANS] on_wlock_retry
(ob_memtable_context.cpp:393) [135700][2338][Y1312AC1C4140-
0005EFC759EADC21] [lt=10]
[dc=0] lock_for_write conflict(*this=alloc_type=0 ctx_descriptor=700817166
trans_start_time=1680062426310071 min_table_version=1679627152331552
max_table_version=1679627152331552 is_safe_read=false has_read_relocated_
row=false
read_snapshot=1680062426310007 start_version=-1 trans_
version=9223372036854775807
commit_version=0 stmt_start_time=1680062426310074 abs_expired_
time=1680062436209982
stmt_timeout=9899908 abs_lock_wait_timeout=1680062436209982 row_purge_
version=0
lock_wait_start_ts=0 trx_lock_timeout=-1 end_code=0 is_
readonly=false ref=2 pkey=
{tid:1116004302242691, partition_id:0, part_cnt:0} trans_
id={hash:4021727895899886621,
inc:669379877, addr:"172.28.65.64:4882", t:1680062426310046} data_relocated=0
relocate_cnt=0 truncate_cnt=0 trans_mem_total_size=0 callback_alloc_count=0
callback_free_count=0 callback_mem_used=0 checksum_log_ts=0,
key=table_id=1116004302242691 rowkey_object=[{"BIGINT":2024021}] ,
conflict_ctx="alloc_type=0 ctx_descriptor=700817301 trans_start_
time=1680062426309892
xx
```

关键字：lock_for_write，conflict。

9.3.7 SQL 语句有问题

一般 SQL 语句查询慢排除上述问题后，大部分跟自身有关，例如 SQL 语句没有走到索引、写法有问题等。这种情况就需要做以下几步。

（1）通过 gv$sql_audit 表或 ODP 日志拿到具体的 SQL 文本。

```
# 查询以某个租户一段范围内执行耗时的 SQL 语句进行排序
SELECT usec_to_time(request_time) as request_time,
sql_id, plan_id, plan_type, trace_id,
svr_ip, client_ip, user_client_ip, user_name, db_name elapsed_time, queue_
time,
get_plan_time, execute_time, retry_cnt, table_scan,
ret_code,
query_sql
FROM gv$sql_audit
```

```
WHERE tenant_id=1001
AND request_time BETWEEN time_to_usec('2023_05_12 13:00:00')
AND time_to_usec('2023_05_13 13:10:00') AND is_executor_rpc = 0
ORDER BY elapsed_time DESC limit 10;
```

（2）拿到 SQL 文本后，再通过 Explain 查询计划进行分析（例如对下文语句进行 Explain 分析，比如 name 中只有表名不包含索引列的话，则该 SQL 语句可能使用了主键或全表扫描）。

```
obclient [sbtest]> explain select * from sbtest1 where k like '%111181823%' \G
*************************** 1. row ***************************
Query Plan: ========================================
|ID|OPERATOR  |NAME   |EST. ROWS|COST  |
----------------------------------------
|0 |TABLE SCAN|sbtest1|283098   |333648|
========================================
Outputs & filters:
------------------------------------
0 - output([sbtest1.id], [sbtest1.k], [sbtest1.c], [sbtest1.pad]),
filter([(T_OP_LIKE, cast(sbtest1.k, VARCHAR(1048576)), '%111181823%', '\\')]),
 access([sbtest1.k], [sbtest1.id], [sbtest1.c], [sbtest1.pad]), partitions(p0)
1 row in set (0.004 sec)
```

（3）排查 SQL 成本和执行计划中访问顺序是否有问题，这里就不具体展开了。

以上就是导致 OB 慢查询常见的原因及分析思路，希望对读者有所帮助。

10 从 MySQL 到 OBOracle：如何处理自增列

作者：杨敬博

10.1 背景

OceanBase 数据库中分为 MySQL 租户与 Oracle 租户，本文针对 OceanBase 中 Oracle 租户怎样创建自增列，以及如何更简单方便地处理自增列的问题展开介绍。OceanBase 的 Oracle 租户以下简称 OBOracle。

由于业务需要，将原数据库转换为 OceanBase 数据库，但源端涉及 Oracle 及 MySQL 两种不同数据库，需要合并为 OceanBase 中单一的 Oracle 模式，其中源端 MySQL 数据库需要改造为 OBOracle 并做异构数据迁移。

在数据迁移中发现，MySQL 中的自增列（AUTO_INCREMENT）在 OBOracle 中是不支持的，OBOracle 对应 MySQL 自增列的功能是通过序列实现的。通过测试以及阅读相关文章，笔者共测试完成了以下四种 OBOracle 创建并使用序列的方法。

10.2 四种 OBOracle 创建序列方法

10.2.1 方法一：SEQUENCE+DML

在 OceanBase 中的 Oracle 数据库，我们可以通过以下语法创建序列：

```
CREATE SEQUENCE sequence_name
    [
        MINVALUE value -- 序列最小值
        MAXVALUE value -- 序列最大值
        START WITH value -- 序列起始值
        INCREMENT BY value -- 序列增长值
        CACHE cache -- 序列缓存个数
        CYCLE | NOCYCLE -- 序列循环或不循环
    ]
```

语法解释如下：

• sequence_name 是要创建的序列名称。

• MINVALUE 和 MAXVALUE 定义序列值的最小值和最大值。如果序列已经递增到最大值或最小值，则会根据设置进行循环或停止自增长。

• CACHE 设置序列预读缓存数量。其中 CYCLE 表示循环序列，NOCYCLE 表示不循环序列。

• START WITH 指定使用该序列时要返回的第一个值，默认为 1。

• INCREMENT BY 指定序列每次递增的值，默认为 1。

通过 OB 官方文档操作，创建序列，实现表的列自增，示例如下：

```
obclient [oboracle]> CREATE TABLE test (
    -> ID NUMBER NOT NULL PRIMARY KEY,
    -> NAME VARCHAR2(480),
    -> AGE NUMBER(10,0)
```

```
    -> );
Query OK, 0 rows affected (0.116 sec)


obclient [oboracle]> CREATE SEQUENCE seq_test START WITH 100 INCREMENT BY 1;
Query OK, 0 rows affected (0.026 sec)


obclient [oboracle]> INSERT INTO test(ID,NAME,AGE) VALUES(seq_test.
nextval, 'A',18);
Query OK, 1 row affected (0.035 sec)


obclient [oboracle]> INSERT INTO test(ID,NAME,AGE) VALUES(seq_test.
nextval, 'B',19);
Query OK, 1 row affected (0.001 sec)


obclient [oboracle]> INSERT INTO test(ID,NAME,AGE) VALUES(seq_test.
nextval, 'C',20);
Query OK, 1 row affected (0.001 sec)


obclient [oboracle]> select * from test;
+-----+------+------+
| ID  | NAME | AGE  |
+-----+------+------+
| 100 | A    |   18 |
| 101 | B    |   19 |
| 102 | C    |   20 |
+-----+------+------+
3 rows in set (0.006 sec)
```

10.2.2 方法二：SEQUENCE+DDL

（1）首先创建一个需要自增列的表。

```
obclient [oboracle]> CREATE TABLE Atable (
    ->          ID NUMBER(10,0),
    ->          NAME VARCHAR2(480),
    ->          AGE NUMBER(10,0),
    ->          PRIMARY KEY (id)
    -> );
Query OK, 0 rows affected (0.105 sec)


obclient [oboracle]> desc Atable;
+-------+---------------+------+-----+---------+-------+
| FIELD | TYPE          | NULL | KEY | DEFAULT | EXTRA |
```

```
+-------+--------------+------+-----+---------+-------+
| ID    | NUMBER(10)   | NO   | PRI | NULL    | NULL  |
| NAME  | VARCHAR2(480)| YES  | NULL| NULL    | NULL  |
| AGE   | NUMBER(10)   | YES  | NULL| NULL    | NULL  |
+-------+--------------+------+-----+---------+-------+
3 rows in set (0.037 sec)
```

（2）创建一个序列并更改表中 ID 列的 DEFAULT 属性为 sequence_name.nextval。

```
obclient [oboracle]> CREATE SEQUENCE A_seq
    -> MINVALUE 1
    -> MAXVALUE 999999
    -> START WITH 10
    -> INCREMENT BY 1;
Query OK, 0 rows affected (0.022 sec)

obclient [oboracle]> ALTER TABLE Atable MODIFY id DEFAULT A_seq.nextval;
Query OK, 0 rows affected (0.065 sec)

obclient [oboracle]> desc Atable;
+-------+--------------+------+-----+-------------------+-------+
| FIELD | TYPE         | NULL | KEY | DEFAULT           | EXTRA |
+-------+--------------+------+-----+-------------------+-------+
| ID    | NUMBER(10)   | NO   | PRI | "A_SEQ"."NEXTVAL" | NULL  |
| NAME  | VARCHAR2(480)| YES  | NULL| NULL              | NULL  |
| AGE   | NUMBER(10)   | YES  | NULL| NULL              | NULL  |
+-------+--------------+------+-----+-------------------+-------+
3 rows in set (0.013 sec)
```

此处为修改表 tablename 中的 ID 值为序列 sequence_name 的下一个值。具体而言，sequence_name.nextval 表示调用 sequence_name 序列的 nextval 函数，该函数返回序列的下一个值。因此，执行述语句后，当 tablename 表中插入一行数据时，会自动将 ID 列赋值为 sequence_name 序列的下一个值。

（3）验证该方法是否达到自增列的效果。

```
obclient [oboracle]> INSERT INTO Atable(NAME,AGE) VALUES('zhangsan', 18);
Query OK, 1 row affected (0.047 sec)

obclient [oboracle]> INSERT INTO Atable(NAME,AGE) VALUES('lisi', 19);
Query OK, 1 row affected (0.002 sec)
```

```
obclient [oboracle]> select * from Atable;
+----+----------+------+
| ID | AME      | AGE  |
+----+----------+------+
| 10 | zhangsan |  18  |
| 11 | lisi     |  19  |
+----+----------+------+
2 rows in set (0.013 sec)
```

10.2.3 方法三：SEQUENCE+触发器

OB 沿用 Oracle 中创建触发器的方法达到自增列的效果，具体步骤如下：

（1）创建一个序列。

```
obclient [oboracle]> CREATE SEQUENCE B_seq
    -> MINVALUE 1
    -> MAXVALUE 999999
    -> START WITH 1
    -> INCREMENT BY 1;
Query OK, 0 rows affected (0.023 sec)
```

（2）创建一个表。

```
obclient [oboracle]> CREATE TABLE Btable (
    ->    ID NUMBER,
    ->    NAME VARCHAR2(480),
    ->    AGE NUMBER(10,0)
    -> );
Query OK, 0 rows affected (0.129 sec)
```

（3）创建一个触发器，在每次向表中插入行时，触发器将自动将新行的 ID 列设置
为序列的下一个值。

```
obclient [oboracle]> CREATE OR REPLACE TRIGGER set_id_on_Btable
    -> BEFORE INSERT ON Btable
    -> FOR EACH ROW
    -> BEGIN
    ->   SELECT B_seq.NEXTVAL INTO :new.id FROM dual;
    -> END;
    -> /
Query OK, 0 rows affected (0.114 sec)
```

该触发器在每次向 Btable 表中插入行之前触发，通过 SELECT B_seq.NEXTVAL

INTO :new.id FROM dual 将 ID 列设置为 B_seq 序列的下一个值。:new.id 表示新插入行的 ID 列，dual 是一个虚拟的表，用于生成一行数据以存储序列的下一个值。

（4）验证该方法是否达到自增列的效果。

```
obclient [oboracle]> INSERT INTO Btable(NAME,AGE) VALUES('zhangsan', 18);
Query OK, 1 row affected (0.111 sec)

obclient [oboracle]> INSERT INTO Btable(NAME,AGE) VALUES('lisi', 19);
Query OK, 1 row affected (0.002 sec)

obclient [oboracle]> select * from Btable;
+------+----------+------+
| ID   | NAME     | AGE  |
+------+----------+------+
|    1 | zhangsan |   18 |
|    2 | lisi     |   19 |
+------+----------+------+
2 rows in set (0.008 sec)
```

10.2.4 方法四：GENERATED BY DEFAULT AS IDENTITY 语法

（1）在创建表时使用 GENERATED BY DEFAULT AS IDENTITY 语法来创建自增长的列。

```
obclient [oboracle]> CREATE TABLE Ctable (
    -> ID NUMBER GENERATED BY DEFAULT AS IDENTITY MINVALUE 1 MAXVALUE 999999 I
NCREMENT BY 1 START WITH 1 primary key,
    -> NAME VARCHAR2(480),
    -> AGE NUMBER(10,0)
    -> );
Query OK, 0 rows affected (0.121 sec)

obclient [oboracle]> desc Ctable;
+-------+--------------+------+-----+-----------------+-------+
| FIELD | TYPE         | NULL | KEY | DEFAULT         | EXTRA |
+-------+--------------+------+-----+-----------------+-------+
| ID    | NUMBER       | NO   | PRI | SEQUENCE.NEXTVAL| NULL  |
| NAME  | VARCHAR2(480)| YES  | NULL| NULL            | NULL  |
| AGE   | NUMBER(10)   | YES  | NULL| NULL            | NULL  |
+-------+--------------+------+-----+-----------------+-------+
3 rows in set (0.011 sec)
```

（2）验证该方法是否达到自增列的效果。

```
obclient [oboracle]> INSERT INTO Ctable(NAME,AGE) VALUES('zhangsan', 18);
Query OK, 1 row affected (0.015 sec)

obclient [oboracle]> INSERT INTO Ctable(NAME,AGE) VALUES('lisi', 19);
Query OK, 1 row affected (0.001 sec)

obclient [oboracle]> select * from Ctable;
+----+----------+------+
| ID | NAME     | AGE  |
+----+----------+------+
| 1  | zhangsan |  18  |
| 2  | lisi     |  19  |
+----+----------+------+
2 rows in set (0.008 sec)
```

（3）通过验证，使用 GENERATED BY DEFAULT AS IDENTITY 可以非常简单地创建自增长列，无须使用其他手段，例如触发器。此方法不需要手动创建序列，会自动创建一个序列，在内部使用它来生成自增长列的值。

```
obclient [SYS]> select * from dba_objects where OBJECT_TYPE='SEQUENCE';
+-------+-------------+----------------+-----------------+----------------
-+-------------+----------+----------------+-----------------------+-------
-+----------+----------+----------+----------+-------------+
| OWNER | OBJECT_NAME | SUBOBJECT_NAME | OBJECT_ID       | DATA_OBJECT_
ID | OBJECT_TYPE | CREATED  | LAST_DDL_TIME | TIMESTAMP             | STAT
US | TEMPORARY | GENERATED | SECONDARY | NAMESPACE | EDITION_NAME |
+-------+-------------+----------------+-----------------+----------------
-+-------------+----------+----------------+-----------------------+-------
-+----------+----------+----------+----------+-------------+
| MYSQL | A_SEQ       | NULL           | 1100611139403783
|             NULL | SEQUENCE    | 31-MAY-23 | 31-MAY-
23     | 31-MAY-
23 02.21.42.603005 PM | VALID | N         | N         | N
|         0 | NULL      |
| MYSQL | B_SEQ       | NULL           | 1100611139403784
|             NULL | SEQUENCE    | 31-MAY-23 | 31-MAY-
23     | 31-MAY-
23 03.28.39.222090 PM | VALID | N         | N         | N
|         0 | NULL      |
```

```
| MYSQL | ISEQ$$_50012_16 | NULL           | 1100611139403785
|          NULL | SEQUENCE    | 31-MAY-23 | 31-MAY-
23      | 31-MAY-
23 04.01.23.577766 PM | VALID | N             | N          | N
      | 0 | NULL           |
| MYSQL | SEQ_TEST        | NULL           | 1100611139403786
|          NULL | SEQUENCE    | 31-MAY-23 | 31-MAY-
23      | 31-MAY-
23 05.09.33.981039 PM | VALID | N             | N          | N
      | 0 | NULL           |


+-------+---------------+--------------+---------------+----------------
-----------+----------+----------+----------+--------------+-------
-----------+----------+----------+----------+--------------+

6 rows in set (0.042 sec)
```

查看数据库对象视图dba_objects,发现该方法创建对象内部命名方式为ISEQ$$_5000x_16。

测试发现,序列对象的名称在OB中不论是通过GENERATED BY DEFAULT AS IDENTITY自动创建,还是手动创建,都会占用ISEQ$$_5000x_16中x的位置,若删除序列或删除表,该对象名称也不会复用,只会单调递增。

> 建议在Oracle 12c及以上版本中,可以使用GENERATED BY DEFAULT AS IDENTITY关键字来创建自增长的列。在PostgreSQL数据库中GENERATED BY DEFAULT AS IDENTITY也是适用的。

10.3 总结

- 方法一(SEQUENCE+DML):也就是OB的官方文档中创建序列的操作,在每次做INSERT操作时需要指定自增列并加入sequence_name,对业务不太友好,不推荐。

- 方法二(SEQUENCE+DDL):相较于第一种该方法只需要指定DDL改写DEFAULT属性,省去了DML的操作,但仍须再指定自己创建的序列名sequence_name,每个表的序列名都不一致,管理不方便,不推荐。

- 方法三(SEQUENCE+触发器):沿用Oracle的序列加触发器的方法,触发器会占用更多的计算资源和内存,对性能会有影响,因此也不推荐。

- 方法四(GENERATED BY DEFAULT AS IDENTITY语法):既方便运维人员管理,对业务也很友好,还不影响性能,强烈推荐。

11 OceanBase 安全审计之身份鉴别

作者：金长龙

本文以 MySQL 作为参考，介绍了 OceanBase（MySQL 模式）安全体系中关于身份鉴别的相关功能，包括身份鉴别机制、用户名组成、密码复杂度、密码过期策略等。

11.1 用户鉴权

OceanBase 数据库目前只支持密码验证方式，使用的是 MySQL Authentication Protocol（MAPI）协议进行用户鉴权。该协议基于客户端机器上的 MySQL 客户端账户完成身份验证，要求客户端具有正确的用户名和密码才能连接到 OceanBase 服务器。图 1 是身份鉴权的具体过程。

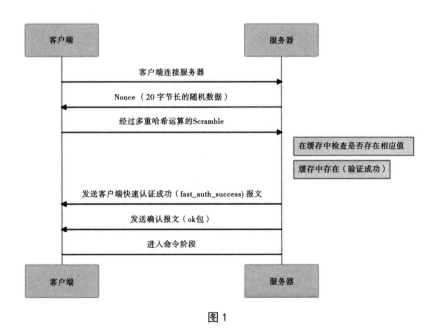

图 1

具体步骤如下：

（1）客户端发起连接请求到 OceanBase 服务器。

（2）OceanBase 服务器发送随机字符串（Nonce）给客户端。

（3）客户端使用发送来的随机字符串以及正确的用户名和密码进行哈希加密计算。

（4）客户端将加密后的 Token 发送回 OceanBase 服务器。

（5）OceanBase 服务器验证客户端发送的解码结果是否正确。

（6）如果解码结果正确，OceanBase 服务器允许客户端连接服务器，否则拒绝连接请求。

OceanBase 数据库当前支持的 MySQL 客户端版本为 5.5、5.6 和 5.7。当使用 MySQL 8.0 客户端连接 OceanBase 时，需要在连接命令上加 –default_auth=mysql_native_pasowrd。因为 MySQL 5.6、MySQL 5.7 的默认加密算法是 mysql_native_password，而 MySQL 8.0 的默认加密算法是 caching_sha2_password。

11.2 用户命名

用户命名规则如下：

（1）一个用户信息由 user_name 和 host 共同组成，这点 MySQL 和 OceanBase 是一致的。

（2）MySQL 用户名不能超过 32 个字符，OceanBase 用户名不能超过 64 个字符。

下面我们看两个命名规则的例子。

11.2.1 用户名的组成

用户名都是 u1，但 host 不同，代表着三个不同用户。

```
create user 'u1'@'%' identified by '123456';
create user 'u1'@'localhost' identified by '123456';
create user 'u1'@'127.0.0.1' identified by '123456';
```

通过 current_user 函数查询当前登录用户，查到用户标识为 'user_name'@host。

11.2.2 长度限制

创建用户时，用户名长度超出限制，MySQL 和 OceanBase 的报错一致，提示 too long for user name（用户名太长）。

11.3 密码强度评定

为了防止恶意的密码攻击，OceanBase 和 MySQL 都提供设置密码复杂度的相关功能，以此来提升数据库的安全性。OceanBase 和 MySQL 分别通过如下的一系列变量限制密码的复杂度规则。

```
# OceanBase 4.1
obclient [oceanbase]> SHOW VARIABLES LIKE "validate_password%";
+------------------------------------+-------+
| Variable_name                      | Value |
+------------------------------------+-------+
| validate_password_check_user_name  | on    |
| validate_password_length           | 0     |
| validate_password_mixed_case_count | 0     |
| validate_password_number_count     | 0     |
| validate_password_policy           | low   |
| validate_password_special_char_count | 0   |
+------------------------------------+-------+
6 rows in set (0.003 sec)


# MySQL 8.x
mysql [localhost:8031] {msandbox} ((none)) > SHOW VARIABLES LIKE "validate_
password%";
+------------------------------------+--------+
| Variable_name                      | Value  |
+------------------------------------+--------+
| validate_password.check_user_name  | ON     |
| validate_password.dictionary_file  |        |
| validate_password.length           | 8      |
| validate_password.mixed_case_count | 1      |
| validate_password.number_count     | 1      |
| validate_password.policy           | MEDIUM |
| validate_password.special_char_count | 1    |
+------------------------------------+--------+
7 rows in set (0.00 sec)
```

差异对比如表 1 所示。

表 1

对比项	OceanBase	MySQL
安装方式	自带系统变量，可以直接配置	需要先安装 validate_password 组件（INSTALL COMPONENT 'file://component_validate_password';），然后才可以使用相关变量做密码限制
参数个数	6 个系统变量，没有变量 validate_password. dictionary_file	7 个系统变量。其中的 validate_password.dictionary_file 变量仅在 validate_password.policy=STRONG 时才会生效（目前 oceanbase 不支持 STRONG 策略）
validate_ password. policy 变量值	支持配置 LOW、MEDIUM 两种密码检查策略	支持配置 LOW、MEDIUM、STRONG 三种密码检查策略，其中 STRONG 就是在 MEDIUM 策略的基础上增加了字典文件的检查

两种数据库的参数默认值大部分都不同，使用中需要注意。

11.4 密码过期策略

主要包括手动设置密码过期和设置全局的密码过期策略。

11.4.1 MySQL

支持手动设置用户密码过期。

```
# 手动设置密码过期
mysql [localhost:8031] {msandbox} ((none)) > alter user 'jeffrey'@'%' PASSWOR
D EXPIRE;
Query OK, 0 rows affected (0.04 sec)
# 密码过期后执行语句受限
mysql [localhost:8031] {jeffrey} ((none)) > show databases;
ERROR 1820 (HY000): You must reset your password using ALTER USER statement be
fore executing this statement.
```

支持设置全局的密码过期策略：可以使用 default_password_lifetime 系统变量。

11.4.2 OceanBase

目前暂不支持。

11.5 登录失败处理

对于多次登录失败的用户，数据库会锁定该用户，以便防止恶意的密码攻击，从而保护数据库，提升数据库的安全性。

11.5.1 OceanBase

OceanBase 设计了几个租户级的参数，用来控制用户连续错误登录的次数以及账户的锁定时间。主要是以下三个参数，可以通过命令查询（SHOW PARAMETERS LIKE "connection_control_%";）。

- connection_control_failed_connections_threshold：指定用户连续错误登录的次数。
- connection_control_min_connection_delay：达到错误登录次数之后锁定用户的最小时长。
- connection_control_max_connection_delay：达到错误登录次数之后锁定用户的最大时长。

在每次登录失败时，OBServer 日志都会有相应的记录。

```
[root@31aa8013555f log]# grep "denied" observer.log
[2023-05-04 09:32:18.689329] WDIAG [SERVER] load_privilege_info (obmp_connect.
cpp:553) [782][MysqlQueueTh5][T1][Y0-0005FA34D4B800AC-0-0] [lt=11][errcode=-4043]
User access denied(login_info={tenant_name:"sys", user_name:"root", client_ip:"127
.0.0.1", db:"oceanbase", scramble_str:"?sE@PP"WqS*v7KUJQ8cj"}, ret=-4043)
```

另外也截了一段登录成功时的日志。

```
[2023-05-23 09:07:52.658015] INFO [SERVER] process (obmp_
connect.cpp:369) [12383][MysqlQueueTh1][T1][Y0-
0005FBC67C77F146-0-0] [lt=9] MySQL LOGIN(direct_client_ip="127.0.0.1", client_
ip=127.0.0.1, tenant_name=sys, tenant_id=1, user_name=u1, host_name=%, sess
id=3221576719, proxy_sessid=0, sess_create_time=0, from_proxy=false, from_
java_client=false, from_oci_client=true, from_jdbc_client=false, capability
=150974085, proxy_capability=49408, use_ssl=true, c/s protocol="OB_2_0_CS_
TYPE", autocommit=true, proc_ret=0, ret=0)
```

11.5.2 MySQL

MySQL 可以通过安装插件 connection_control.so 来实现用户连续错误登录的控制，具体有如下三个变量：

```
mysql [localhost:8031] {msandbox} ((none)) > SHOW VARIABLES LIKE "connection_
control_%";
    +---------------------------------------------------+------------+
    | Variable_name                                     | Value      |
    +---------------------------------------------------+------------+
    | connection_control_failed_connections_threshold   | 3          |
    | connection_control_max_connection_delay           | 2147483647 |
    | connection_control_min_connection_delay           | 1000       |
    +---------------------------------------------------+------------+
3 rows in set (0.05 sec)
```

另外，从 MySQL 8.0.19 开始，可以在 create user 和 alter user 语句中使用 FAILED_LOGIN_ATTEMPTS 和 PASSWORD_LOCK_TIME 选项为每个账户配置所需的登录失败次数和锁定时间。

- FAILED_LOGIN_ATTEMPTS：指定连续错误密码的次数。
- PASSWORD_LOCK_TIME：达到错误登录次数之后的锁定时长（单位：天）。

11.5.3 使用举例

```
CREATE USER 'u1'@'localhost' IDENTIFIED BY 'password'
```

```
    FAILED_LOGIN_ATTEMPTS 3 PASSWORD_LOCK_TIME 3;

 ALTER USER 'u2'@'localhost'
   FAILED_LOGIN_ATTEMPTS 4 PASSWORD_LOCK_TIME UNBOUNDED;
```

11.6 小结

OceanBase（MySQL 模式）在安全审计的身份鉴别方面与 MySQL 功能基本一致。

12 OceanBase 安全审计之用户管理与访问控制

作者：金长龙

本文主要以 MySQL 和 OceanBase 对比的方式，来介绍 OceanBase（MySQL 模式）安全体系中关于用户管理和访问控制的相关内容，包括用户管理、用户操作权限控制、网络安全访问控制、行级权限控制、角色管理。

12.1 用户管理

12.1.1 基本概念

12.1.1.1 租户

OceanBase 数据库租户是一个逻辑概念，是资源分配的单位。OceanBase 数据库租户间的数据是完全隔离的，每个租户都相当于传统数据库的一个数据库实例。OceanBase 数据库租户分为系统租户和普通租户。

• OceanBase 数据库预定义了用于管理的系统租户（sys 租户），其兼容模式为 MySQL。

• 普通租户又分为 Oracle 模式租户和 MySQL 模式租户。

12.1.1.2 用户

OceanBase 数据库用户分为系统租户用户和普通租户用户。

• 系统租户的内置系统管理员为用户 root。

• MySQL 租户的内置租户管理员为用户 root。

- Oracle 租户的内置租户管理员为用户 sys。

创建用户时，如果当前会话的租户为系统租户，则新建的用户为系统租户用户，反之为普通租户用户。

12.1.2 用户名称语法

用户名称出现在 SQL 语句中（如：CREATE USER、GRANT、SET PASSWORD）需要遵循一些规则，下面将测试这些规则在 OceanBase 和 MySQL 中的表现是否一致。

12.1.2.1 OceanBase

```
# 用户名称语法为 'user_name'@'host_name'
obclient [oceanbase]> create user 'test01'@'%' identified by '123456';
Query OK, 0 rows affected (0.017 sec)


# @'host_name' 部分是可选的
obclient [oceanbase]> create user test02;
Query OK, 0 rows affected (0.017 sec)


# 如果用户名和主机名作为不带引号的标识符是合法的，则无须将其引号括起来。如果 user_name 字符串包含特殊字符（如空格或"-"），或者 host_name 字符串包含特殊字符或通配符（如"."或"%"），则必须使用引号
obclient [oceanbase]> create user test02@%;
ERROR 1064 (42000): You have an error in your SQL syntax; check the manual that corresponds to your OceanBase version for the right syntax to use near-'%' at line 1
obclient [oceanbase]> create user test02@sun;
Query OK, 0 rows affected (0.027 sec)


# 主机值可以是主机名或 IP 地址（IPv4 或 IPv6）
obclient [oceanbase]> create user 'test02'@'127.0.0.1';
Query OK, 0 rows affected (0.021 sec)


# 主机名或 IP 地址值中允许使用"%"和"_"通配符
obclient [oceanbase]> create user 'test02'@'%.mysql.com';
Query OK, 0 rows affected (0.016 sec)


# 对于指定为 IPv4 地址的主机值，可以提供一个网络掩码来指示要用于网络号的地址位数
obclient [oceanbase]> CREATE USER 'test02'@'198.51.100.0/255.255.255.0';
Query OK, 0 rows affected (0.017 sec)


# 指定为 IPv4 地址的主机值可以使用 CIDR 表示法写入
```

```
obclient [oceanbase]> CREATE USER 'test02'@'198.51.100.0/24';
Query OK, 0 rows affected (0.028 sec)
```

12.1.2.2 MySQL

```
# 用户名称语法为 'user_name'@'host_name'
mysql [localhost:8031] {msandbox} ((none)) > create user 'test01'@'%' identifie
d with mysql_native_password by '123456';
Query OK, 0 rows affected (0.03 sec)


# @'host_name' 部分是可选的
mysql [localhost:8031] {root} ((none)) > create user test02;
Query OK, 0 rows affected (0.03 sec)


# 如果用户名和主机名作为不带引号的标识符是合法的，则无须将其引号括起来。如果 user_name 字符
串包含特殊字符（如空格或"-"），或者 host_name 字符串包含特殊字符或通配符（如"."或"%"），则
必须使用引号
mysql [localhost:8031] {root} ((none)) > create user test02@%;
ERROR 1064 (42000): You have an error in your SQL syntax; check the manua
l that corresponds to your MySQL server version for the right syntax to use n-
ear '%' at line 1
mysql [localhost:8031] {root} ((none)) > create user test02@sun;
Query OK, 0 rows affected (0.03 sec)


# 主机值可以是主机名或 IP 地址（IPv4 或 IPv6）
mysql [localhost:8031] {root} ((none)) > create user 'test02'@'127.0.0.1';
Query OK, 0 rows affected (0.01 sec)


# 主机名或 IP 地址值中允许使用"%"和"_"通配符
mysql [localhost:8031] {root} ((none)) > create user 'test02'@'%.mysql.com';
Query OK, 0 rows affected (0.03 sec)


# 对于指定为 IPv4 地址的主机值，可以提供一个网络掩码来指示要用于网络号的地址位数
mysql [localhost:8031] {root} ((none)) > CREATE USER 'test02'@'198.51.100.0/25
5.255.255.0';
Query OK, 0 rows affected (0.02 sec)


# 从 MySQL 8.0.23 开始，指定为 IPv4 地址的主机值可以使用 CIDR 表示法写入
mysql [localhost:8031] {root} ((none)) > CREATE USER 'test02'@'198.51.100.0/24
';
Query OK, 0 rows affected (0.04 sec)
```

测试结果：表现一致。

12.1.3 用户密码设置

常见的密码分配语句有：CREATE USER、ALTER USER、SET PASSWORD，下面将测试在 OceanBase 和 MySQL 中语法的支持情况。

12.1.3.1 OceanBase

```
obclient [oceanbase]> CREATE USER 'jeffrey'@'%' IDENTIFIED BY 'password';
Query OK, 0 rows affected (0.018 sec)

obclient [oceanbase]> ALTER USER 'jeffrey'@'%' IDENTIFIED BY 'password';
Query OK, 0 rows affected (0.017 sec)

obclient [oceanbase]> SET PASSWORD FOR 'jeffrey'@'%' = 'password';
ERROR 1827 (42000): The password hash doesn't have the expected format. Check
if the correct password algorithm is being used with the PASSWORD() function.

obclient [oceanbase]> SET PASSWORD FOR 'jeffrey'@'%' = PASSWORD('password');
Query OK, 0 rows affected (0.015 sec)

obclient [(none)]> ALTER USER USER() IDENTIFIED BY 'password';
ERROR 1064 (42000): You have an error in your SQL syntax; check the manual tha
t corresponds to your OceanBase version for the right syntax to use near '() IDENT
IFIED BY 'password'' at line 1
```

12.1.3.2 MySQL

```
mysql [localhost:8031] {msandbox} ((none)) > CREATE USER 'jeffrey'@'%' IDENTIF
IED BY 'password';
Query OK, 0 rows affected (0.53 sec)

mysql [localhost:8031] {msandbox} ((none)) > ALTER USER 'jeffrey'@'%' IDENTIFI
ED BY 'password';
Query OK, 0 rows affected (0.00 sec)

mysql [localhost:8031] {msandbox} ((none)) > SET PASSWORD FOR 'jeffrey'@'%' =
'password';
Query OK, 0 rows affected (0.02 sec)

mysql [localhost:8031] {msandbox} ((none)) > SET PASSWORD FOR 'jeffrey'@'%' =
PASSWORD('password');
ERROR 1064 (42000): You have an error in your SQL syntax; check the manual tha
t corresponds to your MySQL server version for the right syntax to use near 'PASSW
```

```
ORD('password')' at line 1

    mysql [localhost:8031] {jeffrey} ((none)) > ALTER USER USER() IDENTIFIED BY 'p
assword';
    Query OK, 0 rows affected (0.03 sec)
```

测试结果：

• 两种数据库的 SET PASSWORD 语法略有不同。

• MySQL 的 ALTER USER 语句支持带 user 函数，而在 OceanBase 中暂不支持该写法。

12.1.4 用户锁定

下面将测试 OceanBase 和 MySQL 的 ALTER USER、CREATE USER 语句，是否支持用户锁定。

12.1.4.1 OceanBase

```
obclient [oceanbase]> alter user 'jeffrey'@'%' account unlock;
Query OK, 0 rows affected (0.004 sec)

obclient [oceanbase]> alter user 'jeffrey'@'%' account lock;
Query OK, 0 rows affected (0.019 sec)

obclient [oceanbase]> create user 'jin'@'%' account lock;
ERROR 1064 (42000): You have an error in your SQL syntax; check the manua
l that corresponds to your OceanBase version for the right syntax to use near-
'account lock' at line 1
```

OceanBase 可以通过 __all_user 表中 is_locked 字段来确认用户的锁定状态。

12.1.4.2 MySQL

```
    mysql [localhost:8031] {msandbox} ((none)) > alter user 'jeffrey'@'%' account
unlock;
    Query OK, 0 rows affected (0.03 sec)

    mysql [localhost:8031] {msandbox} ((none)) > alter user 'jeffrey'@'%' account
lock;
    Query OK, 0 rows affected (0.03 sec)

    mysql [localhost:8031] {msandbox} ((none)) > create user 'jin'@'%' account lock;
```

```
Query OK, 0 rows affected (0.01 sec)
```

MySQL 可以通过 mysql.user 表中的 account_locked 字段来确认用户的锁定状态。

测试结果：

- OceanBase：ALTER USER 支持用户锁定，CREATE USER 不支持用户锁定。
- MySQL：ALTER USER 和 CREATE USER 都支持用户锁定。

12.2 用户操作权限控制

12.2.1 权限管理

12.2.1.1 OceanBase

OceanBase（MySQL 模式）的权限分为 3 个级别：

（1）管理权限：可以影响整个租户的权限，例如：修改系统设置、访问所有的表等权限。

（2）数据库权限：可以影响某个特定数据库下所有对象的权限，例如：在对应数据库下创建 / 删除表、访问表等权限。

（3）对象权限：可以影响某个特定对象的权限，例如：访问一个特定的表、视图或索引的权限。

当前 OceanBase（MySQL 模式）的所有权限列表，可查询 OB 官方文档中的 MySQL 模式下的权限分类。

12.2.1.2 MySQL

MySQL 权限同样分为 3 个级别：

（1）管理权限：管理权限使用户能够管理 MySQL 服务器的操作。这些特权是全局的，因为它们不局限于特定数据库。

（2）数据库权限：数据库权限适用于数据库及其中的所有对象。可以为特定数据库授予这些权限，也可以全局授予这些权限，以便将它们应用于所有数据库。

（3）对象权限：可以为数据库中的特定对象、数据库中给定类型的所有对象（例如，数据库中的所有表）或对所有数据库中给定类型的所有对象全局授予数据库对象（如表、索引、视图和存储例程）的权限。

MySQL 还区分静态权限和动态权限，具体的权限列表可查询 MySQL 官方文档中的 Privileges Provided by MySQL 部分。

12.2.1.3 权限管理对比

（1）用户权限级别都分为 3 个级别，且表达的含义一致。

（2）细分的权限上大同小异，OceanBase 目前还有些权限尚未支持。从 OceanBase 的官方文档看，目前授权表里预留了一些字段但尚未支持。

（3）OceanBase 特有的几个权限：ALTER TENANT、ALTER SYSTEM、CREATE RESOURCE POOL、CREATE RESOURCE UNIT。

（4）关于 MySQL 的动态权限，OceanBase 暂不支持。

12.2.2 授权语句

（1）授权：GRANT。

（2）撤销授权：REVOKE。

（3）权限转授：WITH GRANT OPTION。

（4）查看用户权限：SHOW GRANTS。

测试结果：OceanBase（MySQL 模式）和 MySQL 在授权语句、语法上都一致。

12.2.3 授权表

12.2.3.1 OceanBase

详见表 1。

表 1

相关库	相关表
mysql	mysql.user mysql.db
information_schema	information_schema.COLUMN_PRIVILEGES information_schema.SCHEMA_PRIVILEGES information_schema.TABLE_PRIVILEGES information_schema.USER_PRIVILEGES
oceanbase	oceanbase.DBA_OB_DATABASE_PRIVILEGE oceanbase.CDB_OB_DATABASE_PRIVILEGE

12.2.3.2 MySQL

详见表 2。

表 2

相关库	相关表
mysql	user global_grants db tables_priv columns_priv procs_priv proxies_priv default_roles role_edges password_history
information_schema	information_schema.COLUMN_PRIVILEGES information_schema.SCHEMA_PRIVILEGES information_schema.TABLE_PRIVILEGES information_schema.USER_PRIVILEGES

测试结果：OceanBase（MySQL 模式）和 MySQL 在授权表的实现上差别比较大。

12.2.4 部分撤销权限限制

OceanBase 不支持部分撤销全局权限。

MySQL 开启变量 partial_revokes 后，可以部分撤销全局权限。

12.3 网络安全访问控制

12.3.1 OceanBase

OceanBase 数据库提供租户白名单策略，实现网络安全访问控制。租户白名单指的是该租户允许登录的客户端列表，系统支持以下多种租户白名单格式：

- IP 地址的形式，例如：10.10.10.10, 10.10.10.11。
- 子网掩码的形式，例如：10.10.10.0/24。
- 模糊匹配的形式，例如：10.10.10.% 或者 10.10.10._。
- 多种格式混合的形式，例如：10.10.10.10, 10.10.10.11、10.10.10.%、10.10.10._、10.10.10.0/24。

可以通过修改变量 ob_tcp_invited_nodes 设置租户的白名单。

12.3.2 MySQL

MySQL 自身没有找到类似功能。

测试结果：OceanBase 在网络安全访问控制上支持白名单，但 MySQL 自身不支持。

12.4 行级权限控制

12.4.1 OceanBase

MySQL 租户模式不支持，在 Oracle 租户模式下通过 Label Security 实现。

12.4.2 MySQL

没有相关功能，可以通过视图 / 触发器间接实现。

测试结果：OceanBase（MySQL 模式）和 MySQL 均不支持行级别的权限控制。

12.5 角色管理

12.5.1 OceanBase

MySQL 租户模式不支持，在 Oracle 租户模式下支持。

12.5.2 MySQL

支持角色管理。

测试结果：OceanBase 不支持角色管理。

这里我们思考一个问题：因为 MySQL 是支持角色管理的，如果从 MySQL 迁移至 OceanBase 应该怎么处理？笔者认为，个人的理解，角色就是一组权限的集合，它的好处是替代单个授权的便捷方式和概念化所有分配的权限。所以如果从 MySQL 迁移至 OceanBase，理论上对角色的权限展开就可以了。

12.6 小结

在用户管理方面，OceanBase 和 MySQL 对用户名称出现在 SQL 语句中遵循的规则是一致的，分配密码的 SQL 语法方面略有差异，用户锁定的 SQL 语句支持略有差异。

在权限管理方面，OceanBase 和 MySQL 的授权语句和语法是一致的，两种数据库都有各自特有的授权表，OceanBase 暂时不支持动态权限和部分撤销全局权限。

在角色管理和行级权限功能方面，OceanBase 在 MySQL 租户模式下不支持，但在 Oracle 租户模式下可以支持。

值得一提的是，OceanBase 还提供租户白名单功能，用来控制允许登录的客户端。

⓭ OceanBase 特殊的 INT 与时间类型隐式转换问题

作者：任仲禹

之前在 OceanBase 使用中碰到了一个"令人费解"的数据类型隐式转换问题。结论比较简单，本文分享一下排查思路。

13.1 问题描述

某客户项目组执行更新 SQL 语句时会偶发失败，报错如下：

```
# 脱敏处理后
ERROR bad SQL grammar [update renzy set at=current_timestamp,expire_
at=(cast(unix_timestamp(current_timestamp(3) as unsigned) +?)), order_id= ?
where id = ? and (expire_at < current_timestamp or order_id = ?)]  java.sql.
SQLSyntaxErrorException: (conn=1277168) Incorrect value.
```

查询 OceanBase 版本。

```
./observer -V

observer (OceanBase 3.2.3.2)
REVISION: 105000092022092216-445151f0edb502e00ae5839dfd92627816b2b822
```

查看表结构和数据。

```
MySQL [test]> show create table renzy\G
*************************** 1. row ***************************
       Table: renzy
Create Table: CREATE TABLE `renzy` (
  `id` varchar(64) NOT NULL,
  `at` timestamp NOT NULL DEFAULT CURRENT_TIMESTAMP,
  `order_id` varchar(64) NOT NULL,
  `expire_at` bigint(20) NOT NULL,
  `vt` timestamp NOT NULL,
  PRIMARY KEY (`id`)
) DEFAULT CHARSET = utf8mb4 ROW_FORMAT = DYNAMIC COMPRESSION = 'zstd_
```

```
1.3.8' REPLICA_NUM = 3 BLOCK_SIZE = 16384 USE_BLOOM_FILTER = FALSE TABLET_
SIZE = 134217728 PCTFREE = 0


MySQL [test]> select * from renzy;
    +----+---------------------------+----------------+------------+----------------
------------------+
    | id | at                        | order_id       | expire_
at | vt                |
    +----+---------------------------+----------------+------------+----------------
------------------+
    | 1  | 2023-07-07 14:57:13 | 0:16632@172.1 | 1716040750 | 2023-07-
07 14:57:13 |
    +----+---------------------------+----------------+------------+----------------
------------------+
    1 row in set (0.02 sec)
```

13.2 问题排查

13.2.1 问题 1：报错语句

直接执行报错的 SQL 语句。

```
update renzy  set at=CURRENT_TIMESTAMP, expire_at=(cast(unix_
timestamp(current_timestamp(3)) as unsigned) + 30000000), order_id= '0:16632
@172.24.64.1'  where id = '1'  and (expire_at < CURRENT_TIMESTAMP  or order_
id = '0:16632@172.24.64.1')


ERROR 1292 (22007): Incorrect values.
```

13.2.2 问题 2：UPDATE 语句 WHERE 条件中主键匹配到不存在的值不报错

当主键 ID 匹配不到任何数据，UPDATE 语句将不会报错。

为什么？先记录下问题接着看日志。

```
# 表不存在 id=2 的数据
update renzy  set acquired_at=CURRENT_TIMESTAMP, expire_at=(cast(unix_
timestamp(current_timestamp(3)) as unsigned) + 30000000), order_id= '0:16632
@172.24.64.1'  where id = '2'  and (expire_at < CURRENT_TIMESTAMP  or order_
id = '0:16632@172.24.64.1')


Query OK.
```

13.2.2.1 报错 SQL 的 sql_auit 输出和日志

带着问题分析下 sql$gv_audit 输出，得出如下信息：

- 该语句是本地计划，分发到了 0.71 节点。

- 错误码是 4219（无效的 datetime 值）。

```
MySQL [oceanbase]> select trace_id,svr_ip,ret_code,retry_cnt,usec_to_
time(request_time),elapsed_time,execute_time,plan_type,query_sql from gv$sql_
audit where query_sql like 'update id%' and ret_code != 0 order by request_
time desc  limit 5;


    +------------------------------------+------------+----------+-----
----------------------+--------------+--------------+------------+-------
--------------------------------------------------------------------
--------------------------------------------------------------------
--------------------+

    | trace_id                           | svr_ip     | ret_code | retry_
cnt | usec_to_time(request_time) | elapsed_time | execute_time | plan_
type | query_sql
                                                                     |

    +------------------------------------+------------+----------+-----
----------------------+--------------+--------------+------------+-------
--------------------------------------------------------------------
--------------------------------------------------------------------
--------------------+

    | YB420CF10047-0005FBCCEF6E3635-0-0 | 12.241.0.71 |    -
   4219 |          0 | 2023-06-
   06 15:32:08.375051 |          689 |          611 |          1 | update id set
acquired_at=CURRENT_TIMESTAMP, expire_at=(cast(unix_timestamp(current_timestamp(3)
) as unsigned) + 30000000), order_id= '0:16632@172.24.64.1' where id = '2' and (
expire_at < CURRENT_TIMESTAMP or order_id = '0:16632@172.24.64.1') |
    .....
    5 rows in set (5.21 sec)
```

13.2.2.2 关键报错日志

0.72 的 obs.log。

```
#grep YB420CF10047-0005FBCCEF6E3635-0-0 observer.log.20230606153309

[2023-06-06 15:32:08.375202] WARN  [LIB.TIME] int_to_ob_time_
```

```
with_date (ob_time_convert.cpp:1618) [38763][0][YB420CF10047-
0005FBCCEF6E3635-0-0] [lt=5] [dc=0] datetime is invalid or out of range(ret=-4219, int64=0)

  [2023-06-06 15:32:08.375211] WARN  [LIB.TIME] int_to_
datetime (ob_time_convert.cpp:329) [38763][0][YB420CF10047-
0005FBCCEF6E3635-0-0] [lt=8] [dc=0] failed to convert integer to datetime(ret=-4219)

  [2023-06-06 15:32:08.375214] WARN  [SQL] common_int_datetime (ob_datum_
cast.cpp:709) [38763][0][YB420CF10047-0005FBCCEF6E3635-0-0] [lt=3] [dc=0] int_
datetime failed(ret=-4219)

  [2023-06-06 15:32:08.375219] WARN  [SQL] int_
datetime (ob_datum_cast.cpp:2076) [38763][0][YB420CF10047-
0005FBCCEF6E3635-0-0] [lt=4] [dc=0] fail to exec common_int_datetime(expr, in_
val, ctx, res_datum)(ret=-4219, in_val=1716036728)

  [2023-06-06 15:32:08.375223] WARN  [SQL] get_comparator_
operands (ob_expr_operator.h:1131) [38763][0][YB420CF10047-
0005FBCCEF6E3635-0-0] [lt=4] [dc=0] left eval failed(ret=-4219)

  [2023-06-06 15:32:08.375227] WARN  [SQL.ENG] def_relational_
eval_func (ob_expr_cmp_func.cpp:54) [38763][0][YB420CF10047-
0005FBCCEF6E3635-0-0] [lt=4] [dc=0] failed to eval args(ret=-4219)

  [2023-06-06 15:32:08.375232] WARN  [SQL.ENG] calc_
or_exprN (ob_expr_or.cpp:221) [38763][0][YB420CF10047-
0005FBCCEF6E3635-0-0] [lt=5] [dc=0] eval arg 0 failed(ret=-4219)

  [2023-06-06 15:32:08.375240] WARN  [SQL.ENG] filter_
row (ob_operator.cpp:915) [38763][0][YB420CF10047-
0005FBCCEF6E3635-0-0] [lt=7] [dc=0] expr evaluate failed(ret=-4219, expr=0x7f37808ec058)

  [2023-06-06 15:32:08.375247] WARN  [STORAGE] check_
filtered (ob_multiple_merge.cpp:1249) [38763][0][YB420CF10047-
0005FBCCEF6E3635-0-0] [lt=7] [dc=0] filter row failed(ret=-4219)

  [2023-06-06 15:32:08.375251] WARN  [STORAGE] process_
fuse_row (ob_multiple_merge.cpp:787) [38763][0][YB420CF10047-
0005FBCCEF6E3635-0-0] [lt=3] [dc=0] fail to check row filtered(ret=-4219)
```

观察到最开始抛出错误的是 int_to_ob_time_with_date 方法，报的错是 "datetime is invalid or out of range(ret=-4219, int64=0)"，即值无效或超过范围。

这里 UPDATE 的调用链路是：common_int_datetime → int_to_datetime → int_to_ob_
time_with_date。

13.2.3 问题 3：查询结果不符合预期

表中 EXPIRE_AT 存储的是未来时间（1716040750），与当前时间（1686042749）
做比较，查询结果理应不输出结果才对。

```
# 表中只有1行记录，且EXPIRE_AT的值为1716040750
MySQL [mock_db]> select * from renzy where EXPIRE_AT < CURRENT_TIMESTAMP;

+-------+---------------------+----------------------+------------+------------
-----------------------+
| id | ACQUIRED_AT         | order_id             | EXPIRE_AT  | LST_UP_TM
          |
+-------+---------------------+----------------------+------------+------------
-----------------------+
| 1 | 2023-06-06 16:39:10 | 0:16632@172.24.64.1 | 1716040750 | 2023-06-
06 16:39:10 |
+-------+---------------------+----------------------+------------+------------
-----------------------+

1 row in set (0.05 sec)


# 当前时间戳
MySQL [mock_db]> select unix_timestamp(CURRENT_TIMESTAMP);

+-----------------------------------+
| unix_timestamp(CURRENT_TIMESTAMP) |
+-----------------------------------+
|                        1686042749 |
+-----------------------------------+

1 row in set (0.03 sec)
```

SELECT 查询的报错日志。

```
[2023-06-06 17:08:54.307371] WARN  [LIB.TIME] int_to_ob_time_with_date (ob_
time_convert.cpp:1618) [38763][0][YB420CF10047-0005FBCCEF6F9E6D-0-0] [lt=10] [dc=0]
datetime is invalid or out of range(ret=-4219, int64=0)

[2023-06-06 17:08:54.307382] WARN  [LIB.TIME] int_to_
datetime (ob_time_convert.cpp:329) [38763][0][YB420CF10047-
0005FBCCEF6F9E6D-0-0] [lt=10] [dc=0] failed to convert integer to datetime(ret=-4219)
```

这里 SELECT 的调用链路：int_to_datetime → int_to_ob_time_with_date。

以上就是存疑的几个问题，在具体分析前，先了解一下前置知识点：OceanBase 的隐式转换。

13.3 OceanBase 的隐式转换

数据类型 bigint 与 datetime 的值没办法直接比较，需要先将 int 转换为时间类型，这就是所谓的隐式转换，所以这里 OceanBase 如何转换很重要。

- int 类型转换成 OceanBase 认可的时间类型（即 OBTime）用的并不是 from_unixtime 这个函数，而是 OceanBase 自己内部的逻辑。
- 源码中涉及 int、double、string 类型隐式转换的逻辑如下：

```
int_to_datetime
///////////////////////////////////
// int / double / string -> datetime / date / time / year.
int ObTimeConverter::int_to_datetime(int64_t int_part, int64_t dec_part,
                                     const ObTimeConvertCtx &cvrt_ctx, int64_t &value,
                                     const ObDateSqlMode date_sql_mode)
{
  int ret = OB_SUCCESS;
  dec_part = (dec_part + 500) / 1000;
  if (0 == int_part) {
   value = ZERO_DATETIME;
  } else {
   ObTime ob_time(DT_TYPE_DATETIME);
   ObDateSqlMode local_date_sql_mode = date_sql_mode;
   if (cvrt_ctx.is_timestamp_) {
     local_date_sql_mode.allow_invalid_dates_ = false;
   }
   if (OB_FAIL(int_to_ob_time_with_date(int_part, ob_time, false, local_date_sql_mode))) {
     LOG_WARN("failed to convert integer to datetime", K(ret));
   } else if (OB_FAIL(ob_time_to_datetime(ob_time, cvrt_ctx, value))) {
     LOG_WARN("failed to convert datetime to seconds", K(ret));
   }
  }
  value += dec_part;
  if (OB_SUCC(ret) && !is_valid_datetime(value)) {
```

```
      ret = OB_DATETIME_FUNCTION_OVERFLOW;
      LOG_WARN("datetime filed overflow", K(ret), K(value));
    }
    return ret;
  }
```

最终调用的 int_to_ob_time_with_date：

```
//////////////////////////////////
// int / uint / string -> ObTime / ObInterval <- datetime / date / time.

int ObTimeConverter::int_to_ob_time_with_date(int64_t int64, ObTime &ob_
time, bool is_dayofmonth,
                                      const ObDateSqlMode date_sql_
mode)
  {
    int ret = OB_SUCCESS;
    int32_t *parts = ob_time.parts_;
    if (is_dayofmonth && 0 == int64) {
      parts[DT_SEC]  = 0;
      parts[DT_MIN]  = 0;
      parts[DT_HOUR] = 0;
      parts[DT_MDAY] = 0;
      parts[DT_MON]  = 0;
      parts[DT_YEAR] = 0;
    } else if (int64 < power_of_10[2]) {
      ret = OB_INVALID_DATE_VALUE;
      LOG_WARN("datetime integer is out of range", K(ret), K(int64));
    } else if (int64 < power_of_10[8]) {
      // YYYYMMDD.
      parts[DT_MDAY]  = static_cast<int32_t>(int64 % power_
of_10[2]); int64 /= power_of_10[2];
      parts[DT_MON]  = static_cast<int32_t>(int64 % power_
of_10[2]); int64 /= power_of_10[2];
      parts[DT_YEAR] = static_cast<int32_t>(int64 % power_of_10[4]);
    } else if (int64 / power_of_10[6] < power_of_10[8]) {
      // YYYYMMDDHHMMSS.
      parts[DT_SEC]  = static_cast<int32_t>(int64 % power_
of_10[2]); int64 /= power_of_10[2];
      parts[DT_MIN]  = static_cast<int32_t>(int64 % power_
of_10[2]); int64 /= power_of_10[2];
      parts[DT_HOUR] = static_cast<int32_t>(int64 % power_
```

```
of_10[2]); int64 /= power_of_10[2];
        parts[DT_MDAY] = static_cast<int32_t>(int64 % power_
of_10[2]); int64 /= power_of_10[2];
        parts[DT_MON]  = static_cast<int32_t>(int64 % power_
of_10[2]); int64 /= power_of_10[2];
      parts[DT_YEAR] = static_cast<int32_t>(int64 % power_of_10[4]);
    } else {
    ret = OB_INVALID_DATE_VALUE;
    LOG_WARN("datetime integer is out of range", K(ret), K(int64));
    }
    if (OB_SUCC(ret)) {
    apply_date_year2_rule(parts[0]);
    if (OB_FAIL(validate_datetime(ob_time, is_dayofmonth, date_sql_mode))) {
      LOG_WARN("datetime is invalid or out of range", K(ret), K(int64));
    } else if (ZERO_DATE != parts[DT_DATE]) {
      parts[DT_DATE] = ob_time_to_date(ob_time);
    }
    }
    return ret;
}
```

上面代码表示 OceanBase 仅能识别的格式如下：

• YYYYMMDD

• YYYYMMDDHHMMSS

一旦不是上述格式就会报错。只有 20230816 和 20230819111111 两种符合条件。

13.4 问题原因

13.4.1 问题 3：SELECT 查出的结果不符合预期

bigint 与 datetime 类型"比较"，涉及隐式转换导致结果不可预知。

• select * from renzy where EXPIRE_AT < CURRENT_TIMESTAMP 中 EXPIRE_AT 的值是 bigint 类型，且值为 1716040750。

• 值 1716040750 无法匹配 int_to_ob_time_with_date 规定的格式，将抛出告警 "datetime integer is out of range"，日志中也能印证这一点。

• 这里按理应该在 SQL 执行时抛出报错，不应该输出结果，但是为了 OB 兼容 MySQL 而选择输出了"错误"的值。

为什么 MySQL 不会报错？ MySQL 中转换失败之后，其实会有默认值 0，上述 OB 行为转换失败用的默认值，应该和 MySQL 兼容，所以满足了 WHERE 条件 0<1686042749，SELECT 就输出了结果。

13.4.2 问题 1：UPDATE 语句为何能吐出报错

- 因为 OB 默认开启了 SQL_MODE 严格模式，如果发生隐式转换且转换失败（用了默认值）的场景，OB 的严格模式比 MySQL 多做了一层防范，将禁止 SQL 执行。
- MySQL 开启 SQL_MODE 严格模式下能执行"成功"。

13.4.3 问题 2：UPDATE 语句 WHERE 条件中主键匹配到不存在的值不报错

- UPDATE 走的是 table get 算子，等值查询不到结果后，不需要再过滤后面的条件。这解释了项目组偶发失败的问题。

最后一个问题：为什么 UPDATE 直接报错，SELECT 却能查出"错误的值"？此问题仅报错到 obs.log。

笔者猜测是因为只在 UPDATE 的时候会遵循严格模式，而 SELECT 则不需要遵循，依据前文提到的调用链路：

- UPDATE：common_int_datetime → int_to_datetime → int_to_ob_time_with_date。
- SELECT：int_to_datetime → int_to_ob_time_with_date。

UPDATE 多了上层的 common_int_datetime，调用入口不一样，而根据这个方法，大致猜测是因为 SQL_MODE 的严格模式导致。

验证下猜想，看起来清空 SQL_MODE 后，UPDATE 果然能插入成功。

```
MySQL [test]> select @@sql_mode;
+---------------------------------------------+
| @@sql_mode                                  |
+---------------------------------------------+
| STRICT_ALL_TABLES,NO_ZERO_IN_DATE           |
+---------------------------------------------+
1 row in set (0.01 sec)


MySQL [test]> update renzy  set at=CURRENT_TIMESTAMP, expire_at=(cast(unix_
timestamp(current_timestamp(3))  as  unsigned) + 30000000), order_id= '0:16632
@172.24.64.1'  where id = '1'  and (expire_at < CURRENT_TIMESTAMP  or order_
id = '0:16632@172.24.64.1');
    ERROR 1292 (22007): Incorrect value

    MySQL [test]> set sql_mode='';
```

```
    Query OK, 0 rows affected (0.01 sec)


    MySQL [test]> update renzy  set at=CURRENT_TIMESTAMP, expire_at=(cast(unix_
timestamp(current_timestamp(3)) as unsigned) + 30000000), order_id= '0:16632
@172.24.64.1'  where id = '1'  and (expire_at < CURRENT_TIMESTAMP  or order_
id = '0:16632@172.24.64.1');
    Query OK, 1 row affected (0.01 sec)
    Rows matched: 1  Changed: 1  Warnings: 0
```

笔者个人能力有限，如猜测有误，欢迎大家一起指正和讨论。

13.5 结论

（1）让客户项目组改写 SQL 逻辑，将 EXPIRE_AT<CURRENT_TIMESTAMP 改成 EXPIRE_AT<unix_timestamp(CURRENT_TIMESTAMP)。

（2）强调 SQL 规范，避免隐式转换。

14 OceanBase 一则函数报错问题分享

作者：杨涛涛

本文分享一个 OceanBase 数据库下 Oracle 租户的 PLSQL 分隔符问题。

笔者的初衷是对 Oracle 租户下的一张表造点随机数据，写好了 INSERT 语句，却提示没有函数 dbms_random.value。于是查阅 OceanBase 官方文档，发现需要导入 dbms_random 系统包。dbms_random 系统包存放在 OceanBase 安装目录下的 admin 子目录里，包含两个 SQL 文件，一个是包的声明 SQL：dbms_random.sql；另一个是包的定义 SQL：dbms_random_body.sql。

我在 obclient 下导入这两个 SQL 文件，直接报语法错误。官方给的 SQL 文件怎么可能有语法错误呢？估计是我没有完全按照文档来规范操作而导致的问题。

最终笔者把报错的地方提取出来，整理成如下简单函数：

```
create or replace function tt return number is
v1 number;
v2 number;
```

```
begin
  v1 := 10;
  v2 := sqrt(-2 * ln(v1)/v1);
  return v2;
end;
/
```

直接执行这个函数，也是报同样的错误。

```
<mysql:5.6.25:SYS> create or replace function tt return number is
    ->  v1 number;
    ->  v2 number;
    ->  begin
    ->    v1 := 10;
    ->    v2 := sqrt(-2 * ln(v1)/v1);
ORA-00900: You have an error in your SQL syntax; check the manual
that corresponds to your OceanBase version for the right synta
x to use near 'sqlrt(2 * ln(v1)' at line 6
ORA-00900: You have an error in your SQL syntax; check the manual
that corresponds to your OceanBase version for the right synta
x to use near 'v1)' at line 1
<mysql:5.6.25:SYS>    return v2;
ORA-00900: You have an error in your SQL syntax; check the manual
that corresponds to your OceanBase version for the right synta
x to use near 'return v2' at line 1
<mysql:5.6.25:SYS> end;
ORA-00900: You have an error in your SQL syntax; check the manual
that corresponds to your OceanBase version for the right synta
x to use near 'end' at line 1
<mysql:5.6.25:SYS> /
    -> ;
ORA-
00900: You have an error in your SQL syntax; check the manual
that corresponds to your OceanBase version for the right synta
x to use near '/' at line 1
<mysql:5.6.25:SYS>
```

于是笔者把这个函数放在本地的 Oracle 环境中执行，一切正常：看来是 OceanBase
自身的环境问题。

```
create or replace function tt return number is
 v1 number;
 v2 number;
```

```
 begin
   v1 := 10;
   v2 := sqrt(-2 * ln(v1)/v1);
   return v2;
 end;
  2    3    4    5    6    7    8    9    /

Function created.

Elapsed: 00:00:00.02
YTT@helowin>
```

这个函数写得非常简单，求一个给定参数的平方根。刚开始笔者以为函数写得有问题，于是笔者把函数改为这样：

```
v2 := sqrt(-2 * ln(v1));
```

竟然顺利执行成功了。

```
<mysql:5.6.25:SYS>  create or replace function tt return number is
    ->   v1 number;
    ->   v2 number;
    ->   begin
    ->     v1 := 10;
    ->     v2 := sqrt(-2 * ln(v1));
    ->     return v2;
    ->   end;
    ->   /
Query OK, 0 rows affected (0.050 sec)
```

直到最后经过和 Oracle 环境的对比，笔者才发现是 PLSQL 分隔符的问题。OceanBase 的 Oracle 租户里默认 PLSQL 的分隔符是"/"，刚好和除法"/"冲突，这样遇到除法符号就以为是函数定义结束，所以报语法错误。

那正确的写法应该是修改默认分隔符为"//"，改分隔符后的函数创建成功。

```
<mysql:5.6.25:SYS>delimiter //
<mysql:5.6.25:SYS>  create or replace function tt return number is
    ->   v1 number;
    ->   v2 number;
    ->   begin
    ->     v1 := 10;
    ->     v2 := sqrt(-2 * ln(v1)/v1);
```

```
    ->    return v2;
    ->  end;
    ->  //
Query OK, 0 rows affected (0.114 sec)
```

15 5270 报错引发的几个思考

作者：姚嵩

15.1 现象

笔者通过 show recyclebin 中的 OBJECT_NAME / ORIGINAL_NAME 闪回表时报错：
对象不在回收站中。

报错复现如下：

```
MySQL [mysql]> create table test.a (i int) ;
Query OK, 0 rows affected (0.04 sec)
MySQL [mysql]> set session recyclebin = 1 ;
Query OK, 0 rows affected (0.00 sec)
MySQL [mysql]> drop table test.a ;
Query OK, 0 rows affected (0.01 sec)
MySQL [mysql]> show recyclebin ;
+------------------------------------------+---------------+-------+------------
-----------------+
| OBJECT_NAME                              | ORIGINAL_NAME | TYPE  |
CREATETIME               |
+------------------------------------------+---------------+-------+------------
-----------------+
| __recycle_$_1677212890_1680250599065600 | a             | TABLE | 2023-03-31
16:16:39.065038 |
+------------------------------------------+---------------+-------+------------
-----------------+
1 row in set (0.01 sec)
MySQL [mysql]> flashback table a to before drop ;
ERROR 5270 (HY000): object not in RECYCLE BIN
MySQL [oceanbase]> flashback table __recycle_$_1677212890_1680250599065600 to
```

```
before drop ;
    ERROR 5270 (HY000): object not in RECYCLE BIN
```

15.2 原因

还原的时候，默认使用当前的 database 作为表的上级对象；如果表不是当前
database 的对象，则需要使用 database.table 格式指定表。

15.3 引发的几个思考

（1）如何获取回收站中表的 database？
（2）回收站中是否可以保存多个同名的表，闪回的时候是哪个？
（3）关闭回收站后，是否能看到回收站中的对象？
（4）回收站是全租户可见，还是只有当前租户可见？
（5）关闭回收站后，是否能闪回表？
（6）关闭回收站后，是否能闪回租户？

15.4 测试

15.4.1 如何获取回收站中表的 database

```
MySQL [oceanbase]> create table test.a(i int) ;  -- 在 test 库中创建表 a
Query OK, 0 rows affected (0.05 sec)
MySQL [oceanbase]> set session recyclebin=1 ;   -- 开启回收站
Query OK, 0 rows affected (0.00 sec)
MySQL [oceanbase]> use oceanbase ;              -- 切换到 oceanbase 库中
Database changed
MySQL [oceanbase]> drop table test.a ;          -- 删除 test.a 表
Query OK, 0 rows affected (0.01 sec)
MySQL [oceanbase]> show recyclebin ;            -- 查看 test.a 表是否在回收站中(在)
+-------------------------------------------------+----------------+-------+-----------
-----------------+
| OBJECT_NAME                                     | ORIGINAL_NAME  | TYPE  |
CREATETIME                    |
+-------------------------------------------------+----------------+-------+-----------
-----------------+
| __recycle_$_1677212890_1680257357905408 | a              | TABLE | 2023-03-31
18:09:17.904933 |
+-------------------------------------------------+----------------+-------+-----------
-----------------+
```

```
----------------+
    1 row in set (0.00 sec)
    MySQL [oceanbase]> select rb.tenant_id, rb.database_id, db.database_name,
rb.table_id,
        ->          rb.tablegroup_id, rb.original_name from __all_recyclebin rb
        ->  inner join __all_virtual_database db
        ->              on rb.database_id=db.database_id;      -- 查看回收站中表 a 对应的
database_name
    +-----------+---------------+---------------+---------------+---------------+-
-------------+
    | tenant_id | database_id   | database_name | table_id      | tablegroup_id |
original_name |
    +-----------+---------------+---------------+---------------+---------------+-
-------------+
    |         1 | 1099511628776 | test          | 1099511677793 |            -1 |
a             |
    +-----------+---------------+---------------+---------------+---------------+-
-------------+
    1 row in set (0.00 sec)
    MySQL [oceanbase]> purge recyclebin ;                      -- 清理回收站
    Query OK, 0 rows affected (0.02 sec)
```

15.4.2 回收站中是否可以保存多个同名的表，闪回的时候是哪个

```
    MySQL [oceanbase]> create table test.a(i int) ;          -- 在 test 库中创建表 a
    Query OK, 0 rows affected (0.05 sec)
    MySQL [oceanbase]> set session recyclebin=1 ;            -- 开启回收站
    Query OK, 0 rows affected (0.00 sec)
    MySQL [oceanbase]> drop table test.a ;                   -- 删除 test.a 表
    Query OK, 0 rows affected (0.02 sec)
    MySQL [oceanbase]> create table test.a(i int) ;insert into test.a
values(1);   -- 再次在 test 库中创建表 a，此次写入一条数据
    Query OK, 0 rows affected (0.04 sec)
    Query OK, 1 row affected (0.01 sec)
    MySQL [oceanbase]> drop table test.a ;                   -- 再次删除 test.a 表
    Query OK, 0 rows affected (0.01 sec)
    MySQL [oceanbase]> show recyclebin ;                   -- 查看 2 个 test.a 表是否都在回收站中(在)
    +----------------------------------------------------+---------------+-------+------------
----------------+
    | OBJECT_NAME                                        | ORIGINAL_NAME | TYPE  |
CREATETIME                 |
    +----------------------------------------------------+---------------+-------+------------
----------------+
```

```
    | __recycle_$_1677212890_1680258454351360 | a              | TABLE | 2023-03-31
18:27:34.351415 |
    | __recycle_$_1677212890_1680258454423040 | a              | TABLE | 2023-03-31
18:27:34.422931 |
    +-----------------------------------------+----------------+-------+-----------
----------------+
    2 rows in set (0.01 sec)
    MySQL [oceanbase]> flashback table test.a to before drop ;    -- 闪回 test.a 表
    Query OK, 0 rows affected (0.02 sec)
    MySQL [oceanbase]> show recyclebin ;                -- 恢复的是最晚删除的对象，所
以回收站中留存的是较早删除的对象
    +-----------------------------------------+----------------+-------+-----------
----------------+
    | OBJECT_NAME                             | ORIGINAL_NAME | TYPE  |
CREATETIME                |
    +-----------------------------------------+----------------+-------+-----------
----------------+
    | __recycle_$_1677212890_1680258454351360 | a              | TABLE | 2023-03-31
18:27:34.351415 |
    +-----------------------------------------+----------------+-------+-----------
----------------+
    1 row in set (0.00 sec)
    MySQL [oceanbase]> select * from test.a ;        -- 确认闪回的表是否是最晚删除的表(是)
    +------+
    | i    |
    +------+
    |    1 |
    +------+
    1 row in set (0.01 sec)
    MySQL [oceanbase]> purge recyclebin ;                -- 清理回收站
    Query OK, 0 rows affected (0.02 sec)
```

15.4.3 关闭回收站后，是否能看到回收站中的对象

```
    MySQL [oceanbase]> create table test.a(i int) ;    -- 在 test 库中创建表 a
    Query OK, 0 rows affected (0.05 sec)
    MySQL [oceanbase]> set session recyclebin=1 ;      -- 开启回收站
    Query OK, 0 rows affected (0.00 sec)
    MySQL [oceanbase]> drop table test.a ;             -- 删除 test.a 表
    Query OK, 0 rows affected (0.02 sec)
    MySQL [oceanbase]> set session recyclebin=0 ;      -- 关闭回收站
    Query OK, 0 rows affected (0.00 sec)
```

```
MySQL [oceanbase]> show recyclebin ;              -- 确认是否能查看回收站中的对象(能)
    +----------------------------------------+---------------+-------+----------
----------------+
    | OBJECT_NAME                            | ORIGINAL_NAME | TYPE  |
CREATETIME                   |
    +----------------------------------------+---------------+-------+----------
----------------+
    | __recycle_$_1677212890_1680259040929280 | a            | TABLE | 2023-03-31
18:37:20.928638 |
    +----------------------------------------+---------------+-------+----------
----------------+
    1 row in set (0.00 sec)
```

15.4.4 回收站是全租户可见，还是只有当前租户可见

```
    [root@ob-70 ~]# mysql -h10.186.63.134 -uroot@t1#oceanb_test_zhn  -P2883 -c -A
-e "create table test.tb1(i int);set session
    recyclebin=1;drop table test.tb1;show recyclebin;purge recyclebin ;"
    +----------------------------------------+---------------+-------+----------
----------------+
    | OBJECT_NAME                            | ORIGINAL_NAME | TYPE  |
CREATETIME                   |
    +----------------------------------------+---------------+-------+----------
----------------+
    | __recycle_$_1677212890_1680259840925720 | tb1          | TABLE | 2023-03-31
18:50:40.924748 |
    +----------------------------------------+---------------+-------+----------
----------------+
    [root@ob-70 ~]# mysql -h10.186.63.134 -uroot@sys#'oceanb_test_zhn' -P2883 -c
-p'aaAA__12' -A  -e "show recyclebin;"
    +----------------------------------------+---------------+-------+----------
----------------+
    | OBJECT_NAME                            | ORIGINAL_NAME | TYPE  |
CREATETIME                   |
    +----------------------------------------+---------------+-------+----------
----------------+
    | __recycle_$_1677212890_1680259040929280 | a            | TABLE | 2023-03-31
18:37:20.928638 |
    +----------------------------------------+---------------+-------+----------
----------------+
```

15.4.5 关闭回收站后，是否能闪回表

```
MySQL [oceanbase]>  -- 获取回收站中表所在 database 的名称
    ->              select rb.tenant_id, rb.database_id, db.database_name,
rb.table_id,
    ->         rb.tablegroup_id, rb.original_name from __all_recyclebin rb
    ->  inner join __all_virtual_database db
    ->          on rb.database_id=db.database_id;
+-----------+---------------+---------------+---------------+---------------+---------------+
| tenant_id | database_id   | database_name | table_id      | tablegroup_id |
original_name |
+-----------+---------------+---------------+---------------+---------------+---------------+
|         1 | 1099511628776 | test          | 1099511677792 |            -1 |
a             |
+-----------+---------------+---------------+---------------+---------------+---------------+
1 row in set (0.01 sec)
MySQL [oceanbase]> set session recyclebin=0;
Query OK, 0 rows affected (0.01 sec)
MySQL [oceanbase]> flashback table test.a to before drop ;
Query OK, 0 rows affected (0.02 sec)
MySQL [oceanbase]> desc test.a ;
+-------+---------+------+-----+---------+-------+
| Field | Type    | Null | Key | Default | Extra |
+-------+---------+------+-----+---------+-------+
| i     | int(11) | YES  |     | NULL    |       |
+-------+---------+------+-----+---------+-------+
1 row in set (0.00 sec)
```

15.4.6 关闭回收站后，是否能闪回租户

```
MySQL [oceanbase]> set session recyclebin=1;     -- 开启回收站
Query OK, 0 rows affected (0.00 sec)
MySQL [oceanbase]> drop tenant t1 ;              -- 删除租户 t1
Query OK, 0 rows affected (0.01 sec)
MySQL [oceanbase]> show recyclebin ;             -- 查看租户 t1 是否在回收站中(在)
+---------------------------------------------+---------------+--------+-------------------------+
| OBJECT_NAME                                 | ORIGINAL_NAME | TYPE   |
CREATETIME                   |
```

```
    +-----------------------------------------+----------------+--------+----------
-----------------+
    | __recycle_$_1677212890_1680256737738240 | t1             | TENANT | 2023-03-
31 18:03:11.107511 |
    +-----------------------------------------+----------------+--------+----------
-----------------+
    1 row in set (0.00 sec)
    MySQL [oceanbase]>  alter system change tenant t1 ;    -- 切换到租户 t1(因租户不存在，
所以会报错)
    ERROR 5160 (HY000): invalid tenant name specified in connection string
    MySQL [oceanbase]> set session recyclebin=0;    -- 关闭回收站
    Query OK, 0 rows affected (0.00 sec)
    MySQL [oceanbase]> flashback tenant t1 to before drop ;    -- 闪回租户 t1
    Query OK, 0 rows affected (0.02 sec)
    MySQL [oceanbase]> alter system change tenant t1 ;    -- 切换到租户 t1(成功)
    Query OK, 0 rows affected (0.00 sec)
```

15.5 结论

1. 如何获取回收站中表的 database？

```
-- 获取回收站中表所在 database 的名称
select rb.tenant_id, rb.database_id, db.database_name, rb.table_id,
 rb.tablegroup_id, rb.original_name from __all_recyclebin rb
 inner join __all_virtual_database db
 on rb.database_id=db.database_id;
```

2. 回收站中是否可以保存多个同名的表？闪回的时候是哪个？

回收站中可以保存多个同名的表，闪回的是最晚删除的同名表。

3. 关闭回收站后，是否能看到回收站中的对象？

关闭回收站后，可以看到回收站中的对象。

4. 回收站是全租户可见，还是只有当前租户可见？

回收站中的对象，仅租户内可见，其他租户不可见。

5. 关闭回收站后，是否能闪回表？

关闭回收站后，可以闪回表。

6. 关闭回收站后，是否能闪回租户？

关闭回收站后，可以闪回租户。

15.6 总结

（1）删除对象时，需要开启回收站，对象才会保存在回收站中。

（2）即使回收站关闭，我们也能看到回收站中的对象。

（3）即使回收站关闭，我们也能操作（闪回 / 清除）回收站中的对象。

（4）回收站中可以保存同名的对象，根据 ORIGINAL_NAME 闪回时，会闪回最新删除的对象，历史对象还会保存在回收站中。

（5）把对象从回收站中删除时，因为需要使用 OBJECT_NAME（唯一属性），所以只会命中一条记录。

16 OceanBase 频繁更新数据后读性能下降的排查

作者：张乾

16.1 背景

测试人员在做 OceanBase 纯读性能压测的时候，发现对数据做过更新操作后，读性能会有较为明显的下降。具体复现步骤如下。

16.2 复现方式

16.2.1 环境预备

16.2.1.1 部署 OB

使用 OBD 部署单节点 OB（见表 1）。

表 1

数据库	版本	IP 地址
OceanBase	4. 0. 0. 0 CE	10. 186. 16. 122

参数均为默认值，其中内存以及转储合并等和本次实验相关的重要参数值具体如表 2 所示：

表 2

参数名	含义	默认值
memstore_limit_ percentage	设置租户使用 memstore 的内存占其总可用内存的百分比	50
freeze_trigger_ percentage	触发全局冻结的租户使用内存阈值	20
major_compact_trigger	设置多少次小合并触发一次全局合并	0
minor_compact_trigger	控制分层转储触发向下一层下压的阈值。当该层的 Mini SSTable 总数达到设定的阈值时，所有 SSTable 都会被下压到下一层，组成新的 Minor SSTable	2

16.2.1.2 创建 sysbench 租户

```
create resource unit sysbench_unit max_cpu 26, memory_size '21g';
create resource pool sysbench_pool unit = 'sysbench_unit', unit_num = 1, zone_list=('zone1');
create tenant sysbench_tenant resource_pool_list=('sysbench_pool'), charset=utf8mb4, zone_list=('zone1'), primary_zone=RANDOM set variables ob_compatibility_mode='mysql', ob_tcp_invited_nodes='%';
```

16.2.1.3 数据预备

创建 30 张 100 万行数据的表。

```
sysbench ./oltp_read_only.lua --mysql-host=10.186.16.122 --mysql-port=12881 --mysql-db=sysbenchdb --mysql-user="sysbench@sysbench_tenant" --mysql-password=sysbench --tables=30 --table_size=1000000 --threads=256 --time=60 --report-interval=10 --db-driver=mysql --db-ps-mode=disable --skip-trx=on --mysql-ignore-errors=6002,6004,4012,2013,4016,1062 prepare
```

16.2.1.4 环境调优

手动触发大合并。

```
ALTER SYSTEM MAJOR FREEZE TENANT=ALL;


# 查看合并进度
SELECT * FROM oceanbase.CDB_OB_ZONE_MAJOR_COMPACTION\G
```

16.2.2 数据更新前的纯读 QPS

```
sysbench ./oltp_read_only.lua --mysql-host=10.186.16.122 --mysql-port=12881 --mysql-db=sysbenchdb --mysql-user="sysbench@sysbench_tenant" --mysql-password=sysbench --tables=30 --table_
```

```
size=1000000 --threads=256 --time=60 --report-interval=10 --db-
driver=mysql --db-ps-mode=disable --skip-trx=on --mysql-ignore-
errors=6002,6004,4012,2013,4016,1062 run
```

read_only 的 QPS 表现如表 3 所示：

表 3

第一次	第二次	第三次	第四次	第五次
344727.36	325128.58	353141.76	330873.54	340936.48

16.2.3 数据更新后的纯读 QPS

执行三次 write_only 脚本，其中包括了 update/delete/insert 操作，命令如下：

```
sysbench ./oltp_write_only.lua --mysql-host=10.186.16.122 --mysql-
port=12881 --mysql-db=sysbenchdb --mysql-user="sysbench@
sysbench_tenant" --mysql-password=sysbench --tables=30 --table_
size=1000000 --threads=256 --time=60 --report-interval=10 --db-
driver=mysql --db-ps-mode=disable --skip-trx=on --mysql-ignore-
errors=6002,6004,4012,2013,4016,1062 run
```

再执行 read_only 的 QPS 表现如表 4 所示：

表 4

第一次	第二次	第三次	第四次	第五次
170718.07	175209.29	173451.38	169685.38	166640.62

16.2.4 数据做一次大合并后纯读 QPS

手动触发大合并，执行命令：

```
ALTER SYSTEM MAJOR FREEZE TENANT=ALL;

# 查看合并进度
SELECT * FROM oceanbase.CDB_OB_ZONE_MAJOR_COMPACTION\G
```

再次执行 read_only，QPS 表现如下，可以看到读的 QPS 恢复至初始水平（见表 5）。

表 5

第一次	第二次	第三次	第四次	第五次
325864.95	354866.82	331337.10	326113.78	340183.18

16.2.5 现象总结

对比数据更新前后的纯读 QPS，发现在做过批量更新操作后，读性能下降 17 万左右，做一次大合并后性能又可以提升回来。

16.3 排查过程

16.3.1 手法 1：火焰图

16.3.1.1 火焰图差异对比

收集数据更新前后进行压测时的火焰图，对比的不同点集中在下面标注的框中（见图 1、图 2）。

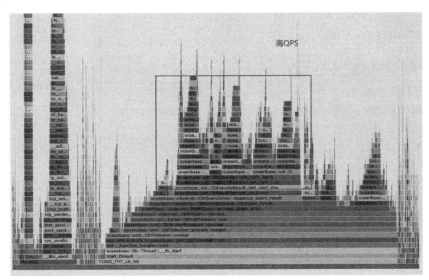

图 1

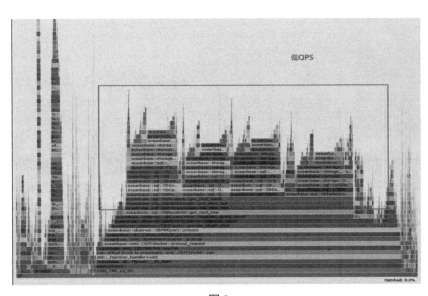

图 2

放大到方法里进一步查看，发现低 QPS 火焰图顶部多了几个"平台"，指向同一个方法 oceanbase::blocksstable::ObMultiVersionMicroBlockRowScanner::inner_get_next_row（见图 3、图 4）。

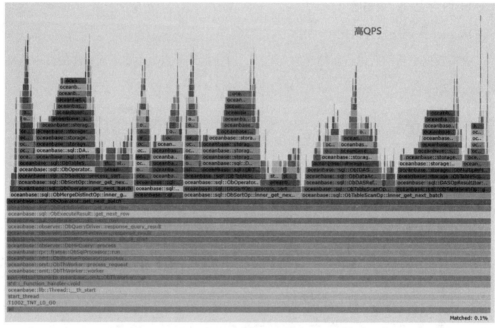

图 3

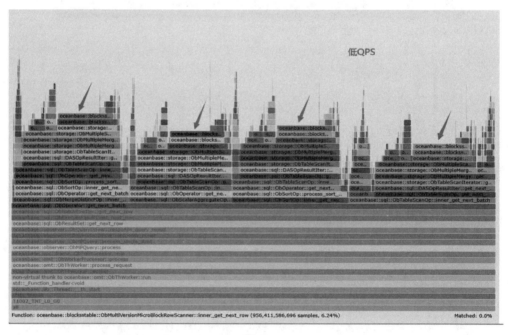

图 4

16.3.1.2 查看源码

火焰图中指向的方法，会进一步调用 ObMultiVersionMicroBlockRowScanner::inner_get_next_row_impl。后者的主要作用是借嵌套 while 循环进行多版本数据行的读取，并将符合条件的行合并融合（do_compact 中会调用 fuse_row），返回一个合并后的行（ret_row）作为最终结果，源码如下：

```
int ObMultiVersionMicroBlockRowScanner::inner_get_next_row_
impl(const ObDatumRow *&ret_row)
  {
    int ret = OB_SUCCESS;
    // TRUE:For the multi-version row of the current rowkey, when there is no
row to be read in this micro_block
    bool final_result = false;
    // TRUE:For reverse scanning, if this micro_block has the last row of the pr
evious rowkey
    bool found_first_row = false;
    bool have_uncommited_row = false;
    const ObDatumRow *multi_version_row = NULL;
    ret_row = NULL;

    while (OB_SUCC(ret)) {
      final_result = false;
      found_first_row = false;
      // 定位到当前要读取的位置
      if (OB_FAIL(locate_cursor_to_read(found_first_row))) {
        if (OB_UNLIKELY(OB_ITER_END != ret)) {
          LOG_WARN("failed to locate cursor to read", K(ret), K_(macro_id));
        }
      }
      LOG_DEBUG("locate cursor to read", K(ret), K(finish_scanning_cur_rowkey_),
              K(found_first_row), K(current_), K(reserved_pos_), K(last_), K_(macro_id));

      while (OB_SUCC(ret)) {
        multi_version_row = NULL;
        bool version_fit = false;
        // 读取下一行
        if (read_row_direct_flag_) {
          if (OB_FAIL(inner_get_next_row_directly(multi_version_row, version_
fit, final_result))) {
            if (OB_UNLIKELY(OB_ITER_END != ret)) {
```

```
              LOG_WARN("failed to inner get next row directly", K(ret), K_(macro_id));
            }
          }
        } else if (OB_FAIL(inner_inner_get_next_row(multi_version_row, version_
fit, final_result, have_uncommited_row))) {
          if (OB_UNLIKELY(OB_ITER_END != ret)) {
            LOG_WARN("failed to inner get next row", K(ret), K_(macro_id));
          }
        }
        if (OB_SUCC(ret)) {
          // 如果读取到的行版本不匹配，则不进行任何操作
          if (!version_fit) {
            // do nothing
          }
          // 如果匹配，则进行合并融合
          else if (OB_FAIL(do_compact(multi_version_row, row_, final_result))) {
            LOG_WARN("failed to do compact", K(ret));
          } else {
            // 记录物理读取次数
            if (OB_NOT_NULL(context_)) {
              ++context_->table_store_stat_.physical_read_cnt_;
            }
            if (have_uncommited_row) {
              row_.set_have_uncommited_row();
            }
          }
        }
        LOG_DEBUG("do compact", K(ret), K(current_), K(version_fit), K(final_
result), K(finish_scanning_cur_rowkey_),
                  "cur_row", is_row_empty(row_) ? "empty" : to_cstring(row_),
                  "multi_version_row", to_cstring(multi_version_row), K_(macro_id));
        // 该行多版本如果在当前微块已经全部读取完毕，就将当前微块的行缓存并跳出内层循环
        if ((OB_SUCC(ret) && final_result) || OB_ITER_END == ret) {
          ret = OB_SUCCESS;
          if (OB_FAIL(cache_cur_micro_row(found_first_row, final_result))) {
            LOG_WARN("failed to cache cur micro row", K(ret), K_(macro_id));
          }
          LOG_DEBUG("cache cur micro row", K(ret), K(finish_scanning_cur_rowkey_),
                    "cur_row", is_row_empty(row_) ? "empty" : to_cstring(row_),
                    "prev_row", is_row_empty(prev_micro_row_) ? "empty" : to_
cstring(prev_micro_row_),
                    K_(macro_id));
```

```
        break;
      }
    }
    // 结束扫描，将最终结果放到 ret_row，跳出外层循环
    if (OB_SUCC(ret) && finish_scanning_cur_rowkey_) {
      if (!is_row_empty(prev_micro_row_)) {
        ret_row = &prev_micro_row_;
      } else if (!is_row_empty(row_)) {
        ret_row = &row_;
      }
      // If row is NULL, means no multi_version row of current rowkey in [bas
e_version, snapshot_version) range
      if (NULL != ret_row) {
        (const_cast<ObDatumRow *>(ret_row))->mvcc_row_flag_.set_uncommitted_row(false);
        const_cast<ObDatumRow *>(ret_row)->trans_id_.reset();
        break;
      }
    }
  }
  if (OB_NOT_NULL(ret_row)) {
    if (!ret_row->is_valid()) {
      LOG_ERROR("row is invalid", KPC(ret_row));
    } else {
      LOG_DEBUG("row is valid", KPC(ret_row));
      if (OB_NOT_NULL(context_)) {
        ++context_->table_store_stat_.logical_read_cnt_;
      }
    }
  }
  return ret;
}
```

16.3.1.3 分析

从火焰图来看，QPS 降低，消耗集中在对多版本数据行的处理上，也就是一行数据的频繁更新操作对应到存储引擎里是多条记录，查询的 SQL 在内部处理时，实际需要扫描的行数量可能远大于本身的行数。

16.3.2 手法 2：分析 SQL 执行过程

通过 GV$OB_SQL_AUDIT 审计表，可以查看每次请求客户端来源、执行服务器信息、执行状态信息、等待事件以及执行各阶段耗时等。

GV$OB_SQL_AUDIT 用法参考 QceanBase 官网。

16.3.2.1 对比性能下降前后相同 SQL 的执行信息

由于本文场景没有实际的慢 SQL，这里选择在 GV$OB_SQL_AUDIT 中，根据 SQL 执行耗时（elapsed_time）筛出前 10 条，取一条进行排查：SELECT c FROM sbtest% WHERE id BETWEEN … AND… ORDER BY c。

执行更新操作前（也就是高 QPS 时）：

```
MySQL [oceanbase]> select TRACE_ID,TENANT_NAME,USER_NAME,DB_NAME,QUERY_
SQL,RETURN_ROWS,IS_HIT_PLAN,ELAPSED_TIME,EXECUTE_TIME,MEMSTORE_READ_ROW_
COUNT,SSSTORE_READ_ROW_COUNT,DATA_BLOCK_READ_CNT,DATA_BLOCK_CACHE_HIT,INDEX_BLOCK_
READ_CNT,INDEX_BLOCK_CACHE_HIT from GV$OB_SQL_AUDIT where TRACE_ID='YB42AC110005-
0005F9ADDCDF0240-0-0' \G
    *************************** 1. row ***************************
              TRACE_ID: YB42AC110005-0005F9ADDCDF0240-0-0
           TENANT_NAME: sysbench_tenant
             USER_NAME: sysbench
               DB_NAME: sysbenchdb
             QUERY_SQL: SELECT c FROM sbtest20 WHERE id BETWEEN 498915 AND 49
9014 ORDER BY c
               PLAN_ID: 10776
           RETURN_ROWS: 100
           IS_HIT_PLAN: 1
          ELAPSED_TIME: 16037
          EXECUTE_TIME: 15764
 MEMSTORE_READ_ROW_COUNT: 0
 SSSTORE_READ_ROW_COUNT: 100
    DATA_BLOCK_READ_CNT: 2
   DATA_BLOCK_CACHE_HIT: 2
   INDEX_BLOCK_READ_CNT: 2
  INDEX_BLOCK_CACHE_HIT: 1
1 row in set (0.255 sec)
```

执行更新操作后（低 QPS 值时）：

```
MySQL [oceanbase]> select TRACE_ID,TENANT_NAME,USER_NAME,DB_NAME,QUERY_
SQL,RETURN_ROWS,IS_HIT_PLAN,ELAPSED_TIME,EXECUTE_TIME,MEMSTORE_READ_ROW_
COUNT,SSSTORE_READ_ROW_COUNT,DATA_BLOCK_READ_CNT,DATA_BLOCK_CACHE_HIT,INDEX_BLOCK_
READ_CNT,INDEX_BLOCK_CACHE_HIT from GV$OB_SQL_AUDIT where TRACE_ID='YB42AC110005-
0005F9ADE2E77EC0-0-0' \G
    *************************** 1. row ***************************
```

```
          TRACE_ID: YB42AC110005-0005F9ADE2E77EC0-0-0
       TENANT_NAME: sysbench_tenant
         USER_NAME: sysbench
           DB_NAME: sysbenchdb
         QUERY_SQL: SELECT c FROM sbtest7 WHERE id BETWEEN 501338 AND 501
437 ORDER BY c
           PLAN_ID: 10848
       RETURN_ROWS: 100
       IS_HIT_PLAN: 1
      ELAPSED_TIME: 36960
      EXECUTE_TIME: 36828
MEMSTORE_READ_ROW_COUNT: 33
SSSTORE_READ_ROW_COUNT: 200
   DATA_BLOCK_READ_CNT: 63
   DATA_BLOCK_CACHE_HIT: 63
   INDEX_BLOCK_READ_CNT: 6
   INDEX_BLOCK_CACHE_HIT: 4
1 row in set (0.351 sec)
```

16.3.2.2 分析

上面查询结果显示字段 IS_HIT_PLAN 的值为 1，说明 SQL 命中了执行计划缓存，没有走物理生成执行计划的路径。我们根据 PLAN_ID 进一步到 V$OB_PLAN_CACHE_PLAN_EXPLAIN 查看物理执行计划（数据更新前后执行计划相同，下面仅列出数据更新后的执行计划）。

访问 V$OB_PLAN_CACHE_PLAN_EXPLAIN 时，必须给定 tenant_id 和 plan_id 的值，否则系统将返回空集。

```
MySQL [oceanbase]>  SELECT * FROM V$OB_PLAN_CACHE_PLAN_EXPLAIN WHERE tenant_
id = 1002 AND plan_id=10848 \G
*************************** 1. row ***************************
    TENANT_ID: 1002
       SVR_IP: 172.17.0.5
     SVR_PORT: 2882
      PLAN_ID: 10848
   PLAN_DEPTH: 0
 PLAN_LINE_ID: 0
     OPERATOR: PHY_SORT
         NAME: NULL
         ROWS: 100
```

```
         COST: 51
     PROPERTY: NULL
*************************** 2. row ***************************
    TENANT_ID: 1002
       SVR_IP: 172.17.0.5
     SVR_PORT: 2882
      PLAN_ID: 10848
   PLAN_DEPTH: 1
 PLAN_LINE_ID: 1
     OPERATOR:  PHY_TABLE_SCAN
         NAME: sbtest20
         ROWS: 100
         COST: 6
     PROPERTY: table_rows:1000000, physical_range_rows:100, logical_range_
rows:100, index_back_rows:0, output_rows:100, est_method:local_storage, avaiable_
index_name[sbtest20], pruned_index_name[k_20], estimation info[table_
id:500294, (table_type:12, version:-1--1--1, logical_rc:100, physical_rc:100)]
   2 rows in set (0.001 sec)
```

从 V$OB_PLAN_CACHE_PLAN_EXPLAIN 查询结果看，执行计划涉及两个算子：范围扫描算子 PHY_TABLE_SCAN 和排序算子 PHY_SORT。根据范围扫描算子 PHY_TABLE_SCAN 中的 PROPERTY 信息，可以看出该算子使用的是主键索引，不涉及回表，行数为 100。综上来看，该 SQL 的执行计划正确且已是最优，没有调整的空间。

再对比两次性能压测下 GV$OB_SQL_AUDIT 表，当性能下降后，MEMSTORE_READ_ROW_COUNT（MemStore 中读的行数）和 SSSTORE_READ_ROW_COUNT（SSSTORE 中读的行数）加起来读的总行数为 233，是实际返回行数的两倍多。符合上面观察到的火焰图上的问题，即实际读的行数大于本身的行数，该处消耗了系统更多的资源，导致性能下降。

16.4 结论

OceanBase 数据库的存储引擎基于 LSM-Tree 架构，以基线加增量的方式进行存储，当在一个表中进行大量的插入、删除、更新操作后，查询每一行数据的时候需要根据版本从新到旧遍历所有的 MemTable 以及 SSTable，将每个 Table 中对应主键的数据融合在一起返回，此时表现出来的就是查询性能明显下降，即读放大。

16.5 性能改善方式

对于已经运行在线上的 buffer 表问题，官方文档中给出的应急处理方案如下：

（1）对于存在可用索引，但 OB 优化器计划生成为全表扫描的场景，需要执行计划 binding 来固定计划。

（2）如果 SQL 查询的主要过滤字段无可用索引，此时推荐在线创建可用索引并绑定该计划。

（3）如果业务场景暂时无法创建索引，或者执行的 SQL 多为范围扫描，此时可根据业务场景需要决定是否手动触发合并，将删除或更新的数据版本进行清理，降低全表扫描的数据量，提升速度。

另外，从 2.2.7 版本开始，OceanBase 引入了 buffer minor merge 设计，实现对 Queuing 表的特殊转储机制，彻底解决无效扫描问题，通过将表的模式设置为 queuing 来开启。对于设计阶段已经明确的 Queuing 表场景，推荐开启该特性作为长期解决方案。

```
ALTER TABLE table_name TABLE_MODE = 'queuing';
```

但是从社区版 4.0.0.0 的发布记录中看到，其不再支持 Queuing 表。后查询社区有解释：OB 在 4.x 版本（预计 4.1 完成）采用自适应的方式支持 Queuing 表的这种场景，不需要再人为指定，也就是版本说明中提到的不再支持 Queuing 表。

05

开源数据库
及工具篇

爱可生开源社区虽然以分享 MySQL 技术为主，也经常分享一些流行的开源数据库内容，如：Redis、MongoDB、ClickHouse 等。这些数据库在全世界范围都有非常广泛的应用且有非常庞大的用户群体和复杂的使用场景。

每一位 DBA 或运维工程师，都有一套常用的工具，可以熟练应对数据库运维、操作系统、存储、网络等方面的运维需求。

本章将对除 MySQL 以外的开源数据库和一些运维工具进行分享。

1 Redis 集群架构解析

作者：贲绍华

1.1 集群架构的一些基本概念

当我们只使用一台 Redis 实例，也就是 Single 架构时，需要考虑一些非常实际的问题，如：单节点一旦宕机则业务停摆、单节点的容量不可能是无限制的、性能同样存在瓶颈等。

集群架构模式最主要的三个目的是高可用、提升资源限制瓶颈、提高网络吞吐。

1.1.1 高可用——Sentinel

Redis Sentinel 是一个分布式系统，可以在一个架构中运行多个 Sentinel 进程（progress）。这些进程使用流言协议（gossip protocols）来接收关于主服务器是否下线的信息，并使用投票协议（agreement protocols）来决定是否执行自动故障迁移，以及选择哪个从服务器作为新的主服务器（见图1）。

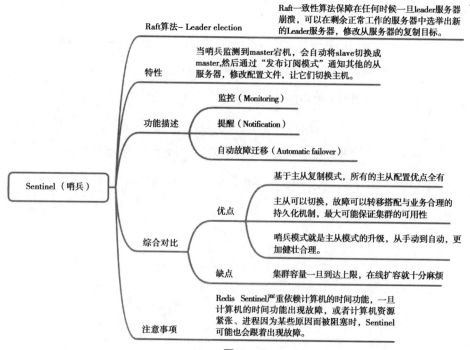

图1

1.1.2 提升资源限制瓶颈——数据分区存储（Partitioning）

通过对应的算法规则，自动分割数据到不同的节点上，每一个节点都是主（节点），都承担一部分数据。在整个集群的部分节点失败或者不可达的情况下依然能够继续处理命令。

数据可以依据 AKF 原则从不同维度进行灵活拆分（见图 2）。

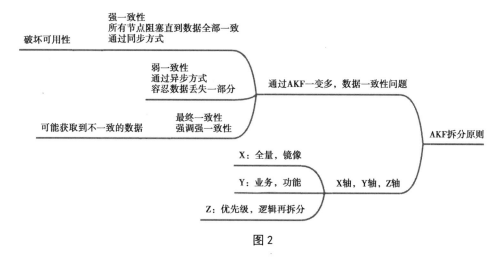

图 2

1.1.3 提高网络吞吐

Redis 使用的是 epoll IO 模型，单机吞吐量也足够优秀，但当业务流量单一入口不能兜住时则需要考虑分流策略了。例如，增加 slave 节点、使用 proxy 作为流量入口、Redis cluster、LVS 等。

灵活的架构能使业务侧不需要太关心具体到哪个节点、节点资源瓶颈如何，均使用统一流量入口即可。

1.2 客户端分区

此处的客户端指的就是业务侧，根据业务类型分类存取，自行维护一个 key - redis node 的映射关系或服务发现机制。

简单场景下这么做并不会有什么问题，但是也存在一些缺点，如：

• 存取规则需要统一，需要考虑扩缩容时业务逻辑调整的影响面。

• 业务其实并不清楚 Redis 节点机器的瓶颈。

• 每个客户端都需要连接所有的 Redis 节点。

1.3 代理分区

Redis 也有一些优秀的 proxy，它们在作为统一流量入口的同时也提供了一些非常实用的功能，如数据 sharding。

根据一定规则使对应的 key 落到集群的不同节点上，表 1 简单介绍一下常见的 redis proxy 与分片的算法逻辑。

表 1

特性	Twemproxy	Predixy	Codis
高可用	一致性哈希	Redis Sentinel、Redis Cluster	Redis Sentinel
扩展性	key 哈希分布	key 哈希分布、Redis Cluster	key 哈希分布
开发语言	C	C++	GO

1.3.1 Modula（根据算法 + 取模存取）

通过算法对 key 进行取模，决定最终需要在哪个节点上进行存取。

缺点：可能会出现数据分布节点不均匀的情况，机器扩缩容时需要调整取模策略。

1.3.2 Random（随机存取）

作为消息队列使用时候，可以将多个 Redis 实例组成 Topic，生产者存入（lpush）数据，消费者消费（rpop）。

缺点：可能会出现数据分布节点不均匀的情况。

1.3.3 Ketama（一致性哈希算法）

一致性哈希算法是将一组数进行取模运算的结果值组织成一个圆环，就像钟表一样，可以将它想象成是带有 60 个刻度的圆，这个圆环被称为哈希环。它在移除或者添加一个服务器时，能够尽可能少地改变已存在的服务请求与处理请求服务器之间的映射关系。

一致性哈希算法解决了简单哈希算法在分布式哈希表中存在的动态伸缩等问题。

• 优点：增加节点可以分担其他节点存储压力，因为没有取模过程不会影响其他节点的存储策略。

• 缺点：新增节点会造成一小部分数据不能命中（此时应再取附近的 2 个节点查看数据是否存在）。

操作步骤：

（1）规划一个哈希环，环上 node hash 后的槽位为物理节点，其余为虚拟节点。将所有物理节点标记起来。

（2）数据（key）加进来时使用 hash，之后查询该槽位是否为物理节点，如果是虚拟节点，则找寻离它最近的物理节点存入。

1.4 Redis Cluster（无中心架构）

Redis Cluster 没有使用一致性哈希算法，而是引入了哈希槽的概念。每一台实例都会分配对应的槽位，自带算法与集群内所有槽位的记录，所以每一台都是主（库）。客户端随机地请求任意一个 Redis 实例，然后由 Redis 将请求转发给正确的 Redis 节点。简单地说就是每一个节点的组成都是"数据＋路由"。

- 优点：扩缩容方便，Redis 自带工具与脚本，对于 Redis cluster 架构也有很好的支持。
- 缺点：客户端连接直接压在了实例自身（可以在上层增加 proxy），删除重定向也会造成过多的请求转发与处理流程。

为了方便理解，通过图 3、图 4 进行说明。

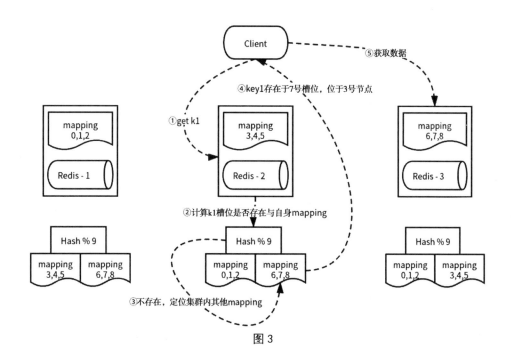

图 3

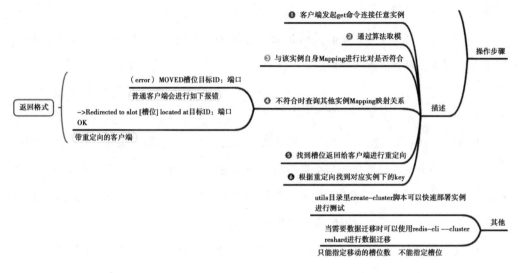

图 4

1.5 其他

当使用 Redis cluster 架构时：

（1）涉及多个 key 的操作通常不会被支持。例如不能对两个集合求交集，因为它们可能被存储到不同的 Redis 实例（KEYS、WATCH、MULTI……）。

（2）若同时操作多个 key，则不能使用 Redis 事务。

② Redis 之分布式锁

作者：贲绍华

2.1 什么是分布式锁

分布式锁指的就是分布式系统下使用的锁，在分布式系统中，常常需要协调组件间的动作。

如果不同的系统或是同一个系统的不同主机之间共享了一个或一组资源，那么访问这些资源的时候，往往需要互斥来防止彼此干扰，从而保证一致性，这个时候，便需要使用分布式锁。保证分布式锁有效的三个属性见图1。

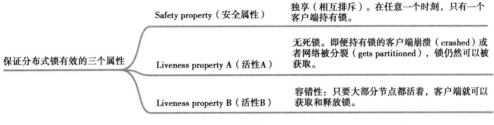

图 1

2.2 场景案例

举个例子，假设 ATM 机 A、ATM 机 B 同时对同一账户入账，它们是两个独立且相同的业务系统。由于余额是要在现有金额上进行增加的，前后操作会出现时差。故 A 或 B 增加余额时都需要先获取互斥锁，锁住需要操作的资源，增加余额后释放锁。

2.3 使用 Redis 实现分布式锁

2.3.1 带 TTL 的 key

在 Redis 中创建一个 key，这个 key 有一个失效时间（TTL)，以保证锁最终会被自动释放掉（对应图 1 中的活性 A）

即：get → 不存在，获取成功 → set → ttl → del。

当客户端释放资源（解锁）时，会删除掉这个 key。

2.3.2 setNX

使用 2.3.1 的方式存在一个问题，那就是每次都得先 get 一下，看看这个 key 是否存在，插入之后还需要再设置 TTL。

这个操作非常烦琐，且 get → set → ttl 操作并不符合原子性，需要额外处理类似 get 不存在但 set 又存在、锁被其他客户端释放掉的场景。

Redis 提供了 setNX 命令（如果不存在就插入，并设置 key 的超时时间。如果存在则什么也不做）。

使用命令：

```
set key value px milliseconds nx
```

2.3.3 setNX + Lua

在 2.3.2 中还存在一些问题，例如：

（1）ATM-A 获取锁成功。

（2）ATM-A 操作中，持续阻塞。

（3）设置 key 过期了，锁被自动释放。

（4）ATM-B 获取到锁。

（5）ATM-A 操作此时恢复处理，操作完成开始释放锁。

（6）ATM-B 持有的锁被 ATM-A 释放掉了。

为了解决这些问题，释放锁之前需要对比 value 值（需要保证值的唯一性），释放锁的时候只有 key 存在并且存储的值和当前客户端指定的值一样才能删除成功。

同样的，get → delete 操作并不符合原子性，需要使用 Lua 脚本来同时完成：

```
if redis.call("get",KEYS[1]) == ARGV[1] then
    return redis.call("del",KEYS[1])
else
    return 0
end
```

2.3.4 锁的续期

锁的过期时间是插入 key 时直接设置的一个大概的时间区间，实际业务执行过程中不能精确预估具体的执行时间。会出现客户端正在处理时 key TTL 过期导致被提前释放的问题。

解决方式：可以让获得锁的客户端开启一个守护进程，用于给快要过期的 key 增加超时时间。当业务执行完成时，再主动关闭该守护进程。

2.3.5 高可用问题

单节点 Redis 实例会导致获取锁失败，业务直接停摆。但想通过增加 slave 节点解决这个问题其实是行不通的，因为 Redis 的主从同步通常是异步的。

会出现以下的问题：

（1）ATM-A 从 Redis master 节点获取到锁。

（2）在 master 将锁同步到 slave 之前，master 宕机。

（3）slave 节点被晋级为 master 节点。

（4）ATM-B 获取到了锁，ATM-A 业务还在进行中，导致安全失效。

2.4 Redis Module——RedLock

RedLock 正是为了防止单点故障而设计的基于 Redis 的分布式锁实现。

它是由 N（大于等于 3 的奇数）个 Redis master 节点组成的，节点与节点之间不使用复制或任何隐式协调系统。

当客户端需要获取锁时，会尝试顺序从 N 个实例中获取，在所有实例中使用相同的 key 与 value。

2.4.1 获取锁

当 N/2+1 个节点获取到锁时则成功得到锁（因为如果小于一半判断为成功的话，有可能出现多个客户端都成功获取锁的情况，从而使锁失效）。

2.4.2 释放锁

客户端应该向所有 Redis 节点发起释放锁的操作。即使当时向某个节点获取锁没有成功，在释放锁的时候也不应该漏掉这个节点。

2.4.3 延迟重启

一个节点崩溃后，先不要立即重启它，而是要等待一段时间再重启，这段时间应该大于锁的有效时间（lock validity time）。这样，这个节点在重启前所参与的锁都会过期，它在重启后就不会对现有的锁造成影响。

2.4.4 优点

有效防止单点故障。

2.4.5 缺点

• 需要维护多台 Redis master，使用起来相当笨重。

• RedLock 算法对时钟依赖性强，若集群中的某个节点发生时钟异常问题，可能会因此而引发锁安全性问题。

• 如果有节点发生崩溃重启，还是会对锁的安全性有影响。具体的影响程度跟 Redis 对数据的持久化程度有关。

假设一共有 5 个 Redis 节点：ABCDE。设想发生了如表 1 所示的事件。

表1

时间轴	事件
T1	客户端1成功锁住了A、B、C，获取锁成功（D和E没有锁住）
T2	节点C崩溃重启了，但客户端1在C上加的锁没有持久化下来，丢失了
T3	节点C重启后，客户端2锁住了C、D、E，获取锁成功

3 Redis AOF 重写源码分析

作者：朱鹏举

AOF 作为 Redis 的数据持久化方式之一，通过追加写的方式将 Redis 服务器所执行的写命令写入 AOF 日志中来记录数据库的状态。但当一个键值对被多条写命令反复修改时，AOF 日志会记录相应的所有命令，这也就意味着 AOF 日志中存在重复的"无效命令"，造成的结果就是 AOF 日志文件越来越大，使用 AOF 日志来进行数据恢复所需的时间越来越长。为了解决这个问题，Redis 推出了 AOF 重写功能。

3.1 什么是 AOF 重写

简单来说，AOF 重写就是根据当时键值对的最新状态，为它生成对应的写入命令，然后写入临时 AOF 日志中。在重写期间 Redis 会将发生更改的数据写入重写缓冲区 aof_rewrite_buf_blocks 中，于重写结束后合并到临时 AOF 日志中，最后使用临时 AOF 日志替换原来的 AOF 日志。当然，为了避免阻塞主线程，Redis 会 fork 一个进程来执行 AOF 重写操作。

3.2 如何定义 AOF 重写缓冲区

在了解 AOF 重写流程之前你会先遇到第一个问题，那就是如何定义 AOF 重写缓冲区。

一般来说我们会想到用 malloc 函数来初始化一块内存用于保存 AOF 重写期间主进程收到的命令，当剩余空间不足时再用 realloc 函数对其进行扩容。但是 Redis 并没有这么做，Redis 定义了一个 aofrwblock 结构体，其中包含了一个 10MB 大小的字符数组，将其当作一个数据块，用来记录 AOF 重写期间主进程收到的命令，然后使用 aof_rewrite_buf_blocks 列表将这些数据块连接起来，每次分配一个 aofrwblock 数据块。

```
//AOF 重写缓冲区大小为 10MB，每一次分配一个 aofrwblock

typedef struct aofrwblock {
    unsigned long used, free;
    char buf[AOF_RW_BUF_BLOCK_SIZE]; //10MB
} aofrwblock;
```

那么问题来了，为什么 Redis 的开发者要选择自己维护一个字符数组呢，答案是在使用 realloc 函数进行扩容的时候，如果此时客户端的写请求涉及正在持久化的数据，那么就会触发 Linux 内核的大页机制，造成不必要的内存空间浪费，并且会使申请内存的时间变长。

Linux 内核从 2.6.38 版本开始支持大页机制有，该机制支持 2MB 大小的内存页分配，而常规的内存页分配是按 4KB 的粒度来执行的。这也就意味着在 AOF 重写期间，客户端的写请求可能会修改正在进行持久化的数据，在这一过程中，Redis 就会采用写时复制机制，一旦有数据要被修改，Redis 并不会直接修改内存中的数据，而是将这些数据复制一份，然后再进行修改。即使客户端请求只修改 100B 的数据，Redis 也需要复制 2MB 的大页。

3.3 AOF 重写流程

AOF 重写如下：

```
int rewriteAppendOnlyFileBackground(void) {
    pid_t childpid;
    long long start;
    if (server.aof_child_pid != -1 || server.rdb_child_pid != -1) return C_ERR;
    if (aofCreatePipes() != C_OK) return C_ERR;
    openChildInfoPipe();
    start = ustime();
    if ((childpid = fork()) == 0) {
        char tmpfile[256];
        /* Child */
        closeListeningSockets(0);
```

```
        redisSetProcTitle("redis-aof-rewrite");
        snprintf(tmpfile,256,"temp-rewriteaof-bg-%d.aof", (int) getpid());
        if (rewriteAppendOnlyFile(tmpfile) == C_OK) {
            size_t private_dirty = zmalloc_get_private_dirty(-1);
            if (private_dirty) {
                serverLog(LL_NOTICE,
                    "AOF rewrite: %zu MB of memory used by copy-on-write",
                    private_dirty/(1024*1024));
            }
            server.child_info_data.cow_size = private_dirty;
            sendChildInfo(CHILD_INFO_TYPE_AOF);
            exitFromChild(0);
        } else {
            exitFromChild(1);
        }
    } else {
        /* Parent */
        server.stat_fork_time = ustime()-start;
    /* GB per second. */
            server.stat_fork_rate = (double) zmalloc_used_
memory() * 1000000 / server.stat_fork_time / (1024*1024*1024);
        latencyAddSampleIfNeeded("fork",server.stat_fork_time/1000);
        if (childpid == -1) {
            closeChildInfoPipe();
            serverLog(LL_WARNING,
                "Can't rewrite append only file in background: fork: %s",
                strerror(errno));
            aofClosePipes();
            return C_ERR;
        }
        serverLog(LL_NOTICE,
            "Background append only file rewriting started by pid %d",childpid);
        server.aof_rewrite_scheduled = 0;
        server.aof_rewrite_time_start = time(NULL);
        server.aof_child_pid = childpid;
        updateDictResizePolicy();
        server.aof_selected_db = -1;
        replicationScriptCacheFlush();
        return C_OK;
    }
    return C_OK; /* unreached */
}
```

一步到"胃",直接看源码相信不少同学都觉得很"胃疼",但是整理过后理解起来就会轻松不少。

若当前有正在进行的 AOF 重写子进程或者 RDB 持久化子进程,则退出 AOF 重写流程。

创建下面 3 个管道。

- parent → children data
- children → parent ack
- parent → children ack

接着完成以下步骤。

(1)将 parent → children data 设置为非阻塞。

(2)在 children → parent ack 上注册读事件的监听。

(3)将数组 fds 中的 6 个文件描述符分别复制给 server 变量的成员变量。

(4)打开 children → parent ack 通道,用于将 RDB/AOF 保存过程的信息发送给父进程。

(5)用 start 变量记录当前时间。

(6)fork 出一个子进程,通过写时复制的形式共享主线程的所有内存数据。

- 关闭监听 socket,避免接收客户端连接。
- 设置进程名。
- 生成 AOF 临时文件名。
- 遍历每个数据库的每个键值对,以插入(命令 + 键值对)的方式写到临时 AOF 文件中。

(7)计算上一次 fork 已经花费的时间。

(8)计算每秒写了多少内容。

(9)判断上一次 fork 是否结束,没结束则此次 AOF 重写流程就此中止。

(10)将 aof_rewrite_scheduled 设置为 0(表示现在没有待调度执行的 AOF 重写操作)。

(11)关闭 rehash 功能(rehash 会带来较多的数据移动操作,这就意味着父进程中的内存修改会比较多,对于 AOF 重写子进程来说,就需要更多的时间来执行写时复制,进而完成 AOF 文件的写入，这就会给 Redis 系统的性能造成负面影响）。

（12）将 aof_selected_db 设置为 -1，以强制在下一次调用 feedAppendOnlyFile 函数（写 AOF 日志）时将 AOF 重写期间累计的内容合并到 AOF 日志中。

（13）当发现正在进行 AOF 重写任务时：

- 将收到的新的写命令缓存在 aofrwblock 中。
- 检查 parent → children data 上面有没有写监听，没有的话注册一个。
- 触发写监听时从 aof_rewrite_buf_blocks 列表中逐个取出 aofrwblock 数据块，通过 parent → children data 发送到 AOF 重写子进程。

（14）子进程重写结束后，将重写期间 aof_rewrite_buf_blocks 列表中没有消费完成的数据追加写入临时 AOF 文件中。

3.4 管道机制

Redis 创建了 3 个管道用于 AOF 重写时父子进程之间的数据传输，那么管道之间的通信机制就成为我们需要了解的内容。

3.4.1 子进程从 parent → children data 读取数据（触发时机）

（1）rewriteAppendOnlyFileRio：由重写子进程执行，负责遍历 Redis 每个数据库，生成 AOF 重写日志，在这个过程中，会不时地调用 aofReadDiffFromParent。

（2）rewriteAppendOnlyFile：重写日志的主体函数，也是由重写子进程执行的，本身会调用 rewriteAppendOnlyFileRio，调用完后会调用 aofReadDiffFromParent 多次，尽可能多地读取主进程在重写日志期间收到的操作命令。

（3）rdbSaveRio：创建 RDB 文件的主体函数，使用 AOF 和 RDB 混合持久化机制时，这个函数会调用 aofReadDiffFromParent。

```
// 将从父级累积的差异读取到缓冲区中，该缓冲区在重写结束时连接

ssize_t aofReadDiffFromParent(void) {
    char buf[65536]; // 大多数 Linux 系统上的默认管道缓冲区大小
    ssize_t nread, total = 0;
    while ((nread =
                    read(server.aof_pipe_read_data_from_
parent,buf,sizeof(buf))) > 0) {
        server.aof_child_diff = sdscatlen(server.aof_child_diff,buf,nread);
```

```
        total += nread;
    }
    return total;
}
```

3.4.2 子进程向 children → parent ack 发送 ACK 信号

在完成日志重写，以及多次向父进程读取操作命令后，向 children → parent ack 发送 "!"，也就是向主进程发送 ACK 信号，让主进程停止发送收到的新写操作。

```
int rewriteAppendOnlyFile(char *filename) {
    rio aof;
    FILE *fp;
    char tmpfile[256];
    char byte;
    // 注意，与 rewriteAppendOnlyFileBackground 函数使用的临时名称相比，我们必须在此处
使用不同的临时名称
    snprintf(tmpfile,256,"temp-rewriteaof-%d.aof", (int) getpid());
    fp = fopen(tmpfile,"w");
    if (!fp) {
        serverLog(LL_WARNING, "Opening the temp file for AOF rewrite in rewrite
AppendOnlyFile(): %s", strerror(errno));
        return C_ERR;
    }
    server.aof_child_diff = sdsempty();
    rioInitWithFile(&aof,fp);
    if (server.aof_rewrite_incremental_fsync)
        rioSetAutoSync(&aof,REDIS_AUTOSYNC_BYTES);
    if (server.aof_use_rdb_preamble) {
        int error;
        if (rdbSaveRio(&aof,&error,RDB_SAVE_AOF_PREAMBLE,NULL) == C_ERR) {
            errno = error;
            goto werr;
        }
    } else {
        if (rewriteAppendOnlyFileRio(&aof) == C_ERR) goto werr;
    }
    // 当父进程仍在发送数据时，在此处执行初始的慢速 fsync，以便使下一个最终的 fsync 更快
    if (fflush(fp) == EOF) goto werr;
    if (fsync(fileno(fp)) == -1) goto werr;
    // 再读几次，从父级获取更多数据。我们不能永远读取（服务器从客户端接收数据的速度可能快于它
向子进程发送数据的速度），所以我们尝试在循环中读取更多的数据，只要有更多的数据出现。如果看起来我们
```

在浪费时间，我们会停止（在没有新数据的情况下，会在20ms后停止）。

```
    int nodata = 0;
    mstime_t start = mstime();
    while(mstime()-start < 1000 && nodata < 20) {
            if (aeWait(server.aof_pipe_read_data_from_parent, AE_
READABLE, 1) <= 0)
            {
                nodata++;
                continue;
            }
            nodata = 0; /* Start counting from zero, we stop on N *contiguous*
                            timeouts. */
            aofReadDiffFromParent();
    }
    // 发送 ACK 信息让父进程停止发送消息
    if (write(server.aof_pipe_write_ack_to_parent,"!",1) != 1) goto werr;
    if (anetNonBlock(NULL,server.aof_pipe_read_ack_from_parent) != ANET_OK)
        goto werr;
    // 等待父进程返回的 ACK 信息，超时时间为 10 秒。通常父进程应该尽快回复，但万一失去回复，则
确信子进程最终会被终止。
    if (syncRead(server.aof_pipe_read_ack_from_parent,&byte,1,5000) != 1 ||
        byte != '!') goto werr;
    serverLog(LL_NOTICE,"Parent agreed to stop sending diffs. Finalizing AOF...");
    // 如果存在最终差异数据，那么将读取
    aofReadDiffFromParent();
    // 将收到的差异数据写入文件
    serverLog(LL_NOTICE,
        "Concatenating %.2f MB of AOF diff received from parent.",
        (double) sdslen(server.aof_child_diff) / (1024*1024));
    if (rioWrite(&aof,server.aof_child_diff,sdslen(server.aof_child_
diff)) == 0)
        goto werr;
    // 确保数据不会保留在操作系统的输出缓冲区中
    if (fflush(fp) == EOF) goto werr;
    if (fsync(fileno(fp)) == -1) goto werr;
    if (fclose(fp) == EOF) goto werr;
    // 使用 RENAME 确保仅当生成 DB 文件正常时，才自动更改 DB 文件
    if (rename(tmpfile,filename) == -1) {
        serverLog(LL_WARNING,"Error moving temp append only file on the final de
stination: %s", strerror(errno));
        unlink(tmpfile);
```

```
        return C_ERR;
    }
    serverLog(LL_NOTICE,"SYNC append only file rewrite performed");
    return C_OK;
werr:
    serverLog(LL_WARNING,"Write error writing append only file on disk: %s", st
rerror(errno));
    fclose(fp);
    unlink(tmpfile);
    return C_ERR;
}
```

3.4.3 父进程从 children → parent ack 读取 ACK

- 当 children → parent ack 上有了数据后，就会触发之前注册的读监听。

- 判断这个数据是不是 "!"。

- 如果是，就向 parent → children ack 写入 "!"，表示主进程已经收到重写子进程发送的 ACK 信息，同时给重写子进程回复一个 ACK 信息。

```
void aofChildPipeReadable(aeEventLoop *el, int fd, void *privdata, int mask) {
    char byte;
    UNUSED(el);
    UNUSED(privdata);
    UNUSED(mask);
    if (read(fd,&byte,1) == 1 && byte == '!') {
        serverLog(LL_NOTICE,"AOF rewrite child asks to stop sending diffs.");
        server.aof_stop_sending_diff = 1;
        if (write(server.aof_pipe_write_ack_to_child,"!",1) != 1) {
    // 如果我们无法发送ACK，请通知用户，但不要重试，因为在另一侧，如果内核无法缓冲我们的写
入，或者子级已终止，则子级将使用超时
            serverLog(LL_WARNING,"Can't send ACK to AOF child: %s",
                strerror(errno));
        }
    }
    // 删除处理程序，因为在重写期间只能调用一次
     aeDeleteFileEvent(server.el,server.aof_pipe_read_ack_from_child,AE_
READABLE);
    }
```

3.5 什么时候触发 AOF 重写

开启 AOF 重写功能以后 Redis 会自动触发重写，花费精力去了解触发机制意义不大。

3.5.1 手动触发

（1）确认当前有没有正在执行 AOF 重写的子进程。

（2）确认当前有没有正在执行创建 RDB 的子进程，若有则会将 aof_rewrite_ scheduled 设置为 1（AOF 重写操作被设置为待调度执行）。

```
void bgrewriteaofCommand(client *c) {
    if (server.aof_child_pid != -1) {
        addReplyError(c,"Background append only file rewriting already in progr
ess");
    } else if (server.rdb_child_pid != -1) {
        server.aof_rewrite_scheduled = 1;
        addReplyStatus(c,"Background append only file rewriting scheduled");
    } else if (rewriteAppendOnlyFileBackground() == C_OK) {
        addReplyStatus(c,"Background append only file rewriting started");
    } else {
        addReply(c,shared.err);
    }
}
```

3.5.2 开启 AOF 与主从复制

• 开启 AOF 功能以后，执行一次 AOF 重写。

• 主从节点在进行复制时，如果从节点的 AOF 选项被打开，那么在加载解析 RDB 文件时，AOF 选项会被关闭，无论从节点是否成功加载 RDB 文件，restartAOFAfterSYNC 函数都会被调用，用来恢复被关闭的 AOF 功能，在这个过程中会执行一次 AOF 重写。

```
int startAppendOnly(void) {
    char cwd[MAXPATHLEN]; // 错误消息的当前工作目录路径
    int newfd;
    newfd = open(server.aof_filename,O_WRONLY|O_APPEND|O_CREAT,0644);
    serverAssert(server.aof_state == AOF_OFF);
    if (newfd == -1) {
        char *cwdp = getcwd(cwd,MAXPATHLEN);
        serverLog(LL_WARNING,
            "Redis needs to enable the AOF but can't open the "
```

```
            "append only file %s (in server root dir %s): %s",
            server.aof_filename,
            cwdp ? cwdp : "unknown",
            strerror(errno));
        return C_ERR;
    }
    if (server.rdb_child_pid != -1) {
        server.aof_rewrite_scheduled = 1;
        serverLog(LL_WARNING,"AOF was enabled but there is already a child pro
cess saving an RDB file on disk. An AOF background was scheduled to start when poss
ible.");
    } else {
        // 关闭正在进行的AOF重写进程，并启动一个新的AOF：旧的AOF无法重用，因为它没有累
积AOF缓冲区。
        if (server.aof_child_pid != -1) {
            serverLog(LL_WARNING,"AOF was enabled but there is already an AOF
rewriting in background. Stopping background AOF and starting a rewrite now.");
            killAppendOnlyChild();
        }
        if (rewriteAppendOnlyFileBackground() == C_ERR) {
            close(newfd);
            serverLog(LL_WARNING,"Redis needs to enable the AOF but can't trig
ger a background AOF rewrite operation. Check the above logs for more info about t
he error.");
            return C_ERR;
        }
    }
    // 我们正确地打开了AOF，现在等待重写完成，以便将数据附加到磁盘上
    server.aof_state = AOF_WAIT_REWRITE;
    server.aof_last_fsync = server.unixtime;
    server.aof_fd = newfd;
    return C_OK;
}
```

3.5.3 定时任务

定时任务如下：

（1）每100毫秒触发一次，由 server.hz 控制，默认 10。

（2）当前没有在执行的 RDB 子进程并且 AOF 重写子进程并且 aof_rewrite_
scheduled=1。

（3）当前没有在执行的 RDB 子进程并且 AOF 重写子进程并且 aof_rewrite_

scheduled=0。

（4）AOF 功能已启用并且 AOF 文件大小比例超出 auto-aof-rewrite-percentage 并且 AOF 文件大小绝对值超出 auto-aofrewrite-min-size。

```
int serverCron(struct aeEventLoop *eventLoop, long long id, void *clientData) {
    ......
    // 判断当前没有在执行的 RDB 子进程并且 AOF 重写子进程并且 aof_rewrite_scheduled=1
    if (server.rdb_child_pid == -1 && server.aof_child_pid == -1 &&
        server.aof_rewrite_scheduled)
    {
        rewriteAppendOnlyFileBackground();
    }
    // 检查正在进行的后台保存或 AOF 重写是否终止
    if (server.rdb_child_pid != -1 || server.aof_child_pid != -1 ||
        ldbPendingChildren())
    {
        int statloc;
        pid_t pid;
        if ((pid = wait3(&statloc,WNOHANG,NULL)) != 0) {
            int exitcode = WEXITSTATUS(statloc);
            int bysignal = 0;
            if (WIFSIGNALED(statloc)) bysignal = WTERMSIG(statloc);
            if (pid == -1) {
                serverLog(LL_WARNING,"wait3() returned an error: %s. "
                    "rdb_child_pid = %d, aof_child_pid = %d",
                    strerror(errno),
                    (int) server.rdb_child_pid,
                    (int) server.aof_child_pid);
            } else if (pid == server.rdb_child_pid) {
                backgroundSaveDoneHandler(exitcode,bysignal);
                if (!bysignal && exitcode == 0) receiveChildInfo();
            } else if (pid == server.aof_child_pid) {
                backgroundRewriteDoneHandler(exitcode,bysignal);
                if (!bysignal && exitcode == 0) receiveChildInfo();
            } else {
                if (!ldbRemoveChild(pid)) {
                    serverLog(LL_WARNING,
                        "Warning, detected child with unmatched pid: %ld",
                        (long)pid);
                }
            }
```

```
                    updateDictResizePolicy();
                    closeChildInfoPipe();
                }
            } else {
// 如果没有正在进行的后台 save/rewrite, 请检查是否必须立即 save/rewrite
            for (j = 0; j < server.saveparamslen; j++) {
                struct saveparam *sp = server.saveparams+j;
                // 如果我们达到了给定的更改量、给定的秒数, 并且最新的 bgsave 成功, 或者如果发生
错误, 至少已经过了 CONFIG_bgsave_RETRY_DELAY 秒, 则保存。
                if (server.dirty >= sp->changes &&
                    server.unixtime-server.lastsave > sp->seconds &&
                    (server.unixtime-server.lastbgsave_try >
                     CONFIG_BGSAVE_RETRY_DELAY ||
                     server.lastbgsave_status == C_OK))
                {
                    serverLog(LL_NOTICE,"%d changes in %d seconds. Saving...",
                        sp->changes, (int)sp->seconds);
                    rdbSaveInfo rsi, *rsiptr;
                    rsiptr = rdbPopulateSaveInfo(&rsi);
                    rdbSaveBackground(server.rdb_filename,rsiptr);
                    break;
                }
            }

            // 判断 AOF 功能已启用并且 AOF 文件大小比例超出 auto-aof-rewrite-percentage 并且
AOF 文件大小绝对值超出 auto-aof-rewrite-min-size
            if (server.aof_state == AOF_ON &&
                server.rdb_child_pid == -1 &&
                server.aof_child_pid == -1 &&
                server.aof_rewrite_perc &&
                server.aof_current_size > server.aof_rewrite_min_size)
            {
                long long base = server.aof_rewrite_base_size ?
                    server.aof_rewrite_base_size : 1;
                long long growth = (server.aof_current_size*100/base) - 100;
                if (growth >= server.aof_rewrite_perc) {
                    serverLog(LL_NOTICE,"Starting automatic rewriting of AOF on %l
ld%% growth",growth);
                    rewriteAppendOnlyFileBackground();
                }
            }
        }
        ......
```

359

```
    return 1000/server.hz;
}
```

3.6 AOF 重写功能的缺点

哪怕是你心中的"她 / 他"，也并非完美无缺的存在，更别说 Redis 这个人工产物了。

3.6.1 内存开销

（1）在 AOF 重写期间，主进程会将 fork 之后的数据变化写进 aof_rewrite_buf 与 aof_buf 中，其内容绝大部分是重复的，在高流量写入的场景下两者消耗的空间几乎一样大。

（2）AOF 重写带来的内存开销有可能导致 Redis 内存突然达到 maxmemory 限制，甚至会触发操作系统限制，被 OOM Killer 杀死，导致 Redis 不可服务。

3.6.2 CPU 开销

（1）在 AOF 重写期间主进程需要花费 CPU 时间向 aof_rewrite_buf 写数据，并使用 eventloop 事件循环向子进程发送 aof_rewrite_buf 中的数据。

```
// 将数据附加到 AOF 重写缓冲区，如果需要，分配新的块

void aofRewriteBufferAppend(unsigned char *s, unsigned long len) {
    ......
    // 创建事件以便向子进程发送数据
    if (!server.aof_stop_sending_diff &&
        aeGetFileEvents(server.el,server.aof_pipe_write_data_to_child) == 0)
    {
        aeCreateFileEvent(server.el, server.aof_pipe_write_data_to_child,
            AE_WRITABLE, aofChildWriteDiffData, NULL);
    }
    ......
}
```

（2）在子进程执行 AOF 重写操作的后期，会循环读取 pipe 中主进程发送来的增量数据，然后追加写入临时 AOF 文件。

```
int rewriteAppendOnlyFile(char *filename) {
    ......
    // 再次读取几次以从父进程获取更多数据。我们不能永远读取（服务器从客户端接收数据的速度可能
快于它向子级发送数据的速度），因此我们尝试在循环中读取更多数据，只要有很好的机会就会有更多数据。如
果看起来我们在浪费时间，我们会停止（在没有新数据的情况下，会在 20ms 后停止）
```

```
        int nodata = 0;

        mstime_t start = mstime();

        while(mstime()-start < 1000 && nodata < 20) {

                if (aeWait(server.aof_pipe_read_data_from_parent, AE_
READABLE, 1) <= 0)

            {

            nodata++;

            continue;

            }

            nodata = 0; /* Start counting from zero, we stop on N *contiguous*
                            timeouts. */

            aofReadDiffFromParent();

        }

        ......

    }
```

（3）在子进程完成 AOF 重写操作后，主进程会在 backgroundRewriteDoneHandler
中进行收尾工作，其中一个任务就是将在重写期间 aof_rewrite_buf 中没有消费完成的数
据写入临时 AOF 文件，消耗的 CPU 时间与 aof_rewrite_buf 中遗留的数据量成正比。

3.6.3 磁盘 IO 开销

在 AOF 重写期间，主进程会将 fork 之后的数据变化写进 aof_rewrite_buf 与 aof_buf
中，在业务高峰期间其内容绝大部分是重复的，一次操作产生了两次 IO 开销。

3.6.4 Fork

虽说 AOF 重写期间不会阻塞主进程，但是 fork 这个瞬间一定是会阻塞主进程的。
因此 fork 操作花费的时间越长，Redis 操作延迟的时间就越长。即使在一台普通的机器上，
Redis 也可以处理每秒 50K 到 100K 的操作，那么几秒钟的延迟可能意味着数十万次操
作的速度减慢，这可能会给应用程序带来严重的稳定性问题。

为了避免一次性复制大量内存数据给子进程造成的长时间阻塞问题，fork 采用操作
系统提供的写时复制(Copy-On-Write)机制,但 fork 子进程需要复制进程必要的数据结构,
其中有一项就是复制内存页表（虚拟内存和物理内存的映射索引表）。这个复制过程会
消耗大量 CPU 资源，复制完成之前整个进程是会阻塞的，阻塞时间取决于整个实例的
内存大小，实例越大，内存页表越大，fork 阻塞时间越久。复制内存页表完成后，子进
程与父进程指向相同的内存地址空间，也就是说此时虽然产生了子进程，但是并没有申
请与父进程相同的内存大小。

4 Redis 主从复制风暴

作者：贲绍华

4.1 主从复制简介

Redis 主从架构下，使用默认的异步复制模式来同步数据，其特点是低延迟和高性能。当 Redis master 下有多个 slave 节点，且 slave 节点无法进行部分重同步时，slave 会请求进行全量数据同步，此时 master 需要创建 RDB 快照发送给 slave，从节点收到 RDB 快照开始解析与加载。

4.2 主从复制风暴

在复制重建的过程中，slave 节点加载 RDB 还未完成，却因为一些原因导致失败了，slave 节点此时会再次发起全量同步 RDB 的请求，循环往复。当多个 slave 节点同时发起循环请求时，就会导致复制风暴的出现。

4.3 问题现象

4.3.1 CPU

master 节点会异步生成 RDB 快照，数据量非常大时，fork 子进程非常耗时，同时 CPU 会飙升，且会影响业务正常响应。

4.3.2 磁盘

从 Redis 2.8.18 版本开始，支持无磁盘复制，异步生成的 RDB 快照将在子进程中直接发送 RDB 快照至 slave 节点，多个 slave 节点共享同一份快照。所以磁盘 IO 并不会出现异常。

4.3.3 内存与网络

由于 RDB 是在内存中创建并发送的，所以当复制风暴发起时，master 节点创建 RDB 快照后会向多个 slave 节点进行发送，可能使 master 节点内存与网络带宽消耗严重，

造成主节点的延迟变大，极端情况会发生主从节点之间连接断开，导致复制失败。slave
节点在失败重连后再次发起新一轮的全量复制请求，陷入恶性循环。

4.4 出现的场景

（1）单 master 节点（主机上只有一台 Redis 实例）当机器发生故障导致网络中断
或重启恢复时。

（2）多 master 节点在同一台机器上，当机器发生故障导致网络中断或重启恢复时。

（3）大量 slave 节点同时重启恢复。

（4）复制缓冲区过小，缓冲区的上限是由 client-output-buffer-limit 配置项决定的，
当 slave 还在恢复 RDB 快照时，master 节点持续产生数据，缓冲区如果被写满了，会导
致 slave 节点连接断开，再次发起重建复制请求。发起全量复制→复制缓冲区溢出→连
接中断→重连→发起全量复制→复制缓冲区溢出→连接中断→重连……

（5）网络长时间中断导致的连接异常：跨机房、跨云、DNS 解析异常等导致的主
从节点之间连接丢失。主从节点判断超时（触发了 repl-timeout），且丢失的数据过多，
超过了复制积压缓冲区所能存储的范围。

（6）数据量过大，生成 RDB 快照的 fork 子进程操作耗时过长，导致 slave 节点长
时间收不到数据而触发超时，此时 slave 节点会重连 master 节点，再次请求进行全量复制，
再次超时，再次重连。

4.5 解决方案

4.5.1 降低存储上限

单个 Redis 实例的存储数据的上限不要过大，过高的情况下会影响 RDB 落盘速度、
向 slave 节点发送速度、slave 节点恢复速度。

4.5.2 复制缓冲区调整

master 节点 client-output-buffer-limit 配置项阈值增大（或调整为不限制），repl_
timeout 配置项阈值增大。使 slave 节点有足够的时间恢复 RDB 快照并且不会被动断开
连接。

4.5.3 部署方式调整

单个主机节点内尽量不再部署多个 master 节点，防止主机因为意外情况导致所有

slave 节点的全量同步请求发送至同一主机内。

4.5.4 架构调整

减少 slave 节点个数，或调整 slave 架构层级，在 Redis 4.0 版本之后，sub-slave 订阅 slave 时将会收到与 master 一样的复制数据流（见图 1）。

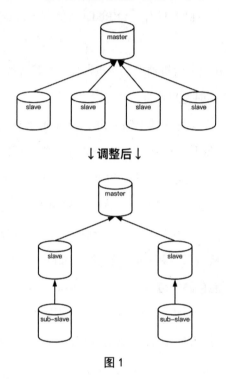

图 1

5 Redis Cluster 从库无法自动恢复同步案例一则

作者：任坤

5.1 背景

线上有一套 6 节点 Redis Cluster，6 分片 ×2 副本，每个节点上 2 个实例，端口号分别为 7000 和 7001。

某天凌晨，有个节点硬件故障导致自动重启，重启后该节点上的实例变成从库，却迟迟无法完成和新主库的同步进而触发报警。Redis 版本为 5.0。

5.2 诊断

登录该节点，查看 Redis 的日志。

```
22996:S 20 Jan 2023 07:27:15.091 * Connecting to MASTER x.x.x.46:7001
22996:S 20 Jan 2023 07:27:15.091 * MASTER <-> REPLICA sync started
22996:S 20 Jan 2023 07:27:15.106 * Non blocking connect for SYNC fired the
event.
22996:S 20 Jan 2023 07:27:15.106 * Master replied to PING, replication can
continue...
22996:S 20 Jan 2023 07:27:15.106 * Trying a partial resynchronization (request
174e5c92c731090d3c9a05f6364ffff5a70e61d9:7180528579709).
22996:S 20 Jan 2023 07:35:29.263 * Full resync from master: 174e5c92c731090d3c
9a05f6364ffff5a70e61d9:7180734380451
22996:S 20 Jan 2023 07:35:29.263 * Discarding previously cached master state.
22996:S 20 Jan 2023 07:44:47.717 * MASTER <-> REPLICA sync: receiving
22930214160 bytes from master
```

实例启动后和主库进行连接，先尝试 partial resync 失败，后进行 full resync。

```
22996:S 20 Jan 2023 07:48:07.305 * MASTER <-> REPLICA sync: Flushing old data
22996:S 20 Jan 2023 07:53:24.576 * MASTER <-> REPLICA sync: Loading DB in
memory
22996:S 20 Jan 2023 07:59:59.491 * MASTER <-> REPLICA sync: Finished with
success
```

耗时 11 分钟完成旧数据清理和新 RDB 加载，此时却发现和主库的连接中断。

```
22996:S 20 Jan 2023 07:59:59.521 # Connection with master lost.
22996:S 20 Jan 2023 07:59:59.521 * Caching the disconnected master state.
```

于是又发起和主库的连接。

```
22996:S 20 Jan 2023 08:00:00.404 * Connecting to MASTER x.x.x.46:7001
22996:S 20 Jan 2023 08:00:00.404 * MASTER <-> REPLICA sync started
22996:S 20 Jan 2023 08:00:00.405 * Non blocking connect for SYNC fired the
event.
22996:S 20 Jan 2023 08:00:00.406 * Master replied to PING, replication can
continue...
22996:S 20 Jan 2023 08:00:00.408 * Trying a partial resynchronization (request
174e5c92c731090d3c9a05f6364ffff5a70e61d9:7180736029100).
```

```
22996:S 20 Jan 2023 08:08:21.849 * Full resync from master: 174e5c92c731090d3c
9a05f6364ffff5a70e61d9:7180922115631
```

此时从库陷入了死循环：全量同步→清除旧数据并加载 RDB →和主库连接中断，此次同步作废，从头开始。

有两个疑问：

（1）从库的 partial resync 为何失败？

（2）从库的 full resync 最后为何会遭遇 connection with master lost（和主库连接中断）？

查看主库日志，每 9 分钟发起 1 次 bgsave，每次 bgsave 期间新产生的内存有 2600M 之多，repl-backlog-size 默认只有 100M，而从库节点从宕机到完成启动耗时大约 15 分钟，此时缓冲区中的复制位点早被覆盖，难怪 partial resync 会失败。

```
38241:C 20 Jan 2023 07:35:25.836 * DB saved on disk
38241:C 20 Jan 2023 07:35:26.552 * RDB: 2663 MB of memory used by copy-on-write
40362:M 20 Jan 2023 07:35:27.950 * Background saving terminated with success
40362:M 20 Jan 2023 07:35:27.950 * Starting BGSAVE for SYNC with target:disk
40362:M 20 Jan 2023 07:35:29.263 * Background saving started by pid 11680
11680:C 20 Jan 2023 07:44:44.585 * DB saved on disk
11680:C 20 Jan 2023 07:44:45.811 * RDB: 2681 MB of memory used by copy-on-write
```

继续看日志：

```
40362:M 20 Jan 2023 07:48:03.104 * Synchronization with replica x.x.x.45:7000
succeeded
40362:M 20 Jan 2023 07:48:17.100 * FAIL message received from 8e2a54fbaac768a5
cc0e717f4aa93c6be8683ffe about ccb7589e3240bc95557ffb282435afd5dc13e4c9
40362:M 20 Jan 2023 07:50:17.109 # Disconnecting timedout replica:x.x.x.45:7000
40362:M 20 Jan 2023 07:50:17.109 # Connection with replica x.x.x.45:7000 lost.
40362:M 20 Jan 2023 07:53:26.114 * Clear FAIL state for node ccb7589e3240bc955
57ffb282435afd5dc13e4c9: replica is reachable again.
40362:M 20 Jan 2023 08:00:00.408 * Replica x.x.x.45:7000 asks for sync
hronization
```

梳理一下时间线：

• 07:48:03：主库将全量 RDB 成功发送到从库。

• 07:48:07：从库清理旧数据，期间 Redis 全程阻塞无法响应，10 多秒后 cluser 检测到并在主库日志记录 FAIL message，这是 cluster-node-timeout 超时导致的，该参数为

10000，即 10s。

- 07:50:17：主库检测到从库连接超时并主动断开连接。

- 07:53:24：从库完成旧数据清理，开始加载新 RDB，此时 Redis 可以登录并执行命令，cluster 重新认定了这一对主从关系，但此时从库的 master_link_status 仍然是 down。

- 07:59:59：从库完成了新 RDB 加载，此时才想起和主库打招呼，然而主库在 9 分钟前就断开了连接，于是一切从头开始。

这套 Redis 集群写操作非常活跃，且实例内存占用很大（1 个实例超过 40G），前者导致用于增量同步的 repl-backlog-size 有效期很短，后者导致全量同步耗时过长进而触发主从连接超时。

5.3 解决方案

（1）增大 repl-backlog-size，大多数场景默认 100M 已经够用，这套环境是个特例，该参数设置过大会导致 OS 可用内存变少，有可能会触发 OOM，因此暂不考虑。

（2）增大 repl-timeout 参数，从 60 调大到 1200，确保大于 1 次全量同步的时长。

（3）对 Redis 进行瘦身，尽量确保每个实例不超过 10G，这个需要开发人员配合。

（4）暂时选择了方案 2，调大 repl-timeout 后该问题得到解决。

6 MongoDB 索引操作导致服务崩溃

作者：徐耀荣

6.1 故障现象

近日，朋友遇到一个 MongoDB 实例服务崩溃的问题，找到我帮忙一起分析原因，事情经过以及分析过程如下，可供学习。

6.1.1 操作过程

运维人员在优化慢查询时针对性创建了一个索引，语句如下：

```
db.c1.createIndex('name':1,background:true)
```

随后又将表上一个没能用上的索引删除，语句如下：

```
db.c1.dropIndex('idx_age')
```

在主节点上很顺利地完成了，但是不久后就发现从节点发生了 Crash（崩溃），日志中包含下列崩溃信息。

```
2023-04-13T07:00:50.752+0000 E STORAGE  [conn3569849] WiredTiger error (-31802) [1681369250:752455]
[9937:0x7fe740144700], WT_CONNECTION.open_session: __open_session, 2058: out of
sessions, configured for 20030 (including internal sessions): WT_ERROR: non-
specific WiredTiger error Raw: [1681369250:752455][9937:0x7fe740144700], WT_
CONNECTION.open_session: __open_session, 2058: out of sessions, configured for 20
030 (including internal sessions): WT_ERROR: non-specific WiredTiger error2023-04-
13T07:00:50.752+0000 I NETWORK  [listener] connection accepted from xxx.xxx.xxx.xx
x #3570023 (20576 connections now open)
    2023-04-13T07:00:50.753+0000 F -[conn3569849] Invariant failure: conn->open_
session(conn, NULL, "isolation=snapshot", &_session) resulted in status Unknown
Error: -31802: WT_ERROR: non-specific WiredTiger error at src/mongo/db/storage/
wiredtiger/wiredtiger_session_cache.cpp 111
```

6.1.2 其他信息

（1）变更表是一张几千万的大表。

（2）数据库架构为 MongoDB 4.0.14 的 PSA 架构。

（3）应用开启了读写分离，从节点也存在大量只读请求。

6.2 问题分析

根据日志信息，初步怀疑是连接打满了，检查最大连接数配置。

6.2.1 初步排查

执行以下代码进行初步排查：

```
shard1:PRIMARY> db.serverStatus().connections;
{ "current" : 7, "available" : 29993, "totalCreated" : 7, "active" : 2 }
```

最大连接数是由 maxIncomingConnections 参数和 ulimit 决定的。

```
net:
  maxIncomingConnections: 30000
```

在测试环境模拟连接数打满的情况，发现实例只会拒绝新的连接，而非直接Crash。

```
connecting to: mongodb://10.186.64.88:27017/admin?gssapiServiceName=mongodb
2023-04-19T13:59:26.578+0000 I NETWORK  [js] DBClientConnection failed to receive message from xxx.
xxx.xxx.xxx - HostUnreachable: Connection closed by peer
2023-04-19T13:59:26.579+0000 E QUERY    [js] Error: network error whil e attempting to r
un command 'isMaster' on host '10.186.64.88:2
7017'  :
connect@src/mongo/shell/mongo.js:344:17
@(connect):2:6
exception: connect failed
```

根据 SERVER-30462 描述怀疑是 WT_SESSION 打满的情况。WT_SESSION 是 MongoDB Server 和 WiredTiger 存储引擎内部交互使用的会话，几乎所有操作都是在 WT_SESSION 的上下文中执行的。因此 WT_SESSION 在超过限制后将会触发较为严重的情况。

6.2.2 源码分析

在源码 mongo/wiredtiger_kv_engine.cpp 中可以看到 WT_SESSION 硬编码指定为 20000。

```
std::stringstream ss;
    ss << "create,";
    ss << "cache_size=" << cacheSizeMB << "M,";
    ss << "cache_overflow=(file_max=" << maxCacheOverflowFileSizeMB << "M),";
    ss << "session_max=20000,";
    ss << "eviction=(threads_min=4,threads_max=4),";
    ss << "config_base=false,";
    ss << "statistics=(fast),";
```

这一点也能在启动日志中进一步得到验证。如果 WT_SESSION 数量超过 20000，将会触发 out of sessions 的报错。

```
    /* Find the first inactive session slot. */
    for (session_ret = conn->sessions, i = 0; i < conn->session_
size; ++session_ret, ++i)
```

```
        if (!session_ret->active)
            break;
    if (i == conn->session_size)
        WT_ERR_MSG(session, WT_ERROR, "out of sessions, configured for %" PRIu32
                                    " (including "
                                    "internal sessions)",
            conn->session_size);
```

6.2.3 提出疑问

分析到这里开始疑惑 WT_SESSION 打满与索引操作存在什么样的关系？为什么相同的操作在主节点可以正常完成，而从节点会发生 Crash？

在创建索引时指定 background:true 可以在后台构建索引，不会加锁阻塞集合上的其他操作，这也是我们日常添加索引常用的方式。

但在删除索引时，我们有一点需要注意，但又常常被忽略，在主节点删除索引后同步到从节点回放时，如果从节点正在跑同一个集合上后台创建索引的操作，那么删除索引的操作将会被阻塞，更严重的是这时候实例上所有 namespace 的访问都将会阻塞。针对这一现象在官网 dropIndex 文档中有提及：

Avoid dropping an index on a collection while any index is being replicated on a secondary. If you attempt to drop an index from a collection on a primary while the collection has a background index building on a secondary, reads will be halted across all namespaces and replication will halt until the background index build completes. （译：当任何创建索引操作复制到 Secondary 时，应避免在集合上删除索引。如果你试图在 Primary 上删除一个索引，而该集合在 Secondary 上有一个索引正在后台创建，那么所有 namespace 的访问将被停止，复制也会停止，直到后台索引建立完成。）

回到错误日志中查找更多内容，就能发现从节点在后台创建索引时，又执行了同一个集合上的删除索引操作。

```
    2023-04-13T05:34:27.002+0000 I - [repl index builder 178] Index Build (background): 122873800/
640018757 19%
    2023-04-13T05:34:30.002+0000 I - [repl index builder 178] Index Build (background): 122976300/640018769 19%
    2023-04-13T05:34:30.434+0000 I COMMAND [repl writer worker 11] CMD: dropIndexes test.
c1
```

6.2.4 初步结论

至此，我们得出初步结论。事情起因是主节点在同一个集合上创建索引和删除索引后，在从节点回放时出现了很严重的阻塞，大量的只读请求开始不断积压，最后导致 WT_SESSION 消耗殆尽，Server 无法与 WiredTiger 进行内部通信，最终导致实例 Crash。

6.3 问题复现

下面的案例在测试环境复现 WT_SESSION 超过限制的情况，dropIndex 导致从节点锁阻塞的问题，若读者有兴趣可自己测试复现，这里就不做演示了。

WT_SESSION 的上限是由 wiredtiger_open 配置中的 session_max 决定的，但 MongoDB 并未直接暴露 session_max 的配置方式，只能通过下列方式进行覆盖设置。

```
mongod -f /etc/mongod.conf --wiredTigerEngineConfigString="session_max=5"

2023-04-24T01:39:57.292+0000 I STORAGE [initandlisten] wiredtiger_
open config: create,cache_size=1024M,cache_overflow=(file_max=0M),session_
max=20000,eviction=(threads_min=4,threads_max=4),config_base=false,statistics
=(fast),log=(enabled=true,archive=true,path=journal,compressor=snappy),file_
manager=(close_idle_time=10000),statistics_log=(wait=0),verbose=(recovery_
progress),session_max=5
```

然后在数据库内部发起一个全局排它锁。

```
mongo> db.fsyncLock()
```

编写下列 Python 脚本模拟并发线程。

```
#!/usr/bin/python
# -*- coding: UTF-8 -*-
import multiprocessing
import pymongo


def find():
    cnx_args = dict(username='root', password='abcd123#', host='127.0.0.1', port=27018, authSource='admin')
    client=pymongo.MongoClient(**cnx_args)
    db=client['test']
    results=db.tab100.insert_one({"name":"jack"})
```

```
if __name__ == "__main__":
    x=1
    while x<350:
        p=multiprocessing.Process(target=find)
        p.start()
        print("start thread:",x)
        x+=1
    p.join()
```

这时 MongoDB 实例还在正常运行，因为我们的请求还没有真正进入 WiredTiger 引擎层，一旦我们手动释放排它锁，所有请求都会在短时间内进入 WiredTiger 引擎，WT_SESSION 瞬间超过限制，实例紧接着发生 Crash。

```
mongo> db.fsyncUnlock()
```

查看错误日志与生产日志相同。

6.4 总结

（1）net.maxIncomingConnections 设置应小于 WT_SESSION。

（2）可以根据实际需求调整游标超时时间，避免出现大面积积压的情况。

（3）避免创建索引和删除索引先后执行，特别是在先执行后台创建索引的情况下。

（4）4.2 版本中废弃了 background 选项，对索引创建过程进行了优化，只会在索引创建的开始和结束时持有排它锁，并且 4.0 版本官方已经停止提供服务了，建议尽快升级。

7 PBM 备份恢复

作者：张洪

7.1 概述

PBM（Percona Backup for MongoDB）是一个针对 MongoDB 副本集和分片的一致性备份开源工具，它支持逻辑备份、物理备份、增量备份以及选择性备份和恢复等特性，并且支持 Point-in-Time（恢复到指定时间点）。

但非常可惜的是物理备份相关功能目前仅适用于 Percona Server for MongoDB 的分支，因此下面主要围绕逻辑备份与 Point-in-Time 来展开，MongoDB Community 版本要求 4.0 及以上。

7.2 架构

7.2.1 pbm-agent

tpbm-agent 是用于执行备份、恢复、删除和其他操作的进程，它必须运行在集群的每个 mongod 实例上。包括副本集中的 secondary 节点以及分片集群中的 config 副本集。

所有 pbm-agent 都会监视 PBM Control 集合的更新，当 PBM CLI 对 PBM Control 集合产生更新时，将会在每个副本集上选择一个 secondary 上的 pbm-agent 执行操作，如果没有响应则会选择 Primary 上的 pbm-agent 执行操作。

被选中的 pbm-agent 将会加锁，避免同时触发备份和恢复等互斥操作。操作完成后将会释放锁，并更新 PBM Control 集合

7.2.2 PBM CLI

PBM CLI 是一个操作 PBM 的命令行工具，它使用 PBM Control 集合与 pbm-agent 进程通信。通过更新和读取操作、日志等相应的 PBM Control 集合来启动和监视备份和恢复操作。同时，它也将 PBM 配置信息保存在 PBM Control 集合中。

7.2.3 PBM Control collections

PBM Control collections 是存储配置数据和备份状态的特殊集合，分片环境存放在 config 副本集的 admin 数据库中，副本集则保存在自身的 admin 数据库中。主要包含以下集合：

- admin.pbmBackups：备份的日志和状态。

- admin.pbmAgents：pbm-agent 的运行状态。

- admin.pbmConfig：PBM 的配置信息。

- admin.pbmCmd：用于定义和触发操作。

- admin.pbmLock：pbm-agent 同步锁。

- admin.pbmLockOp：用于协调不互斥的操作，如执行备份、删除备份等。

- admin.pbmLog：存储 pbm-agent 的日志信息。

- admin.pbmOpLog：存储操作 ID。

- admin.pbmPITRChunks：存储 point-in-time 恢复的 oplog 块。

- admin.pbmPITRState：存储 point-in-time 恢复增量备份的状态。

- admin.pbmRestores：存储还原历史记录和状态。

- admin.pbmStatus：记录 PBM 备份状态。

7.2.4 remote backup storge

remote backup storge（远程备份存储）是保存备份文件的位置，可以是 S3 存储，也可以是 Filesystem。通过 pbm list 命令可以查看备份集。备份文件名称都是以 UTC 备份开始时间作为前缀，每个备份都有一个元数据文件。对于备份中的每个副本集：

- 有一个 mongodump 格式的压缩归档文件，它是集合的转储。

- 覆盖备份时间的 oplog 的 BSON 文件转储。

7.3 安装配置

下载 PBM。

```
wget https://downloads.percona.com/downloads/percona-backup-mongodb/percona-
backup-mongodb-2.0.3/binary/tarball/percona-backup-mongodb-2.0.3-x86_64.tar.gz
```

解压 PBM

```
tar -xvf percona-backup-mongodb-2.0.3-x86_64.tar.gz
```

配置环境变量。

```
echo "export PATH=$PATH:/usr/local/percona-backup-mongodb-2.0.3-x86_64" >> /
etc/profile
source /etc/profile
```

在副本集上创建 PBM 用户，如果是分片环境，则每个 shard 以及 config 都需要创建。

```
create pbm role
shard1:PRIMARY> db.getSiblingDB("admin").createRole({ "role": "pbmAnyAction",
    "privileges": [
        { "resource": { "anyResource": true },
          "actions": [ "anyAction" ]
        }
    ],
    "roles": []
```

```
    });

create pbm user
shard1:PRIMARY> db.getSiblingDB("admin").createUser({user: "pbmuser",
    "pwd": "secretpwd",
    "roles" : [
        { "db" : "admin", "role" : "readWrite", "collection": "" },
        { "db" : "admin", "role" : "backup" },
        { "db" : "admin", "role" : "clusterMonitor" },
        { "db" : "admin", "role" : "restore" },
        { "db" : "admin", "role" : "pbmAnyAction" }
    ]
});
```

配置 remote backup storge，除 mongos 外，每个节点都需要存在对应的备份目录。

```
cat > /etc/pbm_config.yaml <<EOF
storage:
  type: filesystem
  filesystem:
    path: /data/backup
EOF
```

将配置写入数据库中，分片集群需要填写 config 的地址。

```
pbm config --file /etc/pbm_config.yaml --mongodb-uri "mongodb://pbmuser:secretpwd
@10.186.65.37:27018,10.186.65.66:27018,10.186.65.68:27018/?replicaSet=config"
```

启动每个节点对应的 pbm-agent。

```
nohup pbm-agent --mongodb-uri "mongodb://pbmuser:secretp
wd@10.186.65.37:27017" > /var/log/pbm-agent-27017.log 2>&1 &
```

为了后续方便，不用每次都输入 --mongodb-uri，可以把 PBM_MONGODB_URI 设置到环境变量中。

```
echo 'export PBM_MONGODB_URI="mongodb://pbmuser:secretpwd@10.186.65.37:27018,1
0.186.65.66:27018,10.186.65.68:27018/?replicaSet=config"' >> /etc/profile
source /etc/profile
```

7.4 全量备份

全备支持物理备份和逻辑备份，通过 --type 指定，可选项有 physical（物理备份）

和 logical（逻辑备份）两种。因 MongoDB 社区版不支持物理备份，就只围绕逻辑备份来展开。

全量备份即对整个集群除 mongos 以外进行完整的备份，只需要执行一次，就能完成整个集群的备份。备份命令如下：

```
pbm backup --type=logical --mongodb-uri "mongodb://pbmuser:secretpwd@10.186.65
.37:27018,10.186.65.66:27018,10.186.65.68:27018/?replicaSet=config"
```

7.4.1 备份压缩

pbm 支持备份压缩，目前的算法有 gzip、zstd、snappy、lz4，通过 --compression 选项指定。同时能指定对应的压缩级别，通过 --compression-level 选项指定。不同算法的压缩级别如表 1 所示。

表 1

压缩算法	压缩级别	默认
ztsd	1 ～ 4	2
snappy	NULL	NULL
lz4	1 ～ 16	1
gzip or pgzip	–1, 0, 1, 9	–1

7.4.2 优先级

负责备份的 pbm-agent 默认会在从节点中随机选出，规定时间内从节点没有响应，则在主节点进行备份。现在可以通过指定每个节点的备份优先级来控制备份节点选择，避免在一个机器承载多个实例的情况下将备份集中在同一台服务器导致 IO 性能不足。在配置文件中加入下列配置。

```
backup:
  priority:
    "10.186.65.37:27017": 2
    "10.186.65.37:27018": 1
    "10.186.65.68:27017": 2
```

不在配置文件中的节点优先级默认为 1，如果没有设置任何优先级，下列类型的节点则优先被选中。

- 隐藏节点：优先级为 2。
- secondary 节点：优先级为 1。

- Primary 节点：优先级为 0.5。

7.4.3 备份管理

查看 pbm 状态。

```
pbm status --mongodb-uri
Cluster:
========
shard3:
  - shard3/10.186.65.68:27017 [P]: pbm-agent v2.0.3 OK
shard1:
  - shard1/10.186.65.37:27017 [P]: pbm-agent v2.0.3 OK
shard2:
  - shard2/10.186.65.66:27017 [P]: pbm-agent v2.0.3 OK
config:
  - config/10.186.65.37:27018 [P]: pbm-agent v2.0.3 OK
  - config/10.186.65.66:27018 [S]: pbm-agent v2.0.3 OK
  - config/10.186.65.68:27018 [S]: pbm-agent v2.0.3 OK


PITR incremental backup:
========================
Status [OFF]


Currently running:
==================
(none)


Backups:
========
FS  /data/backup
  Snapshots:
2023-02-22T07:18:40Z 4.66MB <logical> [restore_to_time: 2023-02-22T07:18:45Z]
```

备份完成后，可以通过 pbm list 查看所有备份集，也可以通过 pbm describe-backup
查看备份的具体信息。

```
pbm list
Backup snapshots:
  2023-02-22T07:18:40Z <logical> [restore_to_time: 2023-02-22T07:18:45Z]


pbm describe-backup 2023-02-22T07:18:40Z
```

```
name: "2023-02-22T07:18:40Z"
opid: 63f5c1d0a6375c868415cac4
type: logical
last_write_time: "2023-02-22T07:18:45Z"
last_transition_time: "2023-02-22T07:18:59Z"
mongodb_version: 4.0.28
pbm_version: 2.0.3
status: done
size_h: 4.7 MiB
replsets:
- name: shard2
  status: done
  last_write_time: "2023-02-22T07:18:44Z"
  last_transition_time: "2023-02-22T07:18:55Z"
- name: shard3
  status: done
  last_write_time: "2023-02-22T07:18:44Z"
  last_transition_time: "2023-02-22T07:18:59Z"
- name: shard1
  status: done
  last_write_time: "2023-02-22T07:18:44Z"
  last_transition_time: "2023-02-22T07:18:57Z"
- name: config
  status: done
  last_write_time: "2023-02-22T07:18:45Z"
  last_transition_time: "2023-02-22T07:18:48Z"
  configsvr: true
```

备份日志可以使用 pbm logs 进行查看，有下列选项可选：

- -t：查看最后 N 行记录。

- -e：查看所有备份或指定备份。

- -n：指定节点或副本集。

- -s：按日志级别进行过滤，从低到高依次是 D（debug）、I（Info）、W（Warning）、E（Error）、F（Fatal）。

- -o：以文本或 JSON 格式显示日志信息。

- -i：指定操作 ID。

```
# 查看特定备份的日志
pbm logs --tail=200 --event=backup/2023-02-22T07:18:40Z
```

```
# 查看副本集 shard1 的日志
pbm logs -n shard1 -s E
```

如果正在运行任务想要终止，可以使用 pbm canal-backup 取消。

```
pbm cancel-backup
```

删除快照备份可以使用 pbm delete-backup，默认删除前会进行二次确认，指定 --force
选项可以直接删除。删除 oplog chunk 可以执行 pbm delete-pitr。

```
pbm delete-backup --force 2023-02-22T07:18:40Z
```

如果想要删除指定时间之前的备份，可以设置 --older-than 参数，传递下列格式的
时间戳。

- %Y-%M-%DT%H:%M:%S（例如 2020-04-20T13:13:20）
- %Y-%M-%D（例如 2020-04-20）

7.5 增量备份

Point-in-Time Recovery 可以将数据还原到指定时间点，期间会从备份快照中恢复数
据库，并重放 oplog 到指定时间点。Point-in-Time Recovery 是 1.3.0 版本加入的，需要手
动启用 pitr.enabled 参数。

```
pbm config --set pitr.enabled=true
```

在启用 Point-in-Time Recovery 之后，pbm-agent 会定期保存 oplog chunk，一个
chunk 包含 10 分钟跨度的 oplog 事件，如果禁用时间点恢复或因备份快照操作的开始而
中断，则时间可能会更短。oplog 保存在远程存储的 pbmPitr 子目录中，chunk 的名称反
映了开始时间和结束时间。

如果想要调整时间跨度，可以配置 pitr.oplogSpanMin。

```
pbm config --set pitr.oplogSpanMin=5
```

oplog 备份也支持压缩，可以配置 pitr.compression。

```
pbm config --set pitr.compression=gzip
```

7.6 数据恢复

恢复注意事项通过 pbm store 命令并指定还原时间戳，在还原之前还需要注意以下几点：

- 从 1.X 版本开始，Percona Backup For MongoDB 复制了 Mongodump 的行为，还原时只清理备份中包含的集合，备份之后，还原之前创建的集合不需要进行清理，而是在还原前手动执行 db.dropDatabase() 清理。
- 在恢复运行过程中，阻止客户端访问数据库。
- 分片备份只能还原到分片集群中，还原期间将写入分片 primary 节点。
- 为避免恢复期间 pbm-agent 内存消耗，1.3.2 版本可以针对恢复在配置文件中设置下列参数。

```
restore:
  batchSize: 500
  numInsertionWorkers: 10
```

7.6.1 分片集群恢复

分片集群在做恢复前，需要先完成以下步骤。

（1）停止 balancer。

```
mongos> sh.stopBalancer()
```

（2）关闭所有 mongos，阻止客户端访问。

（3）如果启用了 PITR，则禁用该功能。

```
pbm config --set pitr.enabled=false
```

（4）查看备份快照和 PITR 有效时间点。

```
pbm list
Backup snapshots:
  2023-02-22T07:18:40Z <logical> [restore_to_time: 2023-02-22T07:18:45Z]

PITR <on>:
  2023-02-22T07:18:46Z - 2023-02-22T08:36:45Z
```

（5）执行 PITR 恢复。

```
pbm restore --time="2023-02-22T08:30:00"
```

（6）恢复完成后重新启用 PITR 和 balance 进程，并开启 mongos 对外提供服务。

```
mongos> sh.startBalancer()
pbm config --set pitr.enabled=true
```

7.6.2 异机恢复

从 1.8 版本开始，可以将逻辑备份恢复到具有相同或更多 shard 的新环境中，并且这些 shard 的副本集名称可以与原环境不同。但我们需要配置以下映射关系

```
pbm restore --time="2023-02-22T08:30:00" --replset-
remapping="shard1=shard4,shard2=shard5"
```

7.7 性能

pbm 提供了性能测试工具 pbm-speed-test，默认采用半随机数据进行测试，如果要基于现有集合进行测试，请设置 --sample-collection 选项。

```
pbm-speed-test storage --compression=gzip --size-gb 100

Test started

100.00GB sent in 37m17s.

Avg upload rate = 45.78MB/s
```

pbm 整体的性能相对于 mongodump 并没有较大的提升，主要还是体现在下列几个特点：

- 在分片集群中进行一致性备份和恢复。
- 支持完全备份 / 恢复、选择性备份恢复等多种粒度。
- 支持基于时间点的恢复。

7.8 选择性备份和恢复

选择性备份和恢复功能可以针对指定的数据库或集合，但目前还只是一个实验性功能，谨慎使用。它具有以下场景选项：

- 备份单个数据库或特定集合，并从中恢复所有数据。

- 从单个数据库备份恢复特定的集合。

- 从全备中恢复某些数据库或集合。

- 从全备中 Point-in-recovery 某些数据库或集合。

备份指定集合时，需要指定 --ns 选项，格式为 <database.collection>。分片环境的 URI 需要填写 config 的地址。

```
pbm backup --ns=test.coll
```

如果要备份整个 test 数据库，可以改为下列格式。

```
pbm backup --ns=test.*
```

恢复指定数据库或集合，恢复过程中不会影响现有集群的可用性。

```
pbm restore 2023-02-22T07:18:40Z --ns test.coll
```

基于时间点恢复数据库或集合。

```
pbm restore --base-snapshot 2023-02-22T07:18:40Z --time 2023-02-
22T09:06:00 --ns test.coll
```

已知限制：

（1）只支持逻辑备份恢复。

（2）不支持分片集合。

（3）不支持批量指定 namespace。

（4）不支持 Multi-collection 事务。

（5）不能备份恢复本地数据库中的系统集合。

（6）时间点恢复需要通过完全备份来作为基础。

8 DBA 抓包神器 tshark 测评

作者：赵黎明

8.1 常用抓包工具

tshark、tcpdump 和 Wireshark 都是网络抓包工具，它们可以在网络上捕获和分析数据包。

8.1.1 tcpdump

tcpdump 是一个开源的、基于命令行的网络抓包工具。它可以捕获和分析网络数据包，运行在几乎所有的 Unix 和 Linux 系统上；可以抓取实时网络通信中的数据包，然后通过过滤器及其他参数，对数据包进行解析和处理。

8.1.2 tshark

tshark 是 Wireshark 的命令行版本，也是一个开源的网络分析工具。它可以在命令行下捕获和分析网络流量数据，并使用 Wireshark 的过滤器来提取所需的数据，还支持与各种脚本语言（如 Python 和 Perl）结合使用，以自动化分析过程。

8.1.3 Wireshark

Wireshark 是一个流行的网络协议分析器，支持从在线网络或本地文件中捕获数据包，并提供了图形化用户界面来展示数据包内容；可以解析并显示各种网络协议，并提供了强大的分析工具以及过滤器；与 tshark 和 tcpdump 相比，Wireshark 的优势在于它提供了友好的 GUI 界面，使用户更轻松地进行网络协议的分析和调试。

8.1.4 小结

以上这些工具都可以直接捕获和分析网络数据包，但它们在使用方式和功能上略有不同。通常，我们会先用 tcpdump 或 tshark 在目标服务器上抓包生成 pcap 文件，再将其拿到装有 Wireshark 的主机上进行分析，本文将会分享 tshark 和 Wireshark 的一些使用技巧。

8.2 三次握手和四次挥手

TCP 协议中的三次握手和四次挥手是 TCP 连接建立和关闭的过程。

　　三次握手用于建立连接，是双方协商建立 TCP 连接的过程；四次挥手用于断开连接，是双方结束 TCP 连接的过程。不过，有时候四次挥手也会变成三次（如果没有数据发送，2 个包会合并传输）。

8.2.1 三次握手

（1）客户端向服务器发送 SYN 报文（请求建立连接）。

（2）服务器收到 SYN 报文后，回复 SYN+ACK 报文（同意建立连接）。

（3）客户端收到 SYN+ACK 报文后，再回复 ACK 报文（确认连接建立）。

8.2.2 四次挥手

（1）客户端向服务器发送 FIN 报文（请求断开连接）。

（2）服务器收到 FIN 报文后，回复 ACK 报文（确认收到请求）。

（3）当服务器确认数据已经全部发送完毕后，它会向客户端发送 FIN 报文（关闭连接）。

（4）客户端收到 FIN 报文后，回复 ACK 报文（表示确认收到关闭请求），至此，整个 TCP 连接就被彻底关闭了。

8.3 三次握手和四次挥手的过程

我们可以通过 tshark 抓包来观察 TCP 连接、断开的具体过程。

```
-- 在服务端执行 tshark 命令进行抓包
dmp2 (master) ~# tshark -f 'tcp port 3332 and host 10.186.61.83'
Running as user "root" and group "root". This could be dangerous.
Capturing on 'eth0'
==> 等待捕获 TCP 包直到有内容输出


# 此处省略了 -i，默认会选择第一个非 loopback 的网络接口（可简写为 lo），效果与指定 -i eth0 相同
# -f 指定捕获过滤器的表达式，可指定需要捕获的内容，如协议、端口、主机 IP 等


-- 通过 MySQL 客户端远程连接到 MySQL 实例，等待片刻后再退出
{master} ~# m3332 -s（此处配置了 alias，可省略具体的连接串）
mysql: [Warning] Using a password on the command line interface can be insecure.
mysql> exit


-- 观察屏幕输出
```

8.3.1 三次握手

从左到右的字段依次代表序号、时间戳（纳秒）、源端 IP 地址、目标端 IP 地址、协议、包的长度（字节）、具体信息（包括源 / 目标端口号或设备名、标志位等内容）。

```
   1 0.000000000 10.186.61.83 -> 10.186.60.68 TCP 74 38858 > mcs-
mailsvr [SYN] Seq=0 Win=29200 Len=0 MSS=1460 SACK_PERM=1 TSval=2369606050 TSecr=0
WS=128
   2 0.000018368 10.186.60.68 -> 10.186.61.83 TCP 74 mcs-
mailsvr > 38858 [SYN, ACK] Seq=0 Ack=1 Win=28960 Len=0 MSS=1460 SACK_PERM=1 TSval=
2369617045 TSecr=2369606050 WS=128
   3 0.000233161 10.186.61.83 -> 10.186.60.68 TCP 66 38858 > mcs-
mailsvr [ACK] Seq=1 Ack=1 Win=29312 Len=0 TSval=2369606050 TSecr=2369617045
   4 0.000592420 10.186.60.68 -> 10.186.61.83 TCP 148 mcs-
mailsvr > 38858 [PSH, ACK] Seq=1 Ack=1 Win=29056 Len=82 TSval=2369617045 TSecr=2369606050
   5 0.000827920 10.186.61.83 -> 10.186.60.68 TCP 66 38858 > mcs-
mailsvr [ACK] Seq=1 Ack=83 Win=29312 Len=0 TSval=2369606051 TSecr=2369617045
   6 0.000833512 10.186.61.83 -> 10.186.60.68 TCP 102 38858 > mcs-
mailsvr [PSH, ACK] Seq=1 Ack=83 Win=29312 Len=36 TSval=2369606051 TSecr=2369617045
   7 0.000837263 10.186.60.68 -> 10.186.61.83 TCP 66 mcs-
mailsvr > 38858 [ACK] Seq=83 Ack=37 Win=29056 Len=0 TSval=2369617045 TSecr=2369606051
   8 0.001997998 10.186.61.83 -> 10.186.60.68 TCP 264 38858 > mcs-
mailsvr [PSH, ACK] Seq=37 Ack=83 Win=29312 Len=198 TSval=2369606052 TSecr=2369617045
   9 0.002021916 10.186.60.68 -> 10.186.61.83 TCP 66 mcs-
mailsvr > 38858 [ACK] Seq=83 Ack=235 Win=30080 Len=0 TSval=2369617047 TSecr=2369606052
  10 0.006977223 10.186.60.68 -> 10.186.61.83 TCP 2088 mcs-
mailsvr > 38858 [PSH, ACK] Seq=83 Ack=235 Win=30080 Len=2022 TSval=2369617052 TSecr=2369606052
  11 0.007227340 10.186.61.83 -> 10.186.60.68 TCP 66 38858 > mcs-
mailsvr [ACK] Seq=235 Ack=2105 Win=33280 Len=0 TSval=2369606057 TSecr=2369617052
  12 0.008426447 10.186.61.83 -> 10.186.60.68 TCP 171 38858 > mcs-
mailsvr [PSH, ACK] Seq=235 Ack=2105 Win=33280 Len=105 TSval=2369606058 TSecr=2369617052
  13 0.008812324 10.186.60.68 -> 10.186.61.83 TCP 308 mcs-
mailsvr > 38858 [PSH, ACK] Seq=2105 Ack=340 Win=30080 Len=242 TSval=2369617053 TSecr=2369606058
  14 0.009099712 10.186.61.83 -> 10.186.60.68 TCP 291 38858 > mcs-
mailsvr [PSH, ACK] Seq=340 Ack=2347 Win=36224 Len=225 TSval=2369606059 TSecr=2369617053
  15 0.009189644 10.186.60.68 -> 10.186.61.83 TCP 106 mcs-
mailsvr > 38858 [PSH, ACK] Seq=2347 Ack=565 Win=31104 Len=40 TSval=2369617054 TSecr=2369606059
  16 0.009443936 10.186.61.83 -> 10.186.60.68 TCP 132 38858 > mcs-
mailsvr [PSH, ACK] Seq=565 Ack=2387 Win=36224 Len=66 TSval=2369606059 TSecr=2369617054
  17 0.009656405 10.186.60.68 -> 10.186.61.83 TCP 187 mcs-
mailsvr > 38858 [PSH, ACK] Seq=2387 Ack=631 Win=31104 Len=121 TSval=2369617054 TSecr=2369606059
```

```
18  0.049641532  10.186.61.83 -> 10.186.60.68 TCP 66 38858 > mcs-
mailsvr [ACK] Seq=631 Ack=2508 Win=36224 Len=0 TSval=2369606100 TSecr=2369617054
```

序号 1~3 的包，即 TCP 三次握手的过程。

```
1 10.186.61.83 -> 10.186.60.68 TCP 74 38858 > mcs-mailsvr [SYN] Seq=0
2 10.186.60.68  ->  10.186.61.83  TCP  74  mcs-
mailsvr > 38858 [SYN, ACK] Seq=0 Ack=1
3 10.186.61.83 -> 10.186.60.68 TCP 66 38858 > mcs-mailsvr [ACK] Seq=1 Ack=1
```

8.3.2 四次挥手

在客户端执行 exit 命令后才会输出：

```
19 86.744173501 10.186.61.83 -> 10.186.60.68 TCP 100 38858 > mcs-
mailsvr [PSH, ACK] Seq=631 Ack=2508 Win=36224 Len=34 TSval=2369692794 TSecr=2369617054
20 86.744194551 10.186.61.83 -> 10.186.60.68 TCP 66 38858 > mcs-
mailsvr [FIN, ACK] Seq=665 Ack=2508 Win=36224 Len=0 TSval=2369692794 TSecr=2369617054
21 86.744389417 10.186.60.68 -> 10.186.61.83 TCP 66 mcs-
mailsvr > 38858 [FIN, ACK] Seq=2508 Ack=666 Win=31104 Len=0 TSval=2369703789 TSecr=2369692794
22 86.744632203 10.186.61.83 -> 10.186.60.68 TCP 66 38858 > mcs-
mailsvr [ACK] Seq=666 Ack=2509 Win=36224 Len=0 TSval=2369692795 TSecr=2369703789
```

序号 20~22 的包，为四次挥手的过程，这里由于服务器并没有数据要传输给客户端，所以将 FIN 和 ACK 合并在一个 TCP 包中了，即所谓的四次挥手变成了三次。

```
20 19 86.744173501 10.186.61.83 -> 10.186.60.68 TCP 100 38858 > mcs-
mailsvr [PSH, ACK] Seq=631 Ack=2508
21 10.186.60.68 -> 10.186.61.83 TCP 66 mcs-
mailsvr > 38858 [FIN, ACK] Seq=2508 Ack=666
22 10.186.61.83 -> 10.186.60.68 TCP 66 38858 > mcs-
mailsvr [ACK] Seq=666 Ack=2509
```

8.4 TCP 包标志位的说明

TCP（传输控制协议）包头部有 6 个标志位（Flag），分别为 URG、ACK、PSH、RST、SYN、FIN，它们的十六进制值分别为：0x20、0x10、0x08、0x04、0x02、0x01，其中每个标志位的意义如下：

- URG 标志：紧急指针是否有效。
- ACK 标志：确认号是否有效。

- PSH 标志：Push 操作，尽可能快地将数据交给应用层。

- RST 标志：重置连接。

- SYN 标志：发起一个新的连接。

- FIN 标志：释放连接。

8.5 tshark 常见用法示例

8.5.1 tshark 以自定义字段来展示信息

代码如下。

```
-- 服务端执行抓包
dmp2 (master) ~# tshark -i eth0 -d tcp.port==3332,mysql -f "host 10.186.61.83
and tcp port 3332" -T fields -e frame.time -e ip.host -e tcp.flags
Running as user "root" and group "root". This could be dangerous.
Capturing on 'eth0'


# -T field 可以指定需要输出的字段，需配合 -e 一起使用，此处将分别打印获取包的时间、主机 IP 及
TCP 的标志位，这些字段会按照 -e 的顺序进行排列展示
# -e 支持多种协议下的字段展示，具体用法查询路径：Wireshark→分析→显示过滤器表达式


-- 通过 MySQL 客户端连接实例，执行一个查询，再退出（共有 3 部分：连接、通信、断连）
{master} ~# m3332 -s
mysql: [Warning] Using a password on the command line interface can be insecure.
mysql> select @@version;
@@version
5.7.36-log
mysql> exit


-- 观察屏幕输出
```

（1）三次握手

```
"Jun  6, 2023 14:41:42.839863403 CST"    10.186.61.83,10.186.60.68    0x00000002
"Jun  6, 2023 14:41:42.839904347 CST"    10.186.60.68,10.186.61.83    0x00000012
"Jun  6, 2023 14:41:42.840263352 CST"    10.186.61.83,10.186.60.68    0x00000010
"Jun  6, 2023 14:41:42.840666158 CST"    10.186.60.68,10.186.61.83    0x00000018
"Jun  6, 2023 14:41:42.841604106 CST"    10.186.61.83,10.186.60.68    0x00000010
"Jun  6, 2023 14:41:42.841612112 CST"    10.186.61.83,10.186.60.68    0x00000018
"Jun  6, 2023 14:41:42.841616568 CST"    10.186.60.68,10.186.61.83    0x00000010
"Jun  6, 2023 14:41:42.842524996 CST"    10.186.61.83,10.186.60.68    0x00000018
```

```
"Jun  6, 2023 14:41:42.842550796 CST"    10.186.60.68,10.186.61.83    0x00000010
"Jun  6, 2023 14:41:42.848566815 CST"    10.186.60.68,10.186.61.83    0x00000018
"Jun  6, 2023 14:41:42.848826004 CST"    10.186.61.83,10.186.60.68    0x00000010
"Jun  6, 2023 14:41:42.850258537 CST"    10.186.61.83,10.186.60.68    0x00000018
"Jun  6, 2023 14:41:42.850881377 CST"    10.186.60.68,10.186.61.83    0x00000018
"Jun  6, 2023 14:41:42.851278991 CST"    10.186.61.83,10.186.60.68    0x00000018
"Jun  6, 2023 14:41:42.851395808 CST"    10.186.60.68,10.186.61.83    0x00000018
"Jun  6, 2023 14:41:42.851667278 CST"    10.186.61.83,10.186.60.68    0x00000018
"Jun  6, 2023 14:41:42.851926804 CST"    10.186.60.68,10.186.61.83    0x00000018
"Jun  6, 2023 14:41:42.892409030 CST"    10.186.61.83,10.186.60.68    0x00000010

# 前三个包分别为：0x02 [SYN]、0x12 [SYN, ACK]、0x10 [ACK]，即三次握手的过程
# 后面的几个包：0x18 [PSH, ACK]、0x10 [ACK] 是数据传输的过程
```

（2）执行一个查询。

```
"Jun  6, 2023 14:42:19.967273148 CST"    10.186.61.83,10.186.60.68    0x00000018
"Jun  6, 2023 14:42:19.967553321 CST"    10.186.60.68,10.186.61.83    0x00000018
"Jun  6, 2023 14:42:19.967835719 CST"    10.186.61.83,10.186.60.68    0x00000010

# 当 TCP 连接完成后，在数据传输过程中获取的包，其标志位为 0x18[PSH, ACK] 或 0x10 [ACK]
```

（3）四次挥手。

```
"Jun  6, 2023 14:43:06.157240404 CST"    10.186.61.83,10.186.60.68    0x00000018
"Jun  6, 2023 14:43:06.157833986 CST"    10.186.61.83,10.186.60.68    0x00000011
"Jun  6, 2023 14:43:06.166359966 CST"    10.186.61.83,10.186.60.68    0x00000011
"Jun  6, 2023 14:43:06.166378115 CST"    10.186.60.68,10.186.61.83    0x00000010
"Jun  6, 2023 14:43:06.166971169 CST"    10.186.60.68,10.186.61.83    0x00000011
"Jun  6, 2023 14:43:06.167317550 CST"    10.186.61.83,10.186.60.68    0x00000010

# 看最后 4 个包，0x11 [FIN,ACK]、0x10 [ACK]、0x11 [FIN,ACK]、0x10 [ACK]，这是标准的
四次挥手过程
```

8.5.2 tshark 抓取 MySQL 中执行的 SQL

代码如下。

```
-- 在服务器上执行抓包
dmp2 (master) ~# tshark -f 'tcp port 3332' -Y "mysql.query" -d tcp.port==3332,
mysql -T fields -e frame.time -e ip.src -e ip.dst -e mysql.query
Running as user "root" and group "root". This could be dangerous.
Capturing on 'eth0'
```

\# -Y，指定显示过滤器表达式，在单次分析中可以代替 -R 选项，此处表示仅显示 mysql.query 相关的包

\# -d，用于指定该抓包会话的协议详细解析器模块，可以执行 tshark -d help 来查看可用的协议（执行虽然会报错，但会显示所有支持的协议），此处表示将 3332 端口上的 TCP 包以 MySQL 协议进行解析

\# -T fields -e mysql.query，即可获取符合 MySQL 协议的 SQL 语句

\# -e ip.src -e ip.dst 的写法，也可以用 -e ip.host 来替换

```
-- 先停止从库复制后再启动
zlm@10.186.60.74 [(none)]> stop slave;
Query OK, 0 rows affected (0.06 sec)

zlm@10.186.60.74 [(none)]> start slave;
Query OK, 0 rows affected (0.05 sec)

-- 观察屏幕输出
    "Jun   6, 2023 16:11:38.831359581 CST"   10.186.60.74   10.186.60.68    SELEC
T UNIX_TIMESTAMP()
    "Jun   6, 2023 16:11:38.832278722 CST"   10.186.60.74   10.186.60.68    SELEC
T @@GLOBAL.SERVER_ID
    "Jun   6, 2023 16:11:38.832613595 CST"   10.186.60.74   10.186.60.68    SET @
master_heartbeat_period= 1000000000
    "Jun   6, 2023 16:11:38.832861743 CST"   10.186.60.74   10.186.60.68    SET @
master_binlog_checksum= @@global.binlog_checksum
    "Jun   6, 2023 16:11:38.833078690 CST"   10.186.60.74   10.186.60.68    SELEC
T @master_binlog_checksum
    "Jun   6, 2023 16:11:38.833278049 CST"   10.186.60.74   10.186.60.68    SELEC
T @@GLOBAL.GTID_MODE
    "Jun   6, 2023 16:11:38.833489342 CST"   10.186.60.74   10.186.60.68    SELEC
T @@GLOBAL.SERVER_UUID
    "Jun   6, 2023 16:11:38.833769721 CST"   10.186.60.74   10.186.60.68    SET @
slave_uuid= '90161133-88b1-11ed-bbcc-02000aba3c4a'
```

指定 MySQL 协议解析模块，此处捕获到了 MySQL 实例在启动复制时会执行的 SQL 语句。如已用 -d 选项指定了协议、端口等信息时，可省略 -f（抓包过滤器表达式），除非还有其他的过滤需求，但不建议省略 -Y（显示过滤器表达式），否则会输出非常多的信息，以下两种写法是等效的。

```
tshark -f 'tcp port 3332' -Y "mysql.query" -d tcp.port==3332,mysql -T fields -
e frame.time -e ip.host -e mysql.query
    tshark -Y "mysql.query" -d tcp.port==3332,mysql -T fields -e frame.time -e ip.
host -e mysql.query
```

```
-- 获取类型为 Query 的 SQL
dmp2 (master) ~# tshark -i lo -d tcp.port==3332,mysql -Y "mysql.
command==3" -T fields -e ip.host -e mysql.query -e frame.time -c 10
Running as user "root" and group "root". This could be dangerous.
Capturing on 'Loopback'
127.0.0.1,127.0.0.1      START TRANSACTION      "Jun  7, 2023 17:17:29.1940804
37 CST"
127.0.0.1,127.0.0.1      insert ignore into universe.u_delay(source,real_
timestamp,logic_timestamp) values ('ustats', now(), 0) "Jun  7, 2023 17:17:29.1943
06733 CST"
127.0.0.1,127.0.0.1      update universe.u_delay set real_
timestamp=now(), logic_timestamp = logic_timestamp + 1 where source = 'ustats
'      "Jun  7, 2023 17:17:29.194647464 CST"
127.0.0.1,127.0.0.1      COMMIT "Jun  7, 2023 17:17:29.194953692 CST"
4 packets captured
```

\# mysql.command=3 表示执行的 SQL 类型为 Query，共支持 30 多种预设值

\# 对于熟悉 DMP 的小伙伴，一看便知这是由平台纳管的一个实例，当前正在做时间戳的写入（判断主从延时的依据）

```
-- 获取与 show 相关的 SQL
dmp2 (master) ~# tshark -i lo -d tcp.port==3332,mysql -Y 'mysql.query contain
s "show"' -T fields -e ip.host -e mysql.query -e frame.time -c 10
Running as user "root" and group "root". This could be dangerous.
Capturing on 'Loopback'
127.0.0.1,127.0.0.1      show slave status      "Jun  7, 2023 17:37:44.672060318 CST"
127.0.0.1,127.0.0.1      show global status     "Jun  7, 2023 17:37:44.672808866 CST"
127.0.0.1,127.0.0.1      show global variables  "Jun  7, 2023 17:37:44.672845236 CST"
127.0.0.1,127.0.0.1      show global variables where Variable_name = 'innodb_
flush_log_at_trx_commit' or Variable_name = 'sync_binlog'  "Jun  7, 2023 17:37:44.6
73036197 CST"
4 packets captured

dmp2 (master) ~# tshark -i lo -d tcp.port==3332,mysql -Y 'mysql.query matches
"^show"' -T fields -e ip.host -e mysql.query -e frame.time -c 10
Running as user "root" and group "root". This could be dangerous.
Capturing on 'Loopback'
127.0.0.1,127.0.0.1      show global status      "Jun  7, 2023 17:56:02.6718956
30 CST"
127.0.0.1,127.0.0.1      show slave status       "Jun  7, 2023 17:56:02.671944388 CST"
```

```
127.0.0.1,127.0.0.1      show global variables    "Jun  7, 2023 17:56:02.671998965 CST"
127.0.0.1,127.0.0.1      show master status       "Jun  7, 2023 17:56:02.672673795 CST"
4 packets captured
```

contains 使用字符串进行匹配，只要在数据包中存在指定的字符串，就会匹配成功，不论该字符串出现在查询的任何位置。matches 支持使用正则表达式进行匹配，匹配符合指定规则的数据包，如：^show。用 contains/maches 进行匹配查找时，关键词需用双引号包围，此时外层建议使用单引号，因为 maches 进行正则匹配时，外层使用双引号会报错，contains 则不限制。以上匹配方式类似模糊查询，但会区分大小写，如果指定 Show 或 SHOW 为关键词，可能获取不到 SQL。

8.5.3 tshark 抓取 OB 中执行 SQL

与之前的方法类似，只须调整 IP 地址和端口号即可。

```
-- 抓取 5 个 mysql.query 协议的包
[root@10-186-65-73 ~]# tshark -i lo -Y "mysql.query" -d tcp.port==2881,mysql -T fields -e frame.time -e ip.host -e mysql.query -c 5
Running as user "root" and group "root". This could be dangerous.
Capturing on 'Loopback'
"Jun  7, 2023 15:40:12.886615893 CST"   127.0.0.1,127.0.0.1     select /*+ MONITOR_AGENT READ_CONSISTENCY(WEAK) */ __all_tenant.tenant_id, tenant_name, mem_used, access_count, hit_count from v$plan_cache_stat join __all_tenant on v$plan_cache_stat.tenant_id = __all_tenant.tenant_id
"Jun  7, 2023 15:40:12.889500546 CST"   127.0.0.1,127.0.0.1     select /*+ MONITOR_AGENT READ_CONSISTENCY(WEAK) */ tenant_name, tenant_id, case when event_id = 10000 then 'INTERNAL' when event_id = 13000 then 'SYNC_RPC' when event_id = 14003 then 'ROW_LOCK_WAIT' when (event_id >= 10001 and event_id <= 11006) or (event_id >= 11008 and event_id <= 11011) then 'IO' when event like 'latch:%' then 'LATCH' else 'OTHER' END event_group, sum(total_waits) as total_waits, sum(time_waited_micro / 1000000) as time_waited from v$system_event join __all_tenant on v$system_event.con_id = __all_tenant.tenant_id where v$system_event.wait_class <> 'IDLE' and (con_id > 1000 or con_id = 1) group by tenant_name, event_group
2 packets captured
```

执行抓包命令的服务器是 OBServer 集群内的一个节点，2881 是 OB 的对外服务的端口号。-c 指定抓取 5 个包，实际上只抓到了 2 个符合过滤条件的包。从获取的 SQL 语句来看，猜测是由 ocp_monagent 监控组件发起的信息收集相关的 SQL。

```
-- 抓包时过滤包含 __all_ 视图的 SQL
[root@10-186-65-73 ~]# tshark -i lo -Y 'mysql.query contains "__all_"' -d tcp.
port==2881,mysql -T fields -e frame.time -e ip.host -e mysql.query -c 5
Running as user "root" and group "root". This could be dangerous.
Capturing on 'Loopback'
"Jun  7, 2023 18:14:38.895171334 CST"    127.0.0.1,127.0.0.1    selec
t /*+ MONITOR_AGENT READ_CONSISTENCY(WEAK) */ tenant_name, tenant_id, stat_
id, value from v$sysstat, __all_tenant where stat_id IN (10000, 10001, 10002, 100
03, 10004, 10005, 10006, 140002, 140003, 140005, 140006, 40030, 60019, 60020, 600
24, 80040, 80041, 130000, 130001, 130002, 130004, 20000, 20001, 20002, 30000, 300
01, 30002, 30005, 30006, 30007, 30008, 30009, 30010, 30011, 30012, 30013, 40000,
40001, 40002, 40003, 40004, 40005, 40006, 40007, 40008, 40009, 40010, 40011, 4001
2, 40018, 40019, 50000, 50001, 50002, 50004, 50005, 50008, 50009, 50010, 50011, 5
0037, 50038, 60000, 60001, 60002, 60003, 60004, 60005, 60019, 60020, 60021, 60022
, 60023, 60024, 80057, 120000, 120001, 120009, 120008) and (con_id > 1000 or con_
id = 1) and __all_tenant.tenant_id = v$sysstat.con_id and class < 1000
"Jun  7, 2023 18:14:38.896653822 CST"    127.0.0.1,127.0.0.1
select /*+ MONITOR_AGENT READ_CONSISTENCY(WEAK) */ tenant_id, tenant_
name, sum(total_waits) as total_waits, sum(time_waited_micro) / 1000000 as time_
waited from v$system_event join __all_tenant on v$system_event.con_id = __all_
tenant.tenant_id where v$system_event.wait_class <> 'IDLE' group by tenant_name
2 packets captured


[root@10-186-65-73 ~]# tshark -i lo -Y 'mysql.query contains "__all_"' -d tcp.
port==2881,mysql -T fields -e frame.time -e ip.host -e mysql.query > /tmp/monit_
ob.txt
Running as user "root" and group "root". This could be dangerous.
Capturing on 'Loopback'
124 ^C
You have mail in /var/spool/mail/root
[root@10-186-65-73 ~]# cat /tmp/monit_ob.txt |grep -i select|wc -l

# 可用此方法来获取一些常用的 __all_ 视图相关的监控 SQL
# 将捕获的 SQL 重定向到文本文件, 再用 awk 处理一下就能获取完整的 SQL

[root@10-186-65-73 ~]# awk -F " " '{for (i=7;i<=NF;i++)
printf("%s ", $i);print ""}' /tmp/monit_ob.txt|cat -n|head -5
    1  select /*+ MONITOR_AGENT READ_CONSISTENCY(WEAK) */ zone, name, value, ti
me_to_usec(now()) as current from __all_zone
    2  select /*+ MONITOR_AGENT READ_CONSISTENCY(WEAK) */ __all_tenant.tenant_
id, tenant_name, cache_name, cache_size from __all_virtual_kvcache_info, __
```

```
all_tenant where __all_tenant.tenant_id = __all_virtual_kvcache_info.tenant_
id and svr_ip = '10.186.65.73' and svr_port = 2882
     3  select /*+ MONITOR_AGENT READ_CONSISTENCY(WEAK) */ case when cnt is nu
ll then 0 else cnt end as cnt, tenant_name, tenant_id from (select __all_tenant.
tenant_name, __all_tenant.tenant_id, cnt from __all_tenant left join (select co
unt(1) as cnt, tenant as tenant_name from __all_virtual_processlist where svr_
ip = '10.186.65.73' and svr_port = 2882 group by tenant) t1 on __all_tenant.
tenant_name = t1.tenant_name) t2
     4  select /*+ MONITOR_AGENT READ_CONSISTENCY(WEAK) */ case when cnt is nu
ll then 0 else cnt end as cnt, tenant_name, tenant_id from (select __all_tenant.
tenant_name, __all_tenant.tenant_id, cnt from __all_tenant left join (select co
unt(`state`='ACTIVE' OR NULL) as cnt, tenant as tenant_name from __all_virtual_
processlist where svr_ip = '10.186.65.73' and svr_port = 2882 group by tenant) t1
on __all_tenant.tenant_name = t1.tenant_name) t2
     5  select /*+ MONITOR_AGENT READ_CONSISTENCY(WEAK) */ __all_tenant.tenant_
id, tenant_name, mem_used, access_count, hit_count from v$plan_cache_stat join __
all_tenant on v$plan_cache_stat.tenant_id = __all_tenant.tenant_id
```

8.5.4 tshark 抓包后用 Wireshark 解析

tshark 也可以像 tcpdump 一样，先在服务器上抓包，再拿到 Wireshark 的图形窗口中做进一步分析。

```
-- 抓取 50 个包并生成 pcap 文件
dmp2 (master) ~# tshark -d tcp.port==3332,mysql -f 'tcp port 3332 and host 10.
186.61.83' -c 50 -w /tmp/61_83.pcap
Running as user "root" and group "root". This could be dangerous.
Capturing on 'eth0'

# 注意，-w 指定的文件无须提前创建，但抓包会话必须对该目录有写入权限，否则会报权限不足的错误。
```

图 1、图 2 为三次握手和四次挥手的过程。

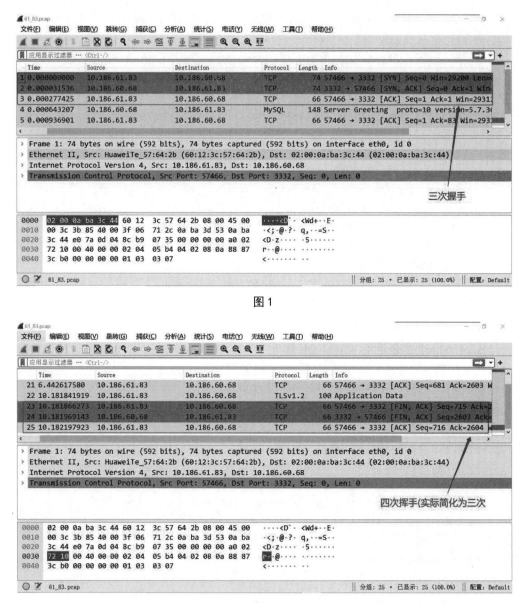

图 1

图 2

同样，也可以在 Wireshark 中将 mysql.query 字段展示出来：Wireshark →编辑 →首选项→外观→列（见图 3）。

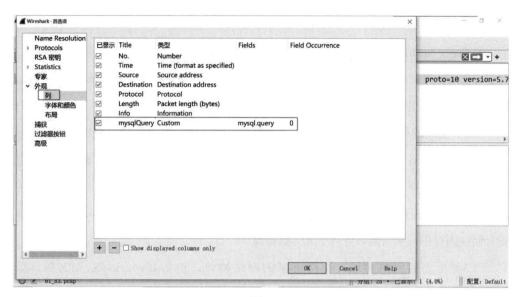

图 3

以下显示过滤器表达式中的内容表示：包中 TCP 端口为 3332，源端 IP 地址为 10.186.60.74，协议类型为 MySQL 的内容过滤并展示，效果如图 4 所示。

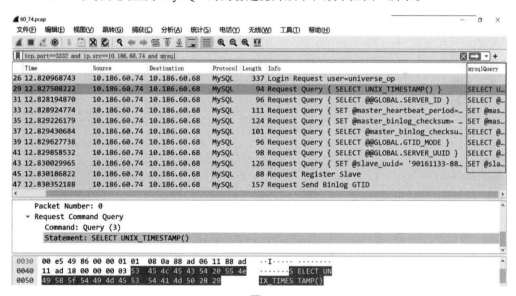

图 4

8.6 结语

tshark 作为 Wireshark 的命令行工具，与我们比较熟悉的 tcpdump 相比，有其不少优点。

（1）更多的过滤条件。具有比 tcpdump 更多的过滤条件，可以更加精确地过滤所需的数据包，tshark 支持 Wireshark 过滤器语法的全部特性，并提供了更高级的功能。

（2）更加灵活的输出格式。可以以不同的文件格式和标准输出打印输出捕获数据，而 tcpdump 的输出格式非常有限。

（3）更好的可读性和易用性。输出会更加易于阅读，因为它会对分组进行解析并显示其中包含的各种数据，比如协议、参数和错误信息等。这些信息对数据包分析非常有帮助。

（4）更加轻量级。相比于 tcpdump，占用的系统资源较少，并且不需要将所有数据存储在内存中，从而能够处理更大的数据流。

（5）更多的网络协议。支持更多的网络协议，包括 IPv6、IS-IS、IPX 等，而 tcpdump 支持的协议种类相对较少。

综上，在一些较为复杂的数据包分析和网络问题诊断场景中，更推荐使用 tshark，而对于只须快速捕捉网络流量的简单应用场景，tcpdump 可能会更适合一些。